全国高等院校计算机基础教育"十三五"规划教材
"互联网+"新形态优质教材

大学计算机应用基础

（微课版）

主　编　朱家荣　农修德
副主编　黄传金　余建芳　蓝蔚巍

U0310198

中国铁道出版社有限公司
CHINA RAILWAY PUBLISHING HOUSE CO., LTD.

内 容 简 介

本书以培养实用技能型人才为核心指导思想，以微型计算机为基础，全面系统地介绍了计算机基础知识和基本操作技能。为了方便学生学习，本书以微课版的形式出版，针对书中各章节的重难点内容共录制了 100 多个微课教学视频，读者只需通过手机扫描书中对应位置的二维码即可随时、随地进行学习，轻松掌握相关知识。全书共分 7 章，主要内容包括计算机基础知识、计算机系统、文字处理软件 Word 2010、电子表格处理软件 Excel 2010、演示文稿制作软件 PowerPoint 2010、网络基础及 Internet 应用以及多媒体技术。本书内容翔实，结构清晰，图文并茂，密切结合了"计算机基础"课程的教学要求，并且参考了全国计算机等级考试一级 MS Office 的考试大纲要求，重在训练学生在计算机应用中的操作能力及培养学生的文化素养，有效帮助学生提高计算机技术和信息运用能力以及 Office 办公软件的应用能力。

本书适合作为普通高等教育计算机应用基础课程的教材，也可作为计算机等级考试（一级）的辅导教材和计算机爱好者的参考用书。

图书在版编目（CIP）数据

大学计算机应用基础:微课版/朱家荣,农修德主编. —北京:
中国铁道出版社有限公司,2019.8（2024.8 重印）
全国高等院校计算机基础教育"十三五"规划教材
ISBN 978-7-113-25869-6

Ⅰ.①大… Ⅱ.①朱… ②农… Ⅲ.①电子计算机-高等学校-
教材 Ⅳ.①TP3

中国版本图书馆 CIP 数据核字(2019)第 162886 号

书　　名：	**大学计算机应用基础**（微课版）
作　　者：	朱家荣　农修德

策　　划：	韩从付	编辑部电话：（010）51873202
责任编辑：	刘丽丽	
封面设计：	刘　颖	
责任校对：	张玉华	
责任印制：	樊启鹏	

出版发行：	中国铁道出版社有限公司（100054，北京市西城区右安门西街 8 号）
网　　址：	https://www.tdpress.com/51eds/
印　　刷：	北京铭成印刷有限公司
版　　次：	2019 年 8 月第 1 版　2024 年 8 月第 7 次印刷
开　　本：	787 mm×1 092 mm　1/16　印张：17.5　字数：455 千
书　　号：	ISBN 978-7-113-25869-6
定　　价：	49.80 元

前　言

《大学计算机应用基础》自出版以来，经过多年的使用，获得了专家、教师和学生的好评，对此我们深感欣慰。为了跟上计算机技术发展的步伐，我们又再次对教材进行了修订。本次修订，我们对文字的叙述、实战案例选择等方面做了进一步的修订和完善，增加了一些新知识点，并结合计算机技术的发展，更新了相应的内容。同时，为了更好地贯彻落实《中共中央关于认真学习宣传贯彻党的二十大精神的决定》，推动党的二十大精神进教材、进课堂、进头脑，编者在教材中恰当地融入了二十大精神，以求充分发挥教材的铸魂育人功能，为培养德智体美劳全面发展的社会主义建设者和接班人奠定坚实基础。

本书以培养实用技能型人才为核心指导思想，以微型计算机为基础，全面系统地介绍了计算机基础知识和基本操作技能的同时，将课程思政融入课堂教学的设计与实践。为了方便学生学习，本书仍以微课版的形式出版，针对书中各章节的重难点内容充实完善了微课教学视频，读者只需通过手机扫描书中对应位置的二维码即可随时、随地进行学习，轻松掌握相关知识。全书共分 7 章，主要内容包括计算机基础知识、计算机系统、文字处理软件 Word 2010、电子表格处理软件 Excel 2010、演示文稿制作软件 PowerPoint 2010、网络基础及 Internet 应用以及多媒体技术，并配套有《大学计算机应用基础实验教程》(中国铁道出版社有限公司，朱家荣主编)，以便于学生对所学知识进行实践练习与巩固。本书内容翔实，结构清晰，图文并茂，密切结合"计算机基础"课程的教学要求，并且参考了全国计算机等级考试一级 MS Office 的考试大纲要求，采用案例式的讲解方式，重在训练学生在计算机应用中的操作能力及培养学生的文化素养，有效帮助学生提高计算机技术和信息运用能力以及 Office 办公软件的应用能力。

本书由朱家荣、农修德任主编，黄传金、余建芳、蓝蔚巍任副主编，林士敏教授（教育部高等学校计算机基础课程教学指导委员）主审，在修订过程中参考了大量文献和资料，并得到了出版社的大力支持。

本书适合作为本科及高职高专院校学生教材使用，也可以作为全国计算机等级考试（一级 MS Office）的辅导教材和自学用书。

由于修订时间仓促，加之计算机技术飞速发展，书中难免存在疏漏和不足之处，在此对前版教材使用中反馈信息、指出不足的教师和读者深表谢意。同时，我们也热切希望广大读者一如既往地对本书的不足之处提出宝贵意见和建议，以便我们对本书进一步修订、完善。

编　者
2023 年 7 月

目　录

第1章

>>> 计算机基础知识

计算机是由于计算需求而被人类发明的。发展历程虽短，但已由最初的纯计算工具发展成为今天几乎无所不能的高级机器，对人类的生活、生产、学习和工作产生了深刻而巨大的影响。

掌握以计算机为核心的信息技术基础知识并具备一定的应用能力，是信息社会的基本要求，也是必备的基本素质。本章所介绍的基础知识是进一步学习与使用计算机。

学习目标：

- 了解计算机的发展、特点、分类及应用领域；
- 掌握计算机的信息表示及转换；
- 了解计算机病毒的概念和防治；
- 理解计算机应用中的道德与法律问题。

1.1 计算机的发展

2017 年 6 月 19 日，在德国法兰克福召开的 ISC 2017 国际高性能计算大会上，由我国并行计算机工程技术研究中心研制、国家超级计算无锡中心运营、基于国产众核处理器的"神威·太湖之光"超级计算机，以每秒 12.5 亿亿次的峰值计算能力以及每秒 9.3 亿亿次的持续计算能力，再次斩获世界超级计算机排名榜单 TOP 500 第一名。本次夺冠也实现了我国国产超算系统在世界超级计算机冠军宝座的首次三连冠。

计算机基础知识

上述报道从一个角度反映了目前我国超级计算机的发展已经达到国际领先水平。

1.1.1 计算机的诞生

数字电子计算机是计算工具从简单到复杂、从低级到高级不断发展的结果。历史上出现过各种各样的机械式计算机，如 1642 年法国数学家 B. 帕斯卡制造的加法机、1671年德国数学家莱布尼茨设计的乘法机、1822 年英国数学家巴贝奇制造的差分机，等等。数字电子计算机就是在机械式计算机的基础上发展、研制出来的。

关于世界第一台数字电子计算机，主要有以下 3 个版本：第一，由美国宾夕法尼亚大学莫尔电气工程学院的莫克利（J. Mauchiy）和埃克特（P.Eckert）研制并于 1946 年投入运行的 ENIAC（Electronic Numerical Integrator And Computer）；第二，由美国爱荷华州立大学的阿塔纳索夫（John Vincent Atanasoff）和他的研究生贝瑞（Clifford Berry）于 1937

—1941 年设计制造的 ABC（Atanasoff-Berry Computer）（见图 1-1）；第三，由伦敦大学毕业生弗劳尔斯设计并于 1944 年秘密投入军用的 COLOSSUS。上述 3 个"世界第一"中，由于商业利益的缘故，ENIAC 与 ABC 背后的公司打了一场旷日持久的官司。1973 年 10 月，历经 135 次开庭审讯，法官最后判决道：莫克利和艾克特没有发明第一台电子计算机，他们做的只是阿坦那索夫发明中的概念与设计原理的演变，他们所拥有的电子计算机的发明专利无效。

图 1-1　ABC 电子计算机

其实，现代科技的重大进展已经不是少数几个人的短期行为，而是不少研究团队相互借鉴、不断完善的结果。谁是"世界第一"并不重要，重要的是它们改变了世界。上述 3 个"世界第一"的主要特点归纳如表 1-1 所示。

表 1-1　ENIAC、ABC、COLOSSUS 的主要特点

计算机名称	主 要 特 点
ENIAC	主要元件是电子管，占地约 170 m²，重达 30 多 t，功率为 150 kW，耗资 40 万美元，每秒能完成 5 000 次加法运算，主要用于计算弹道轨迹。它是世界第一台通用电子计算机，也是世界第一台运行并解决实际问题的电子计算机
ABC	主要元件是电子管，是世界第一台电子计算机，设计用于求解大型联立线性代数方程组，但未能真正发挥作用
COLOSSUS	主要元件是电子管，比 ENIAC 早两年投入使用，第二次世界大战期间秘密用于破译德军密码，不为外界所知

1.1.2　计算机的发展

由于技术的进步以及需求的驱动，计算机得到了前所未有的发展。人们一般根据计算机主机所采用的物理器件对计算机发展进行阶段划分。表 1-2 所示为一般的划分方法。

表 1-2　世界计算机发展阶段划分

部件/指标＼阶段	第一阶段（1946—1958）	第二阶段（1959—1964）	第三阶段（1964—1971）	第四阶段（1972 至今）
主机	电子管	晶体管	中小规模集成电路	大规模、超大规模集成电路
内存储器	汞延迟线	磁芯存储器	半导体存储器	半导体存储器
外存储器	穿孔卡片、纸带	磁带	磁带、磁盘	磁带、磁盘、光盘、闪存等
处理速度（每秒指令条数）	几千	几万至几十万	几十万至几百万	上千万至十亿亿
主要特点	体积庞大，内存小，运算速度慢，成本高，可靠性较差。以机器语言、汇编语言为主	体积小，成本低，功能强，可靠性高。出现高级语言	体积、重量、功耗进一步减小，运算速度、功能和可靠性进一步提高。出现结构化高级语言	体积、重量、功耗进一步减小，性能价格比每 18 个月翻一番。应用软件丰富

第二次世界大战结束后的十年时间中，特殊的历史导致我国无法跟上世界的步伐，研制计算机起步比美国整整晚了一代。表1-3所示为我国电子计算机研制的阶段划分。

表1-3　中国计算机发展阶段划分

机型及用途 ＼ 阶段	第一阶段 （1958—1964）	第二阶段 （1965—1972）	第三阶段 （1973—1982）	第四阶段 （1983至今）
代表机型	103、104、119	109、441B系列	150、DJS-050、银河Ⅰ	长城系列微机、银河ⅡⅢ、曙光、天河、神威等
主要用途	军用，如原子弹、氢弹研制	军用	石油、地质、气象、军事等	民用、军用各个领域

我国计算机研制起步虽晚，但进步神速，尤其在超级计算机领域。2010年，"天河一号"让中国人首次站到了超级计算机全球最高领奖台上；2013—2015年，"天河二号"连续6次摘取全球超算桂冠；2017年6月中国超算"神威·太湖之光"（见图1-2）与"天河二号"连续第三次占据榜单前两位。我们要加强基础研究和应用研究，增强科技创新和自主创新能力，推动科技创新成果转化和知识产权保护，同时要加强科技人才队伍建设，深入实施人才强国战略，吸引和培养一流科技人才。

图1-2　"神威·太湖之光"超级计算机

1.1.3　计算机的特点、分类及应用

与人类研制的其他机器不同，计算机是按照程序规定的步骤对输入的数据进行加工处理、存储和输出的，由此导致了计算机具有与普通机器不一样的特点和应用领域。

计算机的特点与分类

1. 计算机的特点

（1）自动执行功能

在接到执行指令后，计算机会先将程序保存下来，然后根据程序定义的次序自动执行，完全自动化，无须人工干预，并可反复进行。这是计算机最突出的特点。计算机开机启动、计算机运行某个程序的过程都是计算机自动执行功能的具体表现。

（2）运算速度快、精度高

相比于普通计算工具，计算机的运算速度、精度堪称一骑绝尘。随着技术的不断进步和发展，计算机运算速度已由最初的每秒不足一万次，发展到现在的每秒十几个亿亿次。一般计算机可以有十几位甚至几十位（二进制）有效数字，计算精度可由千分之几到百万分之几。例如，在导弹防御系统中，要探测和跟踪敌方导弹，并发射我方拦截器，在空中将敌方导弹摧毁，若计算机的运算速度、运算精度不足，结果是无法想象的。

（3）逻辑判断准确

计算机能像人脑那样能"思考"和判断。例如，无人驾驶汽车可以在无人干预的情况下实现自主驾驶，其最基本的功能就来自计算机准确的逻辑判断能力和计算速度。

（4）"记忆"力超强

借助各式各样的存储器，计算机能长久且大容量"记住"（即存储）数字、文字、图像、声音、视频等各种信息，并能随时清晰"忆起"（即调取）。例如，一张光盘就可以长期保存一套 900 万字的百科全书，且可随时调阅查询。

（5）网络与通信功能

计算机技术、网络技术的不断发展以及网络不断普及的今天，网络与通信功能是计算机的一大特点。有了它，人类交流方式、生活方式、工作方式、信息获取途径等都发生了深刻的变化。

2．计算机的分类

计算机因需求而诞生和发展，需求的多样化导致了计算机种类繁多。表 1-4 是对计算机主要类型的归纳。

表 1-4　计算机的分类

分类依据	类别及主要特点
按处理数据的类型	模拟计算机：内部所使用的是模拟自然界的电信号，特别适合用于求解常微分方程。 数字计算机：内部所使用的是离散数字信号，是当今世界计算机主流。 数字模拟混合计算机：同时具备上述两类计算机特点
按用途	通用计算机：各行业、各种工作环境都能使用，如笔记本式计算机。 专用计算机：专门解决某一特定问题，如交换机、路由器
按性能、规模和处理能力	巨型机（高性能机）：运算速度超快、处理能力超强，如中国神威。 大型（通用）机：通用性强、运算速度极快、处理能力极强。目前生产民用大型机都是美国 IBM 公司制造的。 微（型）机：体积小、灵活性大、价格便宜、使用方便，又分独立式微机（如教室里的微机）、嵌入式微机（如智能手机、含计算机板的洗衣机及电冰箱等）。 工作站：高档微机，主要用于图像处理和计算机辅助设计。 服务器：根据计算机在网络中扮演的角色来分类，可以是大型机、工作站或高档微机。提供信息浏览、电子邮件、文件传送、数据库等服务

3．计算机的应用

计算机的特点，决定了计算机具有强大的功能，可广泛应用于各行各业。表 1-5 归纳了计算机应用的几个主要方面。

表 1-5　计算机应用的几个主要方面

应用	具体内容
科学计算	即数值计算，指应用计算机处理科学研究和工程技术中所遇到的数学计算问题，如著名的人类基因序列分析计划、人造卫星的轨道测算、利用计算机预测天气预报等。"云计算"是一种基于互联网的应用模式，并不等同于科学计算

续表

应　　用	具　体　内　容
数据/信息处理	即非数值计算。这里的"数据"包括数值、文字、图像、声音、视频等，信息是经过加工处理并对用户有使用价值的数据。数据/信息处理是计算机应用最为广泛的一个方面，如办公自动化（OA）、教务管理、动画设计等
实时控制	也称过程控制，指计算机实时监控并及时调整被控对象，使被控对象能够正确地完成生产、制造或运行，如数控机床控制、卫星测控等
计算机辅助工程	采用计算机作为工具，帮助人类在特定应用领域内完成任务。主要有：计算机辅助设计（CAD）、计算机辅助制造（CAM）、计算机辅助教学（CAI）和计算机仿真模拟（Computer Simulation）等
网络通信	计算机网络是计算机技术和数字通信技术发展和融合的产物。通过网络，人们足不出户就可以预订机票、购物、培训学习、与远在异国他乡的亲朋好友谈天论地等
人工智能	人工智能（AI）是指用计算机模拟人类的某些智力活动。目前人工智能已应用于机器人、医疗诊断、案件侦破等。2016 年 3 月，人工智能程序阿尔法围棋（AlphaGO）经过自我"深度学习"后挑战世界围棋冠军李世石，并最终以 4 比 1 赢得比赛，令人类大为震惊
多媒体应用	多媒体是包括文本、图形、图像、音频、视频、动画等多种信息类型的综合。多媒体技术使计算机广泛应用于商业、服务业、教育、广告宣传、文化娱乐、家庭等方面。多媒体技术与人工智能技术的有机结合能使人们在计算机迷你环境中感受真实场景
嵌入式系统	许许多多的电子产品如电视机、车载系统、电饭煲、电冰箱等都需要嵌入处理器芯片，构成嵌入式系统以提高其性能。进一步构成物联网，即物物相连，是互联网的应用拓展

1.1.4　计算机的未来

计算机是生产力，是信息社会的主角，它的发展永远与人的需求息息相关。展望未来，计算机将沿着怎样的方向发展，计算机技术将会发生怎样的变革？

计算机的应用

1. 计算机的发展方向

计算机正向巨型化、微型化、网络化和智能化 4 个方向发展，如表 1-6 所示。

表 1-6　计算机的发展方向

发展方向	具　体　内　容
巨型化	使计算机运算速度更快、存储容量更大、功能更完善、性能更可靠。主要满足航空航天、军事工业、气象等特殊领域需求。超级计算机就是典型代表，其发展水平反映了一个国家的综合国力
微型化	使计算机更便宜、更便于携带、更好用，或者使更多的仪器设备植入微处理芯片以实现有效控制。主要满足普通企事业和普通百姓的应用需求
网络化	使计算机能随时随地连接网络，或者使更多的设备具有网络功能，实现物物相连
智能化	使计算机能模拟人的视觉、听觉、触觉及思维，代替人从事一些工作
多媒体化	使多种信息建立了有机联系，集成为一个系统，并且具有交互性，真正改善人机界面，使计算机朝着人类接受和处理信息最自然的方向发展

2. 未来新型计算机

计算机的核心部件是芯片，芯片制造技术是计算机技术不断进步的重要推力。随着晶体管尺寸不断逼近纳米级，其密度已达当前所用技术的理论极限。传统的晶体管计算机能否继续发展下去令人担心，促使人们另辟蹊径，研究新类型的计算机。

新一代计算机技术至少有纳米、光、生物、量子等 4 种技术。目前，世界各国都在利用这些技术研究新一代计算机。表 1-7 介绍了新一代计算机的研究和发展现状。

表 1-7 新一代计算机研究和发展现状

新一代计算机	研究及发展现状
生物计算机	脱氧核糖核酸（DNA）处在不同状态下会产生有信息和无信息变化，其特点与当代计算机元件的特点类似，于是激发了人们研制生物元件的灵感。生物计算机将用蛋白质芯片、血红素芯片构建，目前虽已取得不少成果，但仍处于研制阶段。一旦研制成功，可能会在计算机领域内引起一场划时代的革命
光子计算机	用光信号进行运算、存储和处理的新型计算机，运算速度比传统计算机快上千倍，存储容量比传统计算机大好几万倍。1990 年，美国贝尔实验室研制成第一台光子计算机。目前日本、德国等正投入巨资研制
纳米计算机	指将纳米技术运用于计算机领域所研制出的一种新型计算机。据估计，纳米计算机的运算速度将是现在硅芯片计算机的 1.5 万倍，且耗能大幅降低。2013 年 9 月，美国斯坦福大学宣布，人类首台基于碳纳米晶体管技术的纳米计算机已成功测试运行
量子计算机	用更细小的"量子粒"来代替传统计算机的二进制位进行信息处理，运算速度更快，保密性更强。我国在量子计算机和量子通信领域均有重大研究成果和应用，中国科技大学的潘建伟团队 2020 年成功构建 76 个光子 100 个模式的量了计算机原型机"九章"，这一突破使我国成为了仅次于美国的全球第二个实现"量子优越性"的国家

1.2 计算机的信息表示及转换

由于计算机运转的能量来源于电，且具有与人脑类似的功能，所以，人们常常将计算机称为电脑。但是，人脑与电脑处理和存储信息的过程不同。信息在人脑中的输入、表示、存储、处理以及输出等都是与生俱来的，不需要人为制定标准，而作为机器的电脑则无法像人脑那样，需要给它制定信息表示、信息交换的标准。

那么，计算机内外部信息是怎么转换的？ASCII 码、汉字编码到底是怎么回事？

1.2.1 数据与信息

在信息社会里，数据与信息是两个基本的关键词。

日常生活中所说的"数据"是指进行各种统计、计算、科学研究或技术设计等所获得和使用的数值。计算机科学中所说的"数据"是指所有能输入到计算机并被计算机程序处理的符号的总称，是客观事物的符号化、数字化，如数值、文字、声音、图像、视频等都是不同形式的数据。

日常生活中所说的"信息"是指音信、消息，是对各种事物变化和特征的反映，也是事物之间相互作用、相互联系的表征。计算机科学中的"信息"通常指能够用计算机处理的有意义的内容或消息，以数据的形式出现。

数据与信息既有联系，又有区别：一方面，数据是信息的载体，信息是数据处理的结果；另一方面，信息具有针对性、时效性，是有意义的，而数据则没有。例如，1.8 米这个数据本身是没有任何意义的，但若经过某种处理，如测得小王的身高是 1.8 米，这里"小王的身高是 1.8 米"是信息，是有意义的。由于数据与信息密切相关，在很多情况下不加以区分。

1.2.2 信息的表示及转换

与人脑不同，信息进入计算机内部都要转换为数据，其中就涉及数值计算的问题，这就涉及用什么进制数的问题。ENIAC 用的是人类所熟知的十进制数。当时，匈牙利美籍数学家冯·诺依曼在研制速度比 ENIAC 更快的名为 IAS 的计算机时，感觉十进制的表示和实现方式十分麻烦，于是提出了用二进制表示及程序存储、程序控制等重要思想和原理。直到今天，人们仍旧沿用冯·诺依曼的思想和原理设计和制造计算机，冯·诺依曼也因此被后人尊称为"现代计算机之父"。

相比于十进制，计算机采用二进制的优点很多，如运算简单、电路易于实现、通用性强、占用空间小、消耗能量低、机器可靠性高等。

不仅是数值使用二进制表示和运算，文字、声音、图像、视频等在计算机内部也是采用二进制形式的代码来表示。而处在计算机外部的人类熟悉的却是十进制数和文字、声音、图像、视频等，这是个矛盾，需要通过转换来解决。图 1-3 直观地表示了这一转换过程。

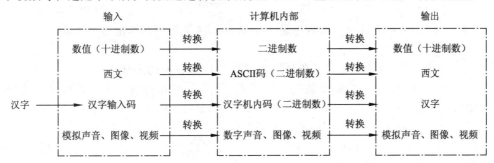

图 1-3 各类信息在计算机中的转换

以下介绍各类信息在计算机中的具体转换过程。

1. 进制数之间的转换

进制数之间的转换主要讨论十进制数值与二进制之间的转换。实际应用中还会涉及数值的正号"+"、负号"−"以及小数点"."如何转换成二进制数的问题。计算机语言程序设计课有这方面的内容，本书对这些问题不展开讨论，仅就一般的转换方法进行介绍。由于二进制数的阅读和书写均不方便，实际应用中人们也常用八进制或十六进制形式来表示。因此，下面一并对上述 4 种进制之间的转换方法进行介绍。

进制数之间的转换

所谓的进制也就是进位制，是人们利用符号进行计数的科学方法。R 进制就表示某一位置上的数运算时满 R 就向高一位进 1。表 1-8 显示了常用进位制的基础知识。

表 1-8　　常用进位制基础知识

进位制	基本符号（数码）	数的表示方法举例
十进制	0、1、2、3、4、5、6、7、8、9	$(123)_{10}$ 或 $(123)_D$
二进制	0、1	$(101)_2$ 或 $(101)_B$
八进制	0、1、2、3、4、5、6、7	$(123)_8$ 或 $(123)_O$
十六进制	0、1、2、3、4、5、6、7、8、9、A、B、C、D、E、F	$(123)_{16}$ 或 $(123)_H$

其中 D、B、O、H 分别是十进制、二进制、八进制、十六进制英文单词的首个字母。十进制中的 10、11、12、13、14、15 在十六进制中分别是 6 个不可拆分的数，依次用 A、B、C、D、E、F 表示。

对单个数码而言，有这样的基本关系：小进制的单个数码与大进制的相同数码相等。例如：$(1)_B=(1)_O=(1)_D=(1)_H$；$(7)_O=(7)_D=(7)_H$；$(9)_D=(9)_H$，等等。

对于十进制数 $(123456.789)_{10}$，它共包含 1 个 10 万、2 个万、3 个千、4 个百、5 个十、6 个一、7 个十分之一、8 个百分之一和 9 个千分之一，因此可以将它展开为和的形式：

$$(123456.789)_{10}=(1 \times 10^5+2 \times 10^4+3 \times 10^3+4 \times 10^2+5 \times 10^1+6 \times 10^0+7 \times 10^{-1}+8 \times 10^{-2}+9 \times 10^{-3})_D$$

同理，对任何一个 R 进制数 $(a_n a_{n-1} \cdots a_1 a_0.a_{-1} a_{-2} \cdots a_{-m})_R$，有如下类似的结论：

$$(a_n a_{n-1} \cdots a_1 a_0.a_{-1} a_{-2} \cdots a_{-m})_R=(a_n \times R^n+a_{n-1} \times R^{n-1}+\cdots+a_1 \times R^1+a_0 \times R^0+a_{-1} \times R^{-1}+a_{-2} \times R^{-2}+\cdots+a_{-m} \times R^{-m})_D$$

（以下简称"展开式 1"）

注意，左边是 R 进制数，而右边是十进制数，这是数制转换的重要依据。

（1）R 进制转换为十进制

当 R=10 时，是将一个十进制数分解为计数单位加权和的形式。

当 R=2、8 或 16 时，只需要根据"展开式 1"直接展开再进一步计算即可。例如：

$(10110.101)_B=(1 \times 2^4+0 \times 2^3+1 \times 2^2+1 \times 2^1+0 \times 2^0+1 \times 2^{-1}+0 \times 2^{-2}+1 \times 2^{-3})_D=(22.625)_D$

$(123.4)_O=(1 \times 8^2+2 \times 8^1+3 \times 8^0+4 \times 8^{-1})_D=(83.5)_D$

$(1AB.C)_H=(1 \times 16^2+10 \times 16^1+11 \times 16^0+12 \times 16^{-1})_D=(427.75)_D$

（2）十进制转换成 R 进制

当 R=10 时，是将"展开式 1"由右边推出左边，实际上是将各个计数单位相加的结果。

当 R=2、8 或 16 时，国内几乎所有的同类教材都采用"整数除以 R 取余，小数乘以 R 取整"的方法，这是计算机编程所用的算法，本书不做介绍，读者可通过网络或参考其他文献学习。就手工计算而言，上述方法有如下不足：一是整数、小数部分算法不同，高低位顺序有别，难掌握，易弄错；二是计算烦琐，数值稍大就会耗费大量纸张，不环保。

以下介绍的最大幂算法是针对手工计算设计的方法，其基本依据来自"展开式 1"，主要思路是先将十进制数表示成"展开式 1"右边的形式，进而得到左边，也就是最终的结果。这种方法所需要的基础知识如表 1-9 所示。

表 1-9　　以 2、8 或 16 为底的幂

目标进位制	常　用　幂
二进制	$2^{-3}=0.125,2^{-2}=0.25,2^{-1}=0.5,2^0=1,2^1=2,2^2=4,2^3=8,2^4=16,2^5=32,2^6=64,2^7=128,2^8=256,2^9=512,2^{10}=1024$
八进制	$8^{-1}=0.125,8^0=1,8^1=8,8^2=64,8^3=512,8^4=4096$
十六进制	$16^{-1}=0.0625,16^0=1,16^1=16,16^2=256,16^3=4096$

十进制数 $(S)_D$ 转换成 R（$R=2$，8 或 16）进制数的最大幂算法步骤：

① 将 $(S)_D$ 分解为两部分，$(S)_D=(q \times R^m+S_1)_D$。其中，$R^m$ 是不超过 S 的最大幂，q 是使 $q \times R^m$ 不超过 S 的最大幂个数，S_1 是待分解部分。

② 若 $S_1=0$ 或满足精度要求则结束分解过程，否则对 S_1 重复上述步骤①。

③ 按照"展开式 1"右边的格式进行调整并逆推得出左边，进而得到最终结果。

例如：分别将十进制数 130.625 转换成二进制数、八进制数和十六进制数。

$(130.625)_D=(2^7+2.625)_D$ （$2^7=128$ 是不超过 130.625 的最大幂，有 1 个）

$=(2^7+2^1+0.625)_D$ （$2^1=2$ 是不超过 2.625 的最大幂，有 1 个）

$=(2^7+2^1+2^{-1}+0.125)_D$ （$2^{-1}=0.5$ 是不超过 0.625 的最大幂，有 1 个）

$=(2^7+2^1+2^{-1}+2^{-3})_D$ （2^{-3} 恰好等于 0.125，分解过程结束）

$=(1 \times 2^7+0 \times 2^6+0 \times 2^5+0 \times 2^4+0 \times 2^3+0 \times 2^2+1 \times 2^1+0 \times 2^0+1 \times 2^{-1}+0 \times 2^{-2}+1 \times 2^{-3})_D$

（化成按"展开式 1"右边的样子，熟练后此步可省略，下同）

$=(10000010.101)_B$ （逆推得出左边）

$(130.625)_D=(2 \times 8^2+2.625)_D$ （$8^2=64$ 是不超过 130.625 的最大幂，有 2 个）

$=(2 \times 8^2+2 \times 8^0+0.625)_D$ （$8^0=1$ 是不超过 2.625 的最大幂，有 2 个）

$=(2 \times 8^2+2 \times 8^0+5 \times 8^{-1})_D$ （$8^{-1}=0.125$，0.625 恰好是 5 个 8^{-1}）

$=(2 \times 8^2+0 \times 8^1+2 \times 8^0+5 \times 8^{-1})_D=(202.5)_O$

$(130.625)_D=(8 \times 16^1+2.625)_D$ （$16^1=16$ 是不超过 130.625 的最大幂，有 8 个）

$=(8 \times 16^1+2 \times 16^0+0.625)_D$ （$16^0=1$ 是不超过 2.625 的最大幂，有 2 个）

$=(8 \times 16^1+2 \times 16^0+10 \times 16^{-1})_D$ （$16^{-1}=0.0625$，0.625 恰好是 10 个 0.0625）

$=(82.A)_H$

整数部分总是可以完全分解的。若小数部分无法完全分解，只需分解到满足精度要求的步骤即可。

（3）二进制与八进制或十六进制的转换

可以利用上面介绍的方法，以十进制为桥梁间接实现二进制与八进制或十六进制的转换，下面介绍的是直接转换的方法。

八进制数、十六进制数可以看作对二进制数的压缩，而二进制数可以看作八进制或十六进制数的展开。由于 $2^3=8$，$2^4=16$，由此得到如下直接转换法：

① 将二进制数转换成八进制数，只需以小数点为中心向左向右两边分组，每 3 位为一组，不足 3 位外侧补 0，然后各组分别根据"展开式 1"计算即可。

② 将二进制数转换成十六进制数，只需以小数点为中心向左向右两边分组，每 4 位为一组，不足 4 位外侧补 0，然后各组分别根据"展开式 1"计算即可。

③ 将八进制或十六进制数转换成二进制数，只需分别将数中的每一位分解为 3 位（对八进制数）或 4 位（对十六进制数）即可，分解可参考十进制转换为 R 进制的方法进行。

例如：将二进制数 $(10101011.110101)_B$ 分别转换为八进制数和十六进制数。

$(10101011.110101)_B=(\underline{010}\ \underline{101}\ \underline{011}.\underline{110}\ \underline{101})_B$ （每 3 位做一组，不足 3 位外侧补 0）

$=(253.65)_O$

（各组按"展开式1"分别计算，如$(110)_B=(1×2^2+1×2^1+0×2^0)_D=(6)_D=(6)_O$）

$(10101011.110101)_B=(\underline{1010}\ \underline{1011}.\underline{1101}\ \underline{0100})_B$　　（每4位做一组，不足4位外侧补0）

　　　　　　　　　$=(AB.D4)_H$

（各组按"展开式1"分别计算，如$(1101)_B=(1×2^3+1×2^2+0×2^1+1×2^0)_D=(13)_D=(D)_H$）

又如，分别将$(23.45)_O$和$(AB.45)_H$转换成二进制数。

由于$(2)_O=(2)_D=0×2^2+1×2^1+0×2^0=(010)_B$　$(3)_O=(3)_D=(0×2^2+1×2^1+1×2^0)_D=(011)_B$（补足3位）

同理，$(4)_O=(4)_D=(100)_B$，$(5)_O=(5)_D=(101)_B$

所以，$(23.45)_O=(010\ 011.100\ 101)_B$

类似的，由于$(A)_H=(10)_D=1×2^3+0×2^2+1×2^1+0×2^0=(1010)_B$

　　　　　　$(B)_H=(11)_D=1×2^3+0×2^2+1×2^1+1×2^0=(1011)_B$

　　　　　　$(4)_H=(0100)_B$　$(5)_H=(0101)_B$　　　　　　　　　　　（要补足4位）

所以，$(AB.45)_H=(1010\ 1011.0100\ 0101)_B$

表1-10列出了一位八进制数或十六进制数与二进制数的对应关系。

表1-10　一位八进制数或十六进制数与二进制数的对应关系

八进制与二进制		十六进制与二进制			
八进制	二进制	十六进制	二进制	十六进制	二进制
0	000	0	0000	8	1000
1	001	1	0001	9	1001
2	010	2	0010	A	1010
3	011	3	0011	B	1011
4	100	4	0100	C	1100
5	101	5	0101	D	1101
6	110	6	0110	E	1110
7	111	7	0111	F	1111

由于数值进入计算机内部后都转换为二进制数，所以数值的运算就转换为二进制的运算。表1-11所示为二进制的基本运算规则。

表1-11　二进制基本运算规则

运算类型	基本运算规则	
算术运算	加：0+0=0,0+1=1,1+1=10	（满2个位为0，向十位进1，故得10）
	减：0-0=0, 1-0=1,1-1=0, 10-1=1	（减法是加法的逆运算）
	乘：0×0=0,0×1=0,1×0=0,1×1=1	
	除：0÷1=0,1÷1=1，0不能为除数	
逻辑运算	逻辑与 AND: 0 AND 0=0,0 AND 1=0,1 AND 0=0, 1 AND 1=1	
	逻辑或 OR: 0 OR 0=0,0 OR 1=1,1 OR 0=1, 1 OR 1=1	
	逻辑非 NOT: NOT 0=1, NOT 1=0	

2. 西文字符的转换

字符是指文字符号，包括那些不参加数值运算的数字符号，如身份证号码、车牌号等。西文字符是计算机中最基本的字符。图 1-3 表明，西文字符进入计算机内部后都要变为 ASCII 码。这里的 ASCII（American Standard Code for Information Interchange，美国信息交换标准码）是美国国家标准局制定的西文字符编码标准，后来被国际标准化组织指定为国际标准。

西文字符的转换

ASCII 码有 7 位码和 8 位码两个版本。国际通用的是 7 位版本，该版本每个字符都占 8 个二进制位（即 1 字节），但实际只用低 7 位，最高位全置为 0，因此共表示 $2^7=128$ 个不同的字符。表 1-12 所示为完整的 7 位 ASCII 码表。

表 1-12　7 位 ASCII 码表

高 4 位 低 4 位	0000	0001	0010	0011	0100	0101	0110	0111
0000	NUL	DLE	SP	0	@	P	`	p
0001	SOH	DC1	!	1	A	Q	a	q
0010	STX	DC2	"	2	B	R	b	r
0011	ETX	DC3	#	3	C	S	c	s
0100	EOT	DC4	$	4	D	T	d	t
0101	ENQ	NAK	%	5	E	U	e	u
0110	ACK	SYN	&	6	F	V	f	v
0111	BEL	ETB	'	7	G	W	g	w
1000	BS	CAN	(	8	H	X	h	x
1001	HT	EM	)	9	I	Y	i	y
1010	LF	SUB	*	:	J	Z	j	z
1011	VT	ESC	+	;	K	[	k	{
1100	FF	FS	,	<	L	\	l	|
1101	CR	GS	–	=	M	]	m	}
1110	SO	RS	.	>	N	↑	n	~
1111	SI	US	/	?	O	↓	o	DEL

对 7 位 ASCII 码表的基本理解：字符对应的高 4 位和低 4 位编码连起来就是计算机内该字符的 ASCII 码。例如，"0" 这个字符在计算机内是用 00110000 这个代码来表示的。如果将其看成二进制数，对应的十进制数是 48（又称 "0" 的 ASCII 码值）。在这里可以看到作为数值的 0 与作为字符的 0 在计算机内是当作不同的数据来处理的，其代码是完全不同的。又如，DEL 删除键在计算机内是用 01111111 来表示的，对应的十进制数是 127，即其 ASCII 码值是 127。

7 位 ASCII 码表有 34 个不可打印（显示）的控制字符（前两列 32 个 +SP(空格)+DEL），其余 94 个均可打印（显示）。

字符 ASCII 值大小比较：对字符排序时需要按照字符的 ASCII 码值进行比较。表中排在前面的字符其 ASCII 码值比排在后面的小，因此 "空格(SP)" < "阿拉伯数字" < "大

写字母"<"小写字母"<"删除键(DEL)"；相邻字符前一个比后一个少 1，如"0"的 ASCII 码值是 48，则"1"的 ASCII 码值就是 49；同一个字母，大写的比小写的少 32，如 A 的 ASCII 码值是 65，a 的 ASCII 值就是 97。

通过以上介绍可知，西文字符进入计算机内需要转换为 ASC II 码。要将字符显示在屏幕上或从打印机打印出来，需要将 ASCII 码转换为西文字形码。这些字形码放在计算机硬盘的某个地方，如 C 盘下 Windows 文件夹下的 Fonts 子文件夹中。这些知识后面会介绍。

从西文字符转换成 ASCII 码进入计算机内部，到将 ASCII 码转换成西文字形码在屏幕上显示，是由计算机软硬件在极短时间内自动完成的，只需输入字符即可。

汉字字符的转换

3．汉字字符的转换

ASCII 码只能解决西文字符输入计算机的问题。要想在计算机中使用汉字，就要让计算机识别汉字，同样需要制定汉字的转换标准。

由于世界上使用汉字的地区和国家较多，汉字编码标准也较多。表 1-13 所示为对部分汉字编码标准的简单介绍。

表 1-13　部分汉字编码标准

标　准　名　称	发　布　时　间	主　要　特　点
GB 2312（简称 GB 码或国标码）	1980 年	共收录 6 763 个汉字，其中一级 3 755 个，按汉语拼音排列，二级 3 008 个，按偏旁部首排列；每个汉字用两个字节（16 位二进制数）来表示，每个字节的最高位为 0
BIG5 码（大 5 码）	1984 年	共收录 13 060 个繁体汉字，2003 年推出新版本
Unicode（统一码）	1994 年	跨语言、跨平台，可以容纳世界上所有文字和符号
GB 18030	2000 年	共收录 27 533 个汉字，2005 年推出最新版，共收录 7 万多个汉字

现在来重点讨论国标码（即 GB 2312—1980）。国标码用两个字节共 16 位代码表示一个汉字。由于汉字多达 6 763 个，数量庞大，不像 ASCII 码那样只有 128 个。如何直观显示各个汉字的编码是个大问题。我国的做法是根据各个汉字的国标码将这 6 763 个汉字放到一个 94 行、94 列名为汉字区位码表的二维表中，如表 1-14 所示。

表 1-14　汉字区位码样表

位号 区号	01	…	48	…	94
01	…	…	…	…	…
…	…	…	…	…	…
54	…	…	中	…	筑
…	…	…	…	…	…
94	…	…	…	…	…

每个汉字由它所在的区号（行号）和位号（列号）来确定。由区号和位号构成的一串数字称为区位码。例如，"中"字的区位码是 5448，这里区号是 54，位号是 48，都是

十进制数。

国标码与区位码的关系是：国标码=区位码+(20 20)$_H$（注意：计算时进制要一致）。

例如，求"中"的国标码。

因为：$(54)_D=(3 \times 16^1+6 \times 16^0)_D=(36)_H$ （区号转换为十六进制数）

$(48)_D=(3 \times 16^1+0 \times 16^0)_D=(30)_H$ （位号转换为十六进制数）

所以，"中"的国标码=(36 30)$_H$+(20 20)$_H$=(56 50)$_H$

将(56 50)$_H$按位转换成二进制后就是 (01010110 01010000)$_B$。

汉字编码标准本质上是用什么二进制形式的代码来表示一个汉字的问题。与英文不同，汉字是象形文字，不但字符个数多，而且组成汉字的部件千差万别，汉字结构的复杂性决定了其处理过程远比英文复杂。下面以图1–3为基础来介绍汉字的处理过程。

（1）汉字输入码

要输入英文，只需按键盘上相应的字母键即可，没必要额外的输入法。但键盘上的键比汉字的数目少得多，要输入汉字就得使用某种输入法，用键的组合来表示一个汉字。目前常用的输入法有音码、形码、语言输入、手写输入、扫描输入等。

利用某种输入法将汉字输入计算机所用的代码称为汉字输入码，又称外码。例如，用搜狗输入法在键盘上输入 txm，得到"同学们"，也得到"条形码"这 3 个字，那么 txm 既是"同学们"的输入码，又是"条形码"的输入码。若打入 tongxuemen 也得到"同学们" 3 个字，所以 tongxuemen 也是"同学们"的输入码。也就是说，同一个字或词可以有不同的输入码，而不同的字或词也可以有相同的输入码。

输入码负责把汉字送入计算机内部。

（2）汉字机内码

输入码将汉字送入计算机内部，按理说就应该根据汉字编码标准将汉字转换成对应的二进制形式的代码，但实际处理时会遇到麻烦。例如，国标码（即 GB 2312）规定每个汉字用两个字节来表示，每个字节的最高位都是 0，而 ASCII 码规定每个字符用一个字节表示，每个字节最高位也是 0。也就是说，表示汉字的两个字节中的任一个都可以是一个 ASCII 码，这在处理过程中会导致冲突。为了避免这种冲突，人们实际的做法是将国标码两个字节的最高位由 0 改为 1，以便与西文的 ASCII 码进行区分。

将国标码的两个字节最高位由 0 变为 1 所得的编码称为汉字机内码。计算机内部处理（内存中）、存储时（外存中）用的都是汉字机内码。可以得出，汉字国标码与汉字机内码存在下列关系：

汉字机内码=汉字国标码+(10000000 10000000)$_B$

=汉字国标码+(80 80)$_H$

例如，"中"字的机内码=(56 50)$_H$+(80 80)$_H$=(D6 D0)$_H$=(11010110 11010000)$_B$，也就是说"中"字在计算机内存和外存都是用 11010110 11010000 这个 16 位代码来表示的。其他汉字在计算机内部也都将转换成某个 16 位二进制形式的代码，占 2 个字节。

根据国标码与区位码的关系，还可以进一步得到汉字机内码与区位码的关系式：

汉字机内码=汉字国标码+(80 80)$_H$=区位码+(20 20)$_H$+(80 80)$_H$=区位码+(A0 A0)$_H$

（3）汉字字形码

汉字机内码只是计算机内部处理、存储用的。如果要将汉字显示在屏幕上或从打印机打印出来，需要将汉字机内码转换成汉字字形码。汉字字形码也称为汉字字库、汉字字模等，用于汉字的显示或打印。与西文字形码类似，汉字字形码也是放在计算机硬盘的某个地方，例如，放在 C 盘下 Windows 文件夹下的 Fonts 子文件夹中。

汉字字形码分点阵字形和矢量字形两种。点阵字形用点来表示汉字，有 16×16 点阵、24×24 点阵、32×32 点阵、48×48 点阵等。点阵字形质量不高，放大后有明显的锯齿状。

矢量字形通过数学曲线、数学公式来描述汉字轮廓特征，质量高，放大不会变形。

4．声音、图像、视频的转换

数字化之前，声音、图像、视频等都是模拟信号（用连续变化的物理量表示的信息），它们是不能被计算机所识别的。要让计算机识别它们，就需要模数设备（即 A/D 设备，指将模拟信号转换为数字信号的设备）进行转换，将模拟信号的声音、图像、视频转换为数字信号的声音、图像、视频等。而当要在模拟信号设备（如音箱、显示器等）播放声音、视频或显示图像时，则需要数模设备（即 D/A 设备，指将数字信号转换为模拟信号的设备）进行转换。人们用手机拍的照片或视频之所以能放进计算机，是因为手机具有模数转换功能，自动将所拍的照片和视频进行了转换。

数字化后，声音、图像、视频都变成二进制形式的代码，即 0、1 组成的代码串。

信息的存储

1.2.3 信息的存储

计算机中信息（数据）的最小单位是位（bit），存储信息（数据）的基本单位是字节（B），更大的单位有 KB、MB、GB、TB 等。表 1-15 列出了这些单位及相邻单位之间的关系。

表 1-15 信息的存储单位

中 文 名 称	英 文 表 示	相 邻 关 系	中 文 名 称	英 文 称 呼	相 邻 关 系
位、比特	b（bit）		兆字节	MB	$1\text{ MB}=2^{10}\text{ KB}$
字节	B	$1\text{ B}=8\text{ b}$	吉字节	GB	$1\text{ GB}=2^{10}\text{ MB}$
千字节	KB	$1\text{ KB}=2^{10}\text{ B}$	太字节	TB	$1\text{ TB}=2^{10}\text{ GB}$

值得注意的是：

① 用 $2^{10}=1\,024$ 表示"千"，是因为所有以 2 为底的幂当中 1 024 是最接近 1 000 的。

② 字节 B 与比特 b 是不一样的。一些广告宣传为了让数据更好看，往往用 b 而不用 B。

③ 上述换算关系是准确的计算方法，但硬盘或 U 盘制造商是按进率 1 000 来计算的（如 1 GB=1 000 MB），实际上往往只有 93% 左右的量。例如，16 GB 的 U 盘实际大约只有 14.7 GB。

1.2.4 信息技术简介

党的二十大报告指出要推动战略性新兴产业融合集群发展，构建新一代信息技术、人工智能、生物技术、新能源、新材料、高端装备、绿色环保等一批新的增长引擎。在推动人类从工业社会进入信息社会的过程中，信息技术（Information Technology，IT）是最主要的推手。表 1-16 简单介绍了信息技术的基础知识。

表 1-16　信息技术基础知识

信息技术定义	狭义的信息技术是指信息的采集、加工、存储、传输和利用过程中的每一种技术。广义的信息技术是指：①应用在信息加工和处理中的科学、技术与工程的训练方法和管理技巧；②上述方面的技巧和应用；③计算机与人、机的相互作用；④与之相应的社会、经济和文化等诸种事物
信息技术内容	从类型来看，有现代信息技术、原始时代信息技术和古代社会信息技术。 从层次上看，有：①信息基础技术，包括新材料、新能源、新器件的开发和制造技术，如微电子技术、光电子技术；②信息系统技术，指有关信息的获取、传输、处理、控制的设备和系统的技术，感测技术、通信技术、计算机与智能技术和控制技术是它的核心和支撑技术；③信息应用技术，指针对各种应用而发展起来的具体的技术群类，如工厂自动化、办公自动化、人工智能和互联通信技术等，是技术开发的根本目的
现代信息技术发展趋势	①数字化。数字化技术能确保信息以及信息传输的速度和品质。 ②多媒体化。多媒体技术更好地将文字、声音、图形、图像、视频等信息与计算机有效集成在一起，多维度表达主题。 ③高速度、网络化、宽频带。目前，几乎所有的国家都在进行宽频信息高速公路建设，下一代互联网技术将使传输速率达到 2.4 GB/s。 ④智能化。智能化将使信息技术代替人的部分工作，还可以促使"软件代理"的发展，它可以代替人们在网络上漫游，收集任何可能想获取的信息

1.3　计算机病毒及其防治

计算机病毒是不怀好意的人编写的一种特殊的计算机程序，直接威胁计算机信息的安全。了解计算机病毒及其防治知识，有着重要的现实意义。下面重点介绍计算机病毒的特征、分类及预防措施。

1.3.1　计算机病毒的特征

计算机病毒一般具有寄生性、破坏性、传染性、潜伏性和隐蔽性等特征。

1．寄生性

计算机病毒一般不以独立的文件存在，而是寄生在其他可执行程序当中，享有被寄生程序所得到的一切权限。

2．破坏性

计算机病毒一般具有破坏性，可能破坏整个系统，也可能删除或修改数据，甚至格式化整个磁盘。

3．传染性

传染是计算机病毒的基本特征。计算机病毒往往能够主动将自身的复制品或变种传染到其他未被感染的程序当中。计算机病毒主要通过移动存储设备和计算机网络进行传播。

4．潜伏性

潜伏性是指计算机病毒寄生在别的程序中，一旦条件（如时间、用户操作）满足就开始发作。

5．隐蔽性

隐蔽性是指染毒的计算机看上去一切如常，不容易被发觉。

1.3.2 计算机病毒分类

计算机病毒的分类方法很多，按感染方式可分为引导型、文件型、混合型、宏病毒、Internet 病毒（网络病毒）等五类。

1．引导型病毒

计算机启动的过程大致是：开机时，主板上的 BIOS（基本输入/输出系统）程序自动运行，然后将控制权交给硬盘主引导记录，由主引导记录去找到操作系统引导程序并执行，稍后就看到操作系统界面（如 Windows 桌面）。

引导型病毒是指病毒在操作系统引导程序运行之前首先进入计算机内存，非法获取整个系统的控制权并进行传染和破坏。由于整个系统可能是带毒运行的，这种病毒危害很大。

2．文件型病毒

文件型病毒指的是病毒寄生在诸如.com、.exe、.drv、.bin、.ovl、.sys 等可执行文件的头部或尾部，并修改执行程序的第一条指令。一旦执行这些染毒程序就会先跳转去执行病毒程序，进而传染和破坏。这类病毒只有当染毒程序执行并满足条件时才会发作。

3．混合型病毒

混合型病毒指的是兼有引导型和文件型病毒特点的病毒。这种病毒最难杀灭。

4．宏病毒

所谓宏，就是一些命令排列在一起，作为一个单独命令被执行以完成一个特定任务。美国微软公司的两个基本办公软件 Word 和 Excel 有宏命令，其文档可以包含宏。宏病毒指的是寄生在由这两个软件创建的文档（.doc、.xls、.docx、.xlsx）或模板文档中的病毒。当对染毒文档操作时病毒就会进行破坏和传染。

5．Internet 病毒（网络病毒）

网络病毒指利用网络传播的病毒，如求职信病毒、FunLove 病毒、蓝色代码病毒、冲击波病毒等。黑客是危害计算机系统的源头之一，利用"黑客程序"可以远程非法进入他人的计算机系统，截取或篡改数据，危害信息安全。

1.3.3 计算机病毒的诊断及预防

计算机病毒由于具有隐蔽性，所以很难被发现。尽管如此，仔细观察，还是可以发现蛛丝马迹。例如，系统的内存明显变小、系统经常出现死机现象、屏幕经常出现一些莫名其妙的信息或异常现象等。

养成良好的计算机使用习惯，可以有效减少病毒的侵害或降低因

计算机病毒的诊断及预防

病毒侵害所造成的损失。这些习惯可归纳如下：

① 安装杀毒软件和安全卫士。现在全免费的杀毒软件和安全卫士比比皆是，个人计算机应该同时安装这两类软件，并及时升级、定期查杀、扫描漏洞、更新补丁。

② 外来的移动存储器应先查杀再使用。

③ 重要的文档要备份，可利用 Ghost 等软件将整个系统备份下来。

④ 不要随便打开来历不明的邮件或链接。

⑤ 浏览网页、下载文件要选择正规的网站。

⑥ 有效管理系统所有的账户，取消不必要的系统共享和远程登录功能。

1.3.4 计算机应用中的道德与法律问题

任何一件事情都会有积极与消极的一面。计算机技术的广泛应用极大地促进了文明的进步，这方面的例子可以说是不胜枚举。与此同时，计算机的广泛应用也带来了许多消极的影响。例如，由于大量地使用电子邮件等现代通信方式，人与人之间面对面的直接交流减少，从而造成人际关系的疏远。再如，人们对计算机的依赖性越来越高，对于许多现代人来说，如果没有了计算机，恐怕就很难正常地工作与生活。更为严重的是，计算机与网络技术的普及也带来了新的犯罪方式，网络犯罪现象时有发生。

关于计算机道德的问题由此被提到了一个很重要的层面。计算机道德是与如何正确地使用计算机获取信息紧密相关的。例如，在互联网上有许多重要的信息，我们应该如何正确地使用、传播这些信息？道德的问题需要通过教育来解决。因此，现在几乎全世界所有的国家都非常重视信息技术的教育以及信息素养的培养。

当然教育不能解决所有的问题，道德的约束也是创建在自觉的基础上。当问题发生后，仍需要通过法律来解决。目前许多国家都有专门针对计算机犯罪问题的法律。在我国，《刑法》中也有专门针对计算机犯罪的条款，另外还有许多相关的管理条例等。党的二十大报告指出要坚持依法治国和以德治国相结合，把社会主义核心价值观融入法治建设、融入社会发展、融入日常生活。

习　题

单项选择题

1. 在冯·诺依曼体系结构的计算机中引进了两个重要的概念，分别是（　　　）。

　　A. CPU 和内存储器的概念　　　　　B. 二进制和存储程序的概念

　　C. 机器语言和十六进制　　　　　　D. ASCII 码和指令系统

2. 通常情况下是按（　　）来对计算机发展阶段进行划分的。

　　A. 主机物理器件的发展水平　　　　B. 运算速度

　　C. 软件的发展水平　　　　　　　　D. 操作系统的类型

3. 卫星测控是计算机的一项应用，它属于（　　　）。

　　A. 科学计算　　　B. 辅助设计　　　C. 实时控制　　　D. 数据处理

4. 计算机辅助制造的英文缩略词是（　　　　）。

    A．CAD　　　　　　B．CAM　　　　　　C．CAI　　　　　　D．CAT

5. 门禁使用的指纹确认系统及邮局的自动分析系统应用的计算机技术是（　　　　）。

    A．机器翻译　　　　B．自然语言理解　　C．过程控制　　　　D．模式识别

6. 微型计算机的发展以（　　　　）技术为特征标志。

    A．操作系统　　　　B．微处理器　　　　C．磁盘　　　　　　D．软件

7. 二进制数 11011 对应的十进制数是（　　　　）。

    A．25　　　　　　　B．27　　　　　　　C．29　　　　　　　D．31

8. 十进制整数 64 转换为二进制整数等于（　　　　）。

    A．1100000　　　　B．1000000　　　　C．1000100　　　　D．10013010

9. 市面上标示 8 GB 的 TF 卡实际只有 7.39 GB，它能保存的汉字个数是（　　　　）。

    A．8 × 1024 × 1024 × 512　　　　　　　B．7.39 × 1024 × 1024 × 512

    C．8 × 1000 × 1000 × 500　　　　　　　D．7.39 × 1000 × 1000 × 500

10. 汉字在计算机内部存储、处理时使用汉字的（　　　　）。

    A．字形码　　　　　B．输入码　　　　　C．机内码　　　　　D．国标码

11. 一个点对应于一个比特，则一个 16 × 16 点阵的汉字占用的字节数是（　　　　）。

    A．16　　　　　　　B．32　　　　　　　C．48　　　　　　　D．64

12. 计算机病毒是指"能够侵入并在计算机系统中潜伏、传播、破坏系统正常工作的一种具有繁殖能力的"（　　　　）。

    A．特殊程序　　　　B．特殊微生物　　　C．源程序　　　　　D．传染性病毒

第 2 章

>>> 计算机系统

计算机系统包括硬件系统和软件系统。硬件是计算机赖以工作的实体,目前的主流计算机都是冯·诺依曼体系结构,都由运算、控制、存储、输入和输出 5 个部分组成。软件是控制计算机运行的灵魂,由各种程序、供程序处理的数据以及相应的文档组成。

学习目标:

- 了解计算机硬件系统的组成、功能和工作原理;各主要部件的正确识别。
- 理解计算机软件系统的组成和功能,系统软件与应用软件的概念、作用及判断。
- 领会计算机主要性能指标和技术指标。
- 理解操作系统的概念及功能。
- 熟练掌握 Windows 7 的基本操作。

2.1 计算机硬件系统

硬件是看得见摸得着的东西,是整个计算机系统的物质基础,是软件运行的基本前提。计算机发展到今天,虽然人类一直在努力,但主流计算机的体系结构基本没变,还是冯·诺依曼体系结构。这类计算机由运算器、控制器、存储器(指内存)、输入设备和输出设备 5 个部分组成,如图 2-1 所示。

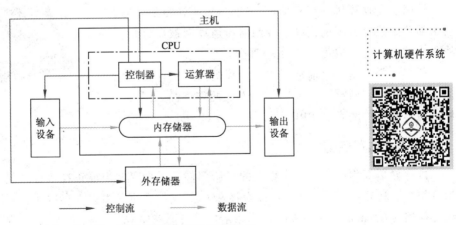

图 2-1　冯·诺依曼型计算机硬件框图

计算机硬件系统的各个部分的主要功能是什么?你能识别各主要硬件吗?为什么计算机能自动工作?下面分别介绍组成计算机的各个部分。

2.1.1 运算器

运算器（Arithmetic Unit，AU）也称算术逻辑部件（ALU），其主要功能是对二进制数进行算术四则运算或逻辑运算。计算机对信息的加工处理都是在运算器中完成的。运算器处理的数据来自内存储器，处理后送回内存储器，或暂时存放在运算器的寄存器中。由于各种运算最终都归结为加法和移位运算，故此加法器是运算器的核心。

运算器是计算机的核心部件，早期的运算器是独立的，后来随着集成化程度的提高，运算器与控制器（CU）被集成在一块小小的芯片内，成为中央处理器（CPU）的一部分。

运算器的性能指标是衡量整个计算机性能的重要因素，与运算器相关的性能指标有字长和运算速度。

① 字长：指计算机运算器一次能同时处理的二进制数的位数，早期有 8 位、16 位、32 位的，现在 64 位是主流。所谓 64 位 CPU 其实是指运算器的字长为 64 位。

② 运算速度：指运算器每秒所能执行加法指令的数目，常用百万次/秒（MIPS）来表示。"神威·太湖之光"计算速度每秒 12.5 亿亿次指的是每秒能执行 12.5 亿亿次加法运算。微机一般采用主频来描述运算速度，主频越高，运算速度就越快。

2.1.2 控制器

控制器是计算机的心脏，它根据程序（程序由一系列指令组成）的要求指挥计算机各个部件自动、协调地工作。大致的工作过程是：当程序载入内存后，控制器从内存取出程序的第一条指令、分析指令、生成控制信号；在控制信号作用下计算机各部件执行该指令。控制器接着再到内存取出第二条指令，重复上述过程，如此不断反复循环下去，直到程序的最后一条指令被执行。

可以看出，计算机之所以具有自动执行程序的特点，其实就是控制器所起的作用。

控制器是计算机的核心部件。早期的控制器是独立的，后来随着集成化程度的提高，控制器与运算器被集成在一块小小的芯片内，成为 CPU 的一部分。

值得一提的是，目前笔记本式计算机和台式计算机用的 CPU 主要是英特尔（Intel）和 AMD 两家产品。图 2-2 所示为英特尔的酷睿 i7 CPU。

图 2-2　英特尔酷睿 i7 CPU

2.1.3 内存储器

内存储器简称内存，是主板上的存储部件，用来存储当前正在执行的程序、数据和运算结果。和外存不同，内存可以直接和 CPU 交换数据信息。内存按功能不同可分为随机存储器（Random Access Memory，RAM）、只读存储器（Read Only Memory，ROM）和高速缓冲存储器（Cache）。

1. 随机存储器（RAM）

RAM 内存在所有内存类型中占比最大，平时所说的内存其实指的就是 RAM。RAM 有两个特点：一是可读写性，即可将信息从 RAM 调出来（可读出），也可将 RAM 中的信息进行修改（可写入）；二是易失性，即断电后 RAM 中的信息会立即丢失。当前笔记本式计算机和台式计算机的主流 RAM 内存是 DDR3 和 DDR4。图 2-3 是 DDR4 内存。

2．只读存储器（ROM）

只读的意思是只能读取不能写入。ROM 中的信息一般由制造该存储器的厂商用特殊工具一次性将信息写进存储器并固化处理，之后用户无法修改（即无法写）。无论是否通电，里面的信息都不会丢失。最典型的 ROM 是 BIOS 存储器（见图 2-4），其中固化了基本输入/输出系统（BIOS），这是计算机启动时最先运行的一段程序。

图 2-3　DDR4 内存

图 2-4　BIOS 存储器

由于 BIOS 程序很小，所以 BIOS 存储器也很小，一般 4 MB，最多不超过 8 MB，平时所说的内存并不包括这个 BIOS 存储器。

3．高速缓冲存储器（Cache）

计算机 CPU 的速度要比普通 RAM 内存读/写的速度快得多，两者速度的不匹配会导致运行效率降低。高速缓冲存储器就是为了提高存取速度而在 CPU 和 RAM 内存之间增设的比普通 RAM 更快的存储器。现在的 CPU 一般都有 3 个级别的 Cache：一级 Cache 在 CPU 内部，很小；二级 Cache 在 CPU 外部，比一级 Cache 大；三级 Cache 也在 CPU 外部，比二级的大。

高速缓冲存储器一般不超过 10 MB，相比于 RAM 实在太小，平时所说的内存并不包括高速缓冲存储器 Cache。

所有需要处理的信息都首先要进入内存，才能由 CPU 读取进而进行处理。

2.1.4　外存储器

外存储器简称外存，是相对于内存而言的。软件需要事先安装到外存中，用的时候再装入内存运行。外存的最大特点是存储空间大，断电后数据不会丢失，能够满足安装软件和保存数据的需求。随着信息技术的广泛应用，需要保存的个人或企事业数据会越来越多，只有外存才可以解决这个问题。常见的外存有硬盘、闪存盘和光盘等。

1．硬盘

硬盘（Hard Disk，HD）是指机械硬盘，即平时所说的硬盘，如图 2-5 和图 2-6 所示。另一种硬盘称为固态硬盘（SSD），后面有介绍。

硬盘由磁盘片、读/写控制电路和驱动机构组成。一个硬盘内部有若干盘片，被安装在一个同心轴上，每个盘片的两面都可保存数据。每个盘面在逻辑上被划分为若干磁道（可理解为以轴为圆心的一个个同心圆）和扇区（两个半径之间的磁道弧长）。每个盘面都有一个磁头，负责数据的读/写。

图 2-5　HD 硬盘内部　　　　　图 2-6　HD 硬盘外观

硬盘的接口有 ATA、SATA、SCSI 等。见得最多的要数 SATA 硬盘，也叫作串口硬盘，有 SATA、SATA2、SATA3 之分，数字越大传输速率就越大，现在 SATA3 是主流。

硬盘的转速有 5 400 r/min 和 7 200 r/min 两种。

硬盘的优点是价格便宜、容量大，一般固定在机箱内，操作系统、应用软件及用户数据一般都安装和保存在 HD 硬盘内。

2．闪存盘

闪存盘是一类基于闪存技术的存储器，断电数据不会丢失，有 U 盘、TF 卡、SD 卡等。如图 2-7～图 2-9 所示。需要注意的是 TF 卡往往被称为内存卡，实际上并非内存而是外存。

图 2-7　U 盘　　　　　图 2-8　TF 卡　　　　　图 2-9　SD 卡

值得一提的是，固态硬盘现在越来越流行。这种硬盘其实是基于闪存技术的，与传统的机械硬盘相比，这类硬盘有传输速度快、能耗低、噪声小、体积小、重量轻等优点，但价格相对高。固态硬盘如图 2-10 所示。

3．光盘

光盘是以光信息作为载体来存储数据的，通常可以分为两大类型：一类是只读型光盘，包括 CD-ROM

图 2-10　固态硬盘

和 DVD-ROM，这类光盘只能读出数据不能写入和修改数据；另一类是可写型光盘，包括 CD-R、CD-RW、DVD-R、DVD+R、DVD+RW 等，其中的"−"和"+"表示不同的刻录标准，R 表示只能写（刻录）一次，以后无法改写，但可以多次读取，RW 表示可多次反复刻录和擦除。

光盘的容量一般为 700 MB 左右，DVD 单面是 4.7 GB，DVD 双面是 8.5 GB。与光盘相对应的设备称为光盘驱动器，简称光驱，用倍速来衡量光驱的传输速率，如图 2-11 所示。

2.1.5 输入设备

所谓的"输入"是相对于内存而言的，凡是信息进入内存的就是输入。输入设备把可读的信息（命令、程序、数据、文本、图像、音频、视频等）转换为计

图 2-11 光驱

算机能识别的二进制形式的代码送入计算机内存，供计算机处理，是人与计算机系统之间进行信息交换的主要设备之一。

最基本的输入设备是键盘和鼠标，其他输入设备还有扫描仪、条形码阅读器、触摸屏、手写笔、游戏杆、麦克风、数码摄像机、数码照相机等，如图 2-12～图 2-15 所示。

图 2-12 键盘和鼠标

图 2-13 扫描仪

图 2-14 数码摄像机

图 2-15 数码照相机

键盘和鼠标都分为有线和无线两类，其中有线的接口有 PS/2（小圆口）和 USB（方口）。

需要注意的是传统的磁带摄像机、胶卷照相机不是输入设备，因为它们不能直接向计算机输入视频或图像。

2.1.6 输出设备

所谓的"输出"是相对于内存而言的，凡是信息从内存出来就是输出。一般意义上的输出设备能将计算机处理后的各种内部格式的信息（二进制形式的代码）转换为人类能识别的形式（如数字、文字、图像、声音等）从内存送出。

最基本的输出设备是显示器，其他的输出设备还有打印机、绘图仪、视频投影仪等。

1. 显示系统

计算机显示系统由显卡和显示器组成。其中，显卡负责接收从内存读出的显示数据，经转换后输出到显示器显示；常见的显示器有阴极射线管显示器（简称 CRT）、液晶显

示器（简称 LCD），如图 2-16～图 2-18 所示。

图 2-16　显卡

图 2-17　CRT 显示器

图 2-18　LCD 显示器

显示器的主要性能有点距、分辨率、显存、尺寸、响应时间、亮度、色数等。所谓点距是指屏幕上两个相邻像素（独立显示点）之间的距离，点距越小就越清晰。目前常见的点距有 0.31 mm、0.28 mm、0.25 mm 等；所谓分辨率是指整个屏幕上像素的数目，用列×行表示，分辨率越高就越清晰。常见的分辨率有 1 024×768 像素、1 280×1 024 像素等；所谓显存，全称为显示内存（并非内存的一部分），用于存放即将显示的内容，其容量越大越好；尺寸指显示器的对角线长度；响应时间是指像素由暗转亮或由亮转暗所需要的时间，越短越好；亮度是指显示器发光的强弱；色数是指显示器能够显示的最大色彩数量，色数越大显示的层次越丰富。

2. 打印机

打印机一般有激光打印机、针式打印机、喷墨打印机等，如图 2-19～图 2-21 所示。

图 2-19　激光打印机

图 2-20　针式打印机

图 2-21　喷墨打印机

激光打印机将数据转换成光从而实现打印，其优点是打印速度快、无噪声、打印质量高，但价格高、耗材贵；喷墨打印机通过"喷"的办法实现打印，其优点是价格低廉，但打印速度慢、耗材（墨盒）贵；针式打印机是通过打印头上的针（有 9 针、24 针等）的击打从而实现打印，其优点是耗材便宜，但噪声大、打印速度慢、打印质量不高。

2.1.7　输入/输出设备

有一些设备同时具有输入设备和输出设备的功能。例如外存储器，当打开外存中的文档时数据从外存进入内存，此时它是输入设备；而当保存文档到外存时，数据从内存进入外存，此时则是输出设备。

2.1.8 计算机五大部件的连接

计算机硬件系统的五大部件是怎么连接起来的？以台式机为例，实际上它们最终都直接或间接与主板（见图 2-22）连接。主板上集成了总线（包括数据总线、地址总线和控制总线），各部件通过总线连接并通过总线传递数据和控制信号。

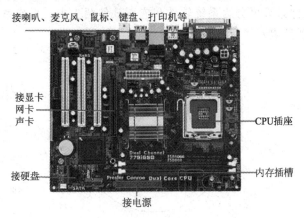

图 2-22　计算机主板

图 2-23 所示为计算机主机箱内部的设备连接与安装图。

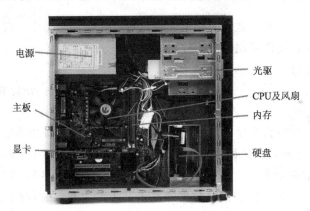

图 2-23　主机箱内部

图 2-24 所示为计算机硬件系统组成。

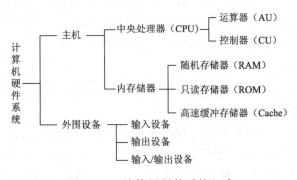

图 2-24　计算机硬件系统组成

2.2 计算机软件系统

计算机系统由硬件系统和软件系统组成，二者是辩证统一的关系。硬件系统相当于人的身体（只有硬件系统的计算机称为裸机），处在里层，而软件系统就相当于人穿的衣服，处在外层。软件系统可分为系统软件和应用软件两大类。操作系统是最重要的系统软件。图 2-25 直观地表示了计算机系统的层次结构。

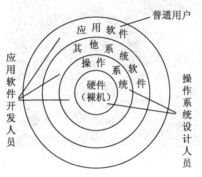

计算机软件系统

图 2-25　计算机系统层次结构

2.2.1 软件概念

软件是连接用户与硬件之间的桥梁，用户通过对软件的操作"告知"自己的意图，再由软件控制计算机硬件实现用户的意图。

1．软件的概念

软件的内涵不是一成不变的，它随着计算机开发理论、开发技术的不断发展而变化。

早期的软件开发是为开发者自己服务的，不必为软件书写额外的说明，那时的软件就等于"程序"；后来人们意识到软件有商业价值，就合伙开发和销售软件，并附上说明书让买家知道如何操作，此时的软件就等于"程序+说明书"；再后来，随着软件开发的进一步规范化、工程化，以及数据库技术的不断发展，软件的内涵变为"程序+数据+文档"。

什么叫软件？软件就是为解决某一个或某一类问题而编制的程序以及相关的数据、文档的集合。其中，程序是按照一定顺序执行的、能够完成某一任务的指令集合，要用某种计算机程序设计语言编写；数据是指程序用到的数据，尤其是独立于程序而存在的数据库；文档是指与程序相关的文字说明，比如开发过程中产生的工作文档、管理员手册、用户手册等。

虽然程序是软件的主要内容，但软件与程序的含义是不同的。

2．程序设计语言

人与计算机是完全不同的世界。与计算机"沟通"不能用人类语言（一般称为自然语言），必须用计算机语言，也就是程序设计语言。它由单词、语句、函数和程序文件等组成。程序设计语言是软件开发的基础，表 2-1 对各类程序设计语言进行了简单归纳。

表 2-1 对各类程序设计语言的归纳

机器语言	直接用二进制代码表示指令系统的语言，是唯一能被计算机系统理解和执行的语言，属低级语言。 优点：无须"翻译"，执行速度最快、效率最高。 缺点：程序编写、阅读、调试、修改、移植和维护难度大，指令难记忆
汇编语言	使用英文单词或缩写代替二进制代码进行编程的语言。例如，add 表示加法，mov 表示传送指令等，属低级语言。 优点：相对于机器指令，更容易掌握。 缺点：通用性差，源程序必须经翻译才能被计算机识别和执行
高级语言	用最接近人类自然语言（尤其是英语）和数学公式编程的语言，如 C#、R 语言等。又分为编译型高级语言和解释型高级语言。 优点：接近人类语言，易理解、易阅读、易编写，移植性强。 缺点：源程序必须经翻译才能被计算机识别和执行

表 2-1 的进一步说明：

所谓的"低级""高级"是相对于计算机和人而言的，离计算机越近越低级，离人越近就越高级。

所谓的"指令"是指挥计算机完成某个基本操作的命令。

所谓的"源程序"是指用某种程序设计语言编写且未经翻译的程序。

翻译程序也称语言处理程序，负责将源程序转换成机器语言目标程序，以便计算机能够运行。翻译程序共有 3 种：汇编程序、编译程序和解释程序。

"汇编程序"负责将汇编语言源程序翻译成机器语言目标程序（.obj），再与库函数链接变为可执行文件（如 Windows 下的.exe 文件）。该可执行文件独立运行。

"编译程序"负责将编译型高级语言（如 C#）源程序整体翻译成目标程序（.obj），再与库函数链接变成可执行文件（如 Windows 下的.exe 文件）。该可执行文件可独立运行。

"解释程序"负责将解释型高级语言（如 R 语言）源程序逐句翻译、逐句执行，不产生目标程序和可执行文件。今后要运行该程序需进入语言环境运行，不可以独立运行。

计算机如何"听"懂人类的语言？原来，人类把要计算机完成的工作用某种编程语言编成程序，通过翻译、连接后就可以与计算机"交流"。通常，编程序、翻译、连接这些由软件工程师来做，普通用户只需会用做好的软件即可。

2.2.2 软件系统及其组成

计算机软件系统可分为系统软件和应用软件两大类。系统软件是指控制和协调计算机及外围设备，支持应用软件开发和运行的软件。应用软件是指满足用户不同领域、不同问题的应用需求而开发的软件。计算机软件的分类如表 2-2 所示。

表 2-2　计算机软件的分类

系统软件	① 操作系统，如 Windows、安卓等。 ② 语言处理系统，包括程序编辑器、翻译程序等，如 C#编译程序、R 解释程序等。 ③ 支撑软件，指软件开发环境（IDE），是支持各种软件开发和维护的软件，如微软的.NET。 ④ 数据库管理系统（DBMS），创建、使用和维护数据库的核心系统。需要注意的是数据库应用系统不属于系统软件。 ⑤ 系统服务程序及设备驱动程序
应用软件	常用的有： ① 办公软件，如微软 Office、金山 Office 等。 ② 多媒体处理软件，如 Photoshop、Flash、会声会影等。 ③ 数据库应用系统，如财务管理系统、学生成绩管理系统等。 ④ Internet 工具软件，如浏览器、下载工具等

2.2.3　操作系统

从图 2-25 可以看出，操作系统（OS）是最接近计算机硬件（裸机）的系统软件，是计算机硬件（裸机）所"穿"的"内衣"。

1．操作系统的含义及功能

操作系统（OS）是人与计算机硬件之间通信的桥梁，负责安全有效地管理计算机系统的一切软、硬件资源，为用户提供一个清晰、简洁、友好、易用的工作界面。

操作系统不是一个程序，而是一个庞大的管理控制程序集，这些程序的功能可以分为以下几方面：

① 处理器管理：根据一定的策略将 CPU 处理器交替地分配给等待运行的程序。

② 存储器（内存）管理：主要实现内存的分配与回收，保证各作业占用的存储空间不发生矛盾、互不干扰。

③ 外围设备管理：负责分配和回收外围设备，控制外围设备按用户程序要求操作。

④ 文件管理：向用户提供创建、读/写、打开/关闭等文件的相关操作功能。

⑤ 作业管理：对用户请求的独立操作（即作业）提供输入、输出、调度、控制等功能。

2．常见的操作系统

操作系统的类别很多，下面先了解目前各类计算机常用的操作系统。表 2-3 对此做了归纳。

表 2-3　各类计算机常用操作系统

巨型机（超级计算机）	主要是自开发自用的基于 Linux 的操作系统，例如中国"神威·太湖之光"用的是国产系统神威睿思（RaiseOS 2.0.5），是基于 Linux 开发的
大型（通用）机	主要是 IBM 公司为自己的服务器开发的，如 OS/390、MVS/ESAMVS/ESA 等操作系统
微型机	① 用于普通微机的有微软 Windows 系列、苹果 Mac OS、Linux、UNIX（服务器用）、Windows Server 系列（服务器用）等。 ② 用于智能手机等嵌入式微机的有安卓（Android）、iOS、Windows Phone、黑莓等

操作系统的分类标准很多，如用户界面、同时支持的用户数、同时运行的程序数、应用领域等。这些分类标准实际上是从不同角度反映一个操作系统的特点，而对于一个特定的操作系统而言，它可能同时具备上述几个特征。表 2-4 所示为操作系统的几种常见分类方式。

表 2-4　操作系统的几种常见分类方式

按用户界面	① 命令行界面 OS。在光标位置输入命令并按【Enter】键执行，不能用鼠标。最典型的是微软的 DOS，可在 Windows 7 运行栏输入 cmd 进入命令行状态，如图 2-26 所示。 ② 图形界面 OS。通过窗口、菜单、图标、按钮等执行命令，这是当前主流 OS，如 Windows 系列、安卓等
按同时支持的用户数	① 单用户 OS。不允许多个用户同时使用系统，如 DOS、Windows 7。 ② 多用户 OS。允许多个用户同时使用系统，如 Windows Server 系列
按同时运行的程序数	① 单任务 OS。同一个时间只能运行一个程序（即任务），如 DOS。 ② 多任务 OS。多个程序可同时运行，现在主流 OS 都是多任务的
按应用领域	① 桌面 OS。安装到普通微机上的图形界面 OS，如 Windows 7。 ② 服务器 OS。安装到服务器上。如 Windows Server 系列、UNIX。 ③ 嵌入式 OS。安装到嵌入式微机上，如安卓、iOS 等

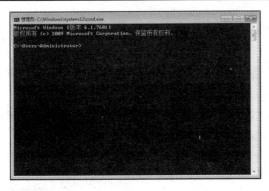

图 2-26　Windows 7 系统 DOS 命令行用户界面

由表 2-4 可以得出以下结论：

① DOS 是命令行界面的、单用户的、单任务的 OS。

② Windows 7 是图形界面的、单用户的、多任务的桌面 OS。

③ 安卓是图形界面的、单用户的、多任务的嵌入式 OS。

由于 Windows 7 可设置多个登录账户，部分文献因此认为 Windows 7 是多用户的，这是值得商榷的。Windows 7 并不具备多个用户同时使用系统的功能。

党的二十大报告指出要加快实现高水平科技自立自强。目前，各国纷纷把科技创新作为国际战略博弈的主要战场，谁走好了科技创新这步先手棋，谁就能占领先机赢得优势。华为公司即将发布为鸿蒙系统研发的编程语言"仓颉"，此举将扩展鸿蒙的生态建设道路，为程序员打开国产编程语言的科技创新思路，以高水平科技自立自强的"强劲筋骨"支撑民族复兴伟业。

2.3 Windows 7 操作系统

美国微软公司的 Windows 桌面操作系统版本众多，Windows 7 是其中应用广泛的一个。图 2-27 所示为 2016 年 4 月全球单面操作系统市场份额。

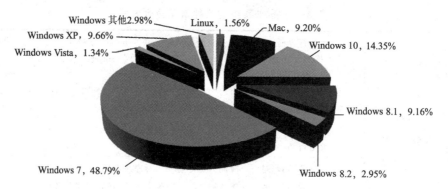

图 2-27　2016 年 4 月全球桌面操作系统市场份额

学习 Windows 7 的主要目的有两个：系统设置和文件夹管理。

2.3.1　系统设置

控制面板是 Windows 7 为用户提供个性化系统设置和管理的一个工具箱，几乎涵盖了有关 Windows 外观和工作方式的所有内容。

控制面板的打开方法：选择"开始"→"控制面板"命令，或右击"计算机"图标，选择"控制面板"命令。

控制面板的查看方式：类别、大图标、小图标，如图 2-28 所示。

图 2-28　控制面板

控制面板中的每一项都对应 Windows\system32 文件夹中的一个.cpl 类型文件,如"日期和时间"对应 timedate.cpl,"系统属性"对应 sysdm.cpl,等等。

表 2-5 所示为控制面板常用设置项目。

表 2-5　控制面板常用设置项目

项 目 名 称	主 要 功 能
个性化	更改计算机视觉效果和声音,包括各种显示主题、桌面背景、窗口颜色、默认声音、屏幕保护程序等。还包括更改桌面图标、更改鼠标指针、更改账户图片等,是其他若干个项目的集合
桌面小工具	在桌面上增加时钟、日历、天气等小工具
日期和时间	设置日期和时间,包括自动获取 Internet 时间服务器上的时间
区域和语言	设置日期、时间格式,添加、删除输入法及设置输入法属性等
显示	调整屏幕分辨率、亮度、颜色,连接到投影仪等
程序和功能	卸载或更改用户安装的程序;打开或关闭 Windows 附带的某些程序和功能
设备管理器	安装和更新硬件设备的驱动程序、更改这些设备的硬件设置等
文件夹选项	更改文件和文件夹执行的方式以及项目在计算机上的显示方式
系统	查看计算机的基本信息、系统属性设置等
电源选项	设置显示器关闭时间、计算机睡眠时间等
设备和打印机	查看和管理设备、打印机及打印作业
用户账户	更改共享此计算机的用户账户设置和密码
家长控制	对儿童使用计算机的方式进行协助管理
网络和共享中心	查看计算机是否连接在网络上、连接的类型以及访问权限级别,管理无线网络,更改适配器设置等
声音	配置音频设备或更改计算机的声音方案
键盘	自定义键盘设置,如光标闪烁速度和字符重复速度
鼠标	自定义鼠标设置,如双击速度、鼠标指针和移动速度等
管理工具	配置计算机的管理设置,包括计算机管理、服务启动终止设置等

除了通过"控制面板"进行设置,有些项目也可以通过右击"计算机"图标或右击桌面空白处直接进入设置界面。右击"计算机"图标,可打开"设备管理器""计算机管理""系统"等设置界面;右击桌面空白处,可设置分辨率、桌面小工具、个性化等。

2.3.2　文件、文件夹管理

表 2-6 所示为 T 教师每学期的主要教学工作情况及主要电子资料。假设计算机是个人专用的,如何才能设计出科学合理的文件夹?

表 2-6　T 教师每学期教学工作主要情况及资料

名　称	数　量	类　型
授课门数	2 门	课程名称不固定
电子教案	1 个/门	Word 文档

续表

名　　称	数　　量	类　　型
电子课件	1 个/门	PPT 文档
课程总结	1 个/门	Word 文档
质量分析表	1 个/门	Word 文档
课程参考资料	多个/门	文档类型不定
学生电子成绩登记表	多个/门	Excel 文档
学生电子作业	多次/门	每次一个文件夹，文件夹下是作业
下载教学各种文件和通知	多个	文档类型不定

表 2-7 所示为文件、文件夹的知识要点。

表 2-7　文件、文件夹的知识要点

文件	含义：文件是相关数据的有序集，数据必须以文件形式才能保存。 文件名格式：基本名.扩展名。其中扩展名用于表示文件的类别。与系统定义的设备名（如串行通信端口 COM1、COM2，并行打印端口 LPT1、LPT2 等）冲突的不能用作文件名；有特定含义的符号（*、?、\、/、<、>、"、|、:共 9 个符号）不能出现在文件名中
盘符	盘符是对外存一个逻辑分区的命名，格式：大写字母+英文冒号，如"C:"表示 C 盘。一般而言，C 盘是硬盘的一个逻辑分区，不是整个硬盘
文件夹	在外存创建的空间，用于存放文件或文件夹，也称目录。每个盘都有一个默认的文件夹称为"根文件夹"或"根目录"。在一个文件夹下创建的文件夹是它的子文件夹，它是父文件夹。 与文件名类似，给文件夹命名时要避开系统定义的设备名和特殊符号，文件夹一般不需要扩展名

分析：

① 考虑文件夹放在哪个逻辑分区（盘）上的问题。一般情况下，用户会选择一个专门的逻辑分区（盘）用来保存数据，称为数据盘。这里假设 F 盘是数据盘，文件夹应该放在这个盘上。

② 考虑一级文件夹，一般选择"最大的类"，这里要么用"年份+学期"，要么用课程名称。由于课程名称不固定，而"年份+学期"是固定不变的，因此用"年份+学期"作为一级文件夹更合适。

③ 考虑二级文件夹，一般选择"次大的类"，这里选择课程名称是比较恰当的，但该教师还有个"下载教学文件和通知"，因此也应该创建相应的二级文件夹用于存放这方面的文档。

④ 考虑三级文件夹：课程参考资料较多应放到一个文件夹；学生作业是以文件夹形式上交的，因此也应创建"作业"文件夹用于存放；而下载的教学文件和通知有的是来自学校的，有的是来自系部的，因此也可分别创建"学校"和"系部"两个类别。

最终的文件夹结构如图 2-29 所示。其中加括号的表示文件，下面不能再放文件和文件夹，加方框的表示文件夹，下面可以存放文件和文件夹。

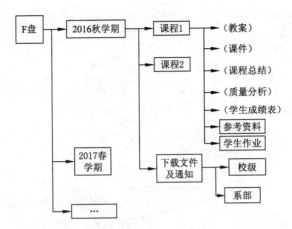

图 2-29　T教师教学文件夹结构及主要文档存放位置

具体实现步骤如下：

① 在桌面上双击"计算机"图标，在打开的窗口中单击导航窗格的 F 盘，结果如图 2-30 所示。

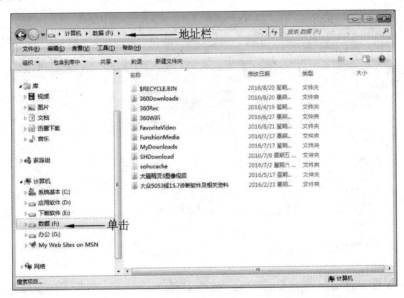

图 2-30　双击"计算机"并单击导航窗格中的 F 盘

这时系统的位置在 F 盘的根文件夹下。

② 创建一级文件夹。单击工具栏中的"新建文件夹"按钮，在默认的"新建文件夹"名称框中输入"2016 秋学期"，结果如图 2-31 所示。

其他一级文件夹如"2017 春学期""2017 秋学期"等可用相同的方法创建。

③ 创建二级文件夹。双击"2016 秋学期"，使系统定位于"2016 秋学期"文件夹，然后依次单击工具栏中的"新建文件夹"按钮，分别创建"课程 1""课程 2""下载文件及通知"文件夹，如图 2-32 所示。

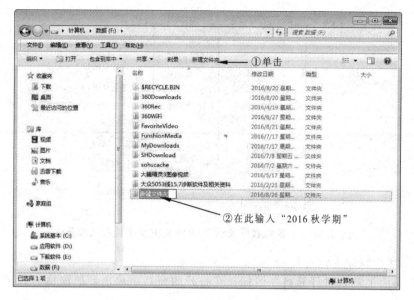

图 2-31　创建"2016 秋学期"文件夹

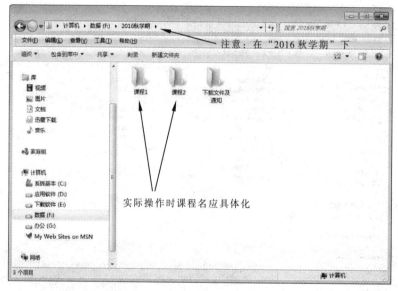

图 2-32　在"2016 秋学期"下创建三个二级文件夹

用相同的办法可创建其他二级文件夹，如"2017 春学期"下的文件夹等。

④ 创建三级文件夹。依次双击"课程 1""课程 2"文件夹，用与上述步骤③类似的方法分别创建各自的"参考资料""学生作业"文件夹，"下载文件及通知"下的"校级""系部"文件夹也用同样的方法创建。图 2-33 所示为"课程 1"下的文件夹。

用同样的方法可创建其他三级文件夹。

需要注意的是各个课程下的文档如"教案""课件"等是在 Word 等软件中写好后保存到这个地方的，此时不必创建。

至此 T 教师的教学文件夹做好了，以后就可将教学文档保存到相应的地方。

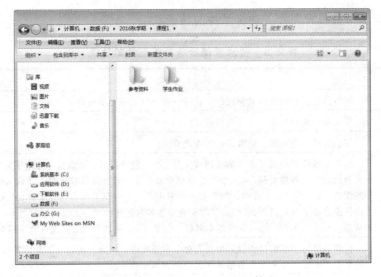

图 2-33 "课程 1"下的文件夹

2.3.3 资源管理器

资源管理器是 Windows 系统提供的资源管理工具，用户可以使用它查看计算机的所有资源，特别是树形文件系统结构，能够让用户更清楚、更直观地认识计算机中的文件和文件夹。

1. 资源管理器的启动和界面

双击桌面上的"计算机"图标或右击"开始"菜单，选择"打开 Windows 资源管理器"命令，均可启动资源管理器。其界面及各功能部件名称如图 2-34 所示。

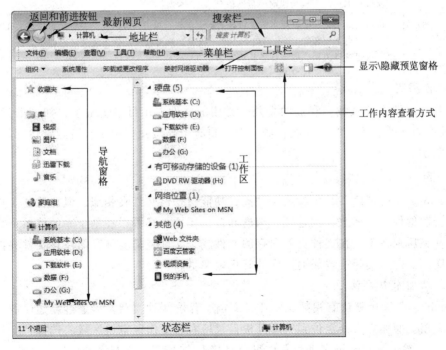

图 2-34 资源管理器界面及各功能部件名称

表 2-8 所示为资源管理器各功能部件的功能。

表 2-8   资源管理器各功能部件的功能

功 能 部 件	功 能 说 明
返回和前进	可以跳转至已打开的其他文件夹或库，而无须关闭当前窗口
最新网页	显示最近跳转记录，可实现快速定位
地址栏	显示目前所在位置，也可在此实现跳转
搜索栏	查找当前位置中满足条件的文档或文件夹。一般情况下，输入检索关键字即可。可利用搜索筛选器如"修改日期""大小"等缩小检索范围。若要查找某一类文件或文件夹，需要用通配符"*"和"?"。其中，"*"表示任意多位，每一位是任意合法字符，"?"表示一位，是任意合法字符。例如，"*.jpg"表示查找基本名是任意的 jpg 文件，即所有 jpg 图片文件；又如，"win??.docx"表示查找基本名前三位是 win，第四、第五位是任意字符的 docx 文件
菜单栏	包含菜单栏所在窗口能执行的所有命令，分文件、编辑、查看、工具、帮助等几个菜单，各个菜单下的具体命令会根据工作区的内容而变化
工具栏	包含常用的命令，具体命令会根据工作区的内容而变化
导航窗格	用于定位。能跳转到"收藏夹""库""计算机"和"网络"。可以通过单击项目左侧的空心三角形来展开项目，通过单击项目左侧的实心三角形来折叠项目
工作区	显示当前位置的内容，可通过"查看"菜单下的命令或工具栏中的"更改您的视图"来改变查看方式
预览窗格	预览某些文件的内容
细节窗格	显示所选对象的信息，可选择"组织"→"布局"进行设置
状态栏	显示工作区项目数量或选择项目的数量等信息
帮助	获取与工作区内容相匹配的帮助信息
其他	单击"最小化"按钮使当前窗口转入后台工作；单击"最大化"按钮后窗口最大化且该按钮变为"向下还原"；单击"向下还原"按钮，则窗口恢复到未最大化前的状态；单击"关闭"按钮窗口关闭，即该任务从内存撤销

2．收藏夹

资源管理器中的收藏夹存放的是几个常用的文件夹（目录）链接，如"下载""桌面""最近访问的位置"等。注意：浏览器里也有个收藏夹，用于收藏经常访问的网址，二者有区别。

3．库

Windows 7 的"库"是个特殊文件夹，功能与普通文件夹相似，但比普通文件夹强大。从资源的创建、修改，到管理、沟通和备份还原，都可以在基于库的体系下完成。库和文件夹区别在于，在文件夹中保存的文件或子文件夹都实际存储在该文件夹内，而库中存储的文件与实际位置无关。库的管理效率更高。

（1）增加库中类型

Windows 7 库中默认有视频、图片、文档、音乐 4 种类型。可通过新建库的方式增加库中类型。操作方法：定位到"库"根目录→右击工作区空白区域，选择"新建"→"库"命令，输入新库类型名即可；也可以直接右击"库"，选择"新建"→"库"命令，输入新库类型名来完成。

（2）添加文件夹到库

操作方法：右击需要添加到库的文件夹，选择"包含到库中"，选择库类型即可。

要删除库中类型名和位置，只需右击目标，选择"删除"或"从库中删除位置"命令即可。

4．计算机

资源管理器中的"计算机"是个特殊文件夹，可以访问外围设备各个位置，如硬盘、CD 或 DVD 驱动器、可移动媒体，以及连接到计算机的其他设备，如外部硬盘驱动器和 USB 闪存驱动器。下面介绍如何在这个位置进行文件和文件夹操作。

文件或文件夹的操作与设置

（1）新建文件夹、文件

在资源管理器中有 3 种方法可以创建文件夹：一是快捷菜单法（右击法）；二是工具栏法；三是下拉菜单法。操作方法：

单击导航窗格中要创建文件夹的位置（某个盘的某个位置，不能在"计算机"根目录下）：右击工作区空白处，选择"新建"→"文件夹"命令，给文件夹命名；或单击工具栏中的"新建文件夹"按钮，给文件夹命名；或选择"文件"→"新建"→"文件夹"命令，给文件夹命名。

上述快捷菜单法和下拉菜单法同样适用于新建文件，只是要选择创建的是什么类型的文件。例如，要创建.txt 文件，就选"文本文档"，要创建.docx 文档就选"Microsoft Word 文档"，等等。

（2）选择或取消选择文件、文件夹

① 选择单个文件、文件夹：直接单击。

② 选择连续多个文件、文件夹：直接拖动鼠标指针框选或先单击第一个，按住【Shift】键，再单击最后一个。

③ 选择不连续的多个文件、文件夹：按住【Ctrl】键的同时逐个单击要选择的对象。

④ 取消全部选择：在空白处单击。

⑤ 取消部分选择：按住【Ctrl】键的同时单击要取消选择的对象。

（3）复制或移动文件、文件夹

复制和移动可以分为通过剪贴板和不通过剪贴板两种方法。剪贴板是 Windows 专门在内存划出的一个特殊区域，用于临时存放复制或移动的文件或文件夹。Windows 仅保留最后一次存入的内容。

通过剪贴板的复制或移动又分两种方法：选择要复制或移动的文件或文件夹，在选择区域右击，在弹出的快捷菜单中选择"复制"或"剪切"命令，定位到复制或移动目的地，右击工作区空白处，选择"粘贴"命令；或在菜单栏中选择"编辑"→"复制"或"剪切"命令，定位到复制或移动目的地，再选择"粘贴"命令。

不通过剪贴板的复制或移动方法：在工作区选择文件或文件夹并按住右键向导航窗格中的目的地拖动后放开右键，在弹出的快捷菜单中选择"复制到当前位置"或"移动到当前位置"命令即可。

不通过剪贴板的复制或移动方法，也可以在工作区选择文件或文件夹后按住左键向导航窗格中的目的地拖动来完成，但要注意【Ctrl】键或【Shift】键的配合使用。具体而言，当源文件或文件夹位置与目的地同盘时，若复制需按住【Ctrl】键，否则为移动操作；当源文件或文件夹位置与目的地不同盘时，若移动需按住【Shift】键，否则为复制操作。

（4）删除文件或文件夹

选择要删除的文件或文件夹之后，直接按【Delete】键或【Del】键即可删除。也可选择并右击要删除的文件或文件夹，在弹出的快捷菜单中选"删除"命令；或选择菜单栏中的"文件"→"删除"命令。

默认情况下，删除硬盘上的文件或文件夹并不是真正地删除，而只是放到回收站而已。回收站是硬盘上的一个特殊文件夹，用于存放被临时删除的硬盘文件或文件夹。若要永久删除，需要进入回收站进行"删除"。右击"回收站"图标，选择"属性"命令，可以对回收站进行设置。

U盘没有回收站，删除U盘上的文件或文件夹是永久性删除。

实际操作中，若误操作对文件或文件夹进行永久性删除，应尽快到网络下载文件恢复工具进行恢复操作。

（5）文件或文件夹其他操作

可以右击文件或文件夹，在弹出的快捷菜单中选择"重命名""属性"等命令来完成其他操作。

Windows 磁盘管理

有时需要显示具有隐藏属性的文件、文件夹，显示文件的扩展名等，可通过"文件夹选项"对话框中"查看"选项卡的设置来实现，如图 2-35 所示。

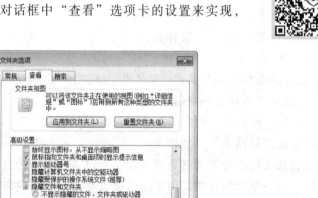

图 2-35 "查看"选项卡

2.3.4 Windows 7 的其他管理功能的实现

Windows 7 的其他管理功能的实现如表 2-9 所示。

表 2-9　Windows 7 的其他管理功能的实现

管 理 功 能	实 现 方 法
桌面	Windows 7 桌面包括图标区和任务栏。其中图标区包括桌面背景、系统图标（计算机、控制面板、回收站、网络等）、快捷方式图标、文件或文件夹图标。任务栏自左至右分别是"开始"按钮、快速启动按钮、活动任务按钮和通知区域按钮。 操作方法：左击、双击、右击、右击空白处
窗口与对话框	窗口：打开一个应用程序就会打开一个窗口，如打开资源管理器出现的就是一个窗口。窗口可以改变大小和位置，可以同时打开多个窗口。 对话框：当系统需要进一步的信息才能继续运行时，就会打开对话框。对话框中通常有"确定""取消""保存""应用"等按钮，只有单击了这些按钮中的某一个，才能继续其他操作。这也就意味着不可以同时打开多个对话框。多数对话框是不可以改变大小的，少数对话框如保存或打开文件对话框是可以改变大小的
下拉菜单和快捷菜单	通常认为单击鼠标左键弹出的菜单就是下拉菜单，单击鼠标右键弹出的菜单就是快捷菜单
压缩和解压	压缩和解压不是 Windows 7 提供的功能，而是压缩工具如 WinRAR、WinZip 等提供的。选定要压缩的文件或文件夹后，右击，从弹出的快捷菜单中选择合适的压缩命令进行压缩。解压则要右击压缩文件进行
磁盘日常管理	推荐使用安全卫士类软件来管理，若用 Windows 7 提供的工具，可右击"计算机"图标，选择"管理"→"磁盘管理"命令来进行。注意不要进行删除分区、格式化磁盘等危险操作，否则数据会丢失
Windows 7 附带的应用程序	Windows 7 附带了几个应用程序，其中记事本用于纯文本编辑；写字板有文字编辑、排版的功能，但一般很少用；便签可用来记事；画图程序可以绘制一些简单图；截图工具可以实现自由截图并编辑；游戏是益智的，可以提高使用鼠标的技能和思维分析能力

习　题

一、单项选择题

1. "计算机系统资源"中的"系统"应该包括（　　）。

    A. 计算机及其外围设备　　　　　　B. 主机、键盘、显示器

    C. 系统软件和应用软件　　　　　　D. 硬件系统和软件系统

2. 组成中央处理器（CPU）的主要部件是（　　）。

    A. 运算器和控制器　　　　　　　　B. 控制器和寄存器

    C. 运算器和内存　　　　　　　　　D. 控制器和内存

3. 下列各存储器中，存取速度最快的一种是（　　）。

    A. U 盘　　　　　B. 内存储器　　　　C. 光盘　　　　D. 固定硬盘

4. 断电后其中的信息会丢失的存储器是（　　）。

    A. 光盘　　　　　B. 硬盘　　　　　　C. RAM　　　　D. ROM

5. 不属于总线的是（　　）。

    A. 信息总线　　　B. 数据总线　　　　C. 地址总线　　　D. 控制总线

6. 计算机能直接识别和执行的语言是（　　）。

    A. 自然语言　　　B. 机器语言　　　　C. 汇编语言　　　D. 高级语言

7. 将高级语言源程序翻译成目标程序，完成这一过程的程序是（　　　）。

    A. 汇编程序   B. 解释程序   C. 编译程序   D. 编辑程序

8. 既是输入设备又是输出设备的是（　　　）。

    A. 硬盘   B. 键盘   C. 显示器   D. 扫描仪

二、操作题

假设某同学 2016 秋学期共学 4 门专业课（假设名为课程 1、课程 2、课程 3、课程 4），自己有个 64 GB 的 U 盘，除了存放各个专业课的电子作业，平时还喜欢复制任课老师的课件，到网上下载与课程相关的一些文献。此外，还喜欢下载一些 mp3 音乐。

请为这位同学的 U 盘创建合理的文件夹。

第 3 章

文字处理软件 Word 2010 ≫

Word 2010 是 Office 办公软件之一，用于创建和编辑公文、报告、信函、文学作品等多种类型的文档。它适合家庭、文教、桌面办公和专业文稿排版等领域，是广泛使用的文字处理应用软件。Word 2010 有一个可视化的"所见即所得"的用户图形界面，能够方便快捷地输入和编辑文字、图形、表格、公式和流程图。本章将介绍文本和各种元素的输入、编辑和格式化操作，以及如何快捷生成实用的文档。

学习目标：

- 了解并熟悉 Word 窗口的组成、菜单和命令的分类，掌握常用工具按钮的功能；
- 熟练掌握 Word 文档的创建、输入和编辑的相关操作和方法；
- 掌握格式化文档表格和插入其他元素的操作方法；
- 熟练掌握在文档中插入特殊符号、图片、图形、文本框、公式和表格，并进行图文混排的操作；
- 掌握页面设置的方法以及创建目录和索引的基本方法。

3.1　Word 2010 概述

Word 2010 适合进行文稿的输入、编辑和格式处理，还可以在文稿中插入图片、表格等对象，进行文稿格式化处理，以便按照行业或社会要求的通用格式向外传送。Word 2010 面向结果的全新用户界面让用户可以轻松找到并使用功能强大的各种命令按钮，快速实现文本的录入、编辑、格式化、图文混排、长文档编辑等任务。

Word 2010 窗口
简介

3.1.1　Word 2010 的窗口组成

启动 Word 2010 后，屏幕上会打开一个 Word 窗口。它是与用户进行交互的界面，是用户进行文字编辑的工作环境。窗口的主要组成如图 3-1 所示。

Word 2010 的窗口摒弃菜单类型的界面，采用"面向结果"的用户界面，可以在面向任务的选项卡上找到操作按钮。Word 2010 的窗口主要由快速访问工具栏、标题栏、选项卡、功能区、状态栏、编辑区、视图按钮、缩放标尺、标尺按钮及任务窗格组成。

Word 2010 窗口的功能描述如下：

1. 选项卡

在 Word 2010 窗口上方是选项卡栏，选项卡类似 Windows 的菜单，但是单击某个选项卡时，并不会打开这个选项卡的下拉菜单，而是切换到与之相对应的功能区面板。选项卡分为主选项卡、工具选项卡。默认情况下，Word 2010 界面提供的是主选项卡，从左到右依次为文件、开始、插入、页面布局、引用、邮件、审阅及视图等 8 个。插入图表、SmartArt、形状（绘图）、文本框、图片、表格和艺术字等对象时，在选项卡栏的右侧都会出现相应的工具选项卡。例如，插入"表格"后，就在选项卡栏右侧出现"表格工具"的两个工具选项卡：设计和布局。

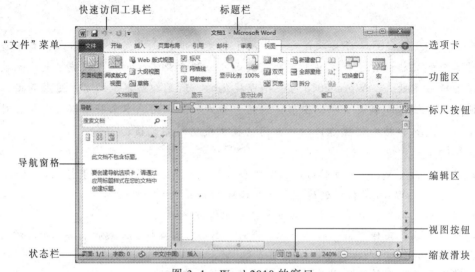

图 3-1　Word 2010 的窗口

选项卡并不是固定不变的，操作者可根据自己的需要增加或减少选项卡、组，具体设置操作详见 3.1.2 节。

2．功能区

每选择一个选项卡，会打开对应的功能区面板。每个功能区根据功能的不同又分为若干个功能组。鼠标指针指向功能区的图标按钮时，系统会自动在光标下方显示相应按钮的名字和操作。单击功能区右下角的 ■ 按钮（如果有）可打开下设的对话框或任务窗格。图 3-2 所示为单击"字体"功能区右下端的 ■ 按钮弹出的"字体"对话框。

单击 Word 窗口选项卡栏右方的 ▲ 按钮，可将功能区最小化，这时 ▲ 按钮变成 ▼ 按钮，再次单击该按钮可复原功能区。

下面以 Word 2010 提供的默认选项卡的功能区为例进行说明。

①"开始"选项卡：从左到右依次包括剪贴板、字体、段落、样式和编辑 5 个功能区，主要用于帮助用户对 Word 2010 文档进行文字编辑和格式设置，是用户最常用的功能区，如图 3-3 所示。

②"插入"选项卡包括页、表格、插图、链接、页眉和页脚、文本、符号和特殊符号等几个功能区，主要用于在 Word 2010 文档中插入各种对象。3.5 节会重点介绍 SmartArt 工具、图表工具以及"文本"功能区中的"文本框"工具。

③"页面布局"选项卡包括主题、页面设置、稿纸、页面背景、段落、排列等几个

组，用于帮助用户设置 Word 2010 文档页面样式。

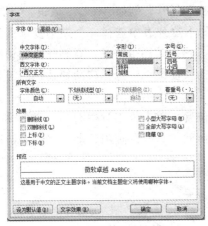

图 3-2 "字体"对话框

图 3-3 "开始"选项卡

④ "引用"选项卡包括目录、脚注、引文与书目、题注、索引和引文目录等几个组，用于实现在 Word 2010 文档中插入目录、脚注、索引等比较高级的功能。

⑤ "邮件"选项卡包括创建、开始邮件合并、编写和插入域、预览结果和完成等几个功能区，其作用比较专一，专门用于在 Word 2010 文档中进行邮件合并方面的操作。

⑥ "审阅"选项卡包括校对、语言、中文简繁转换、批注、修订、更改、比较和保护等几个功能区，主要用于对 Word 2010 文档进行校对和修订等操作，适用于多人协作处理 Word 2010 长文档。

⑦ "视图"选项卡包括文档视图、显示、显示比例、窗口和宏等几个功能区，主要用于帮助用户设置 Word 2010 操作窗口的视图类型。

注意：Word 提供的工具选项卡的查看可通过下列操作步骤完成：

① 右击功能区右端空白处，在弹出的快捷菜单中选择"自定义功能区"命令。

② 在"Word 选项"对话框中的"从下列位置选择命令"列表框中选择"工具选项卡"选项，即可出现图 3-4 所示的工具选项卡列表。从该列表可看到文本框、绘图、艺术字、图示、组织结构图、图片等工具所带的"格式"选项卡命令是兼容模式的。

图 3-4 "Word 选项"对话框

3．快速访问工具栏

快速访问工具栏可实现常用操作工具的快速选择和操作。例如，保存、撤销、恢复、打印预览等。单击该工具栏右端的 按钮，在弹出的下拉列表中选择一个左边复选框未选中的命令（见图 3-5），可以在快速访问工具栏右端增加该命令按钮；要删除快速访问工具栏的某个按钮，只需要右击该按钮，在弹出来的快捷菜单中选择"从快速访问工具栏删除"命令，如图 3-6 所示。

用户可以根据需要设置快速访问工具栏的显示位置。单击该工具栏右端的 按钮，在弹出的下拉列表中选择"在功能区下方显示快捷访问工具栏"选项，即可将快速访问工具栏移动至功能区。

图 3-5　"自定义快速访问工具栏"下拉列表

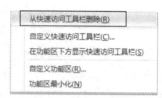

图 3-6　删除快速访问工具栏中的按钮

4．状态栏

状态栏提供有文档的页码、字数统计、语言、修订、改写和插入、录制（添加了"开发工具"选项卡后才显示）、视图方式、显示比例和缩放滑块等辅助功能。以上功能可以通过在状态栏上单击相应文字来激活或取消。

下面介绍状态栏的几个功能：

① 页码：显示当前光标位于文档第几页及文档的总页数。单击状态栏最左端的页码，可弹出"查找和替换"对话框的"定位"选项卡（见图 3-7），可以快速地跳转到某页、某行、脚注、图形等目标。

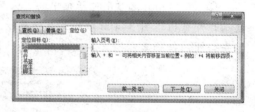

图 3-7　"查找和替换"对话框

② 修订：Word 具有自动标记修订过的文本内容的功能。也就是说，可以将文档中插入的文本、删除的文本、修改过的文本以特殊的颜色显示或加上一些特殊标记，便于以后再对修订过的内容进行审阅。

③ 改写和插入：改写指输入的文本会覆盖当前插入点光标"｜"所在位置的文本；插入是指将输入的文本添加到插入点所在位置，插入点后面的文本将顺次往后移。Word 默认的编辑方式是插入。键盘上的【Insert】键是插入与改写状态的转换键。

④ 录制：创建一个宏，相当于批处理。如果要在 Word 中反复执行某项任务，可以

使用宏自动执行该任务。宏是一系列 Word 命令和指令，这些命令和指令组合在一起，形成了一个单独的命令，以实现任务执行的自动化。

要使用录制功能，必须先添加"开发工具"选项卡。具体操作步骤如下：

① 在 Word 2010 功能区空白处右击，从弹出的快捷菜单中选择"自定义功能区"命令。

② 在弹出的"Word 选项"对话框右端的"自定义功能区"列表框中选中"开发工具"复选框，这时"开发工具"选项卡出现在右端，如图 3-8 所示。

图 3-8 "开发工具"选项卡

5．任务窗格

Word 2010 窗口文档编辑区的左侧或右侧会在"适当"的时间被打开相应的任务窗格，在任务窗格中为读者提供所需要的常用工具或信息，帮助读者快速顺利地完成操作。编辑区左侧的任务窗格有审阅窗格、导航窗格和剪贴板窗格，编辑区右侧的任务窗格有剪贴画、样式、邮件合并和信息检索（信息检索、同义词库、翻译和英语助手）。

如图 3-1 所示，文档编辑区的左端是导航窗格，导航窗格的上方是搜索框，用于搜索当前打开文档中的内容。在下方的列表框中通过单击 🗐 、 🔡 和 📄 按钮，可以分别浏览文档、文档中的标题、文档中的页面和当前搜索结果。在该窗格中可以通过标题样式快速定位到文档中的相应位置、浏览文档缩略图、通过关键字搜索定位。下面分别进行介绍。

如果导航窗格没打开，单击"视图"选项卡"显示"功能区中的 ☑ 导航窗格按钮即可打开导航窗格。以下 3 种定位方式能保证导航窗格已打开。

（1）通过标题样式定位文档

如果文档中的标题应用了样式，应用了样式的标题将显示在导航窗格中。用户可通过标题样式快速定位到标题所在的位置。打开某个标题应用了样式的文档，在导航窗格的 🗐 选项卡下，可以看到应用了样式的标题。单击需要定位的标题，可立即定位到所选标题位置。

（2）查看文档缩略图

单击"浏览您的文档中的页面"标签 🔡 ，可以看到文档的各页面缩略图。

（3）搜索关键字定位文档

如果用户需要查看与某个主题相关的内容，可在导航窗格中通过搜索关键字来定位文档。例如，在导航窗格文本框中输入关键字"排版"，搜索到的关键字会立即在文档中突出显示；单击"浏览您当前搜索的结果"标签 📄 ，在导航窗格会显示文档中包含关键字的段落；单击需要查看的段落，即可定位到文档相应位置，如图 3-9 所示。

6．文稿视图方式

Word 2010 提供了页面、阅读版式、Web 版式、大纲和草稿 5 个视图方式。各个视图之间的切换可简单地通过单击状态栏右方的视图按钮来实现。

① 页面视图：用于显示整个文档按页编排的分布状况和在每一页上的编排效果，除了文字，还可以显示出图形、表格、图文框、页眉、页脚、页码等。用户可对它们进行编辑，具有"所见即所得"的显示效果，与打印效果完全相同。可以处理图文框、分栏的位置并且可以对文本、格式及版面进行最后的修改，适合用于排版。

② 阅读版式视图：分为左/右两个窗口显示，适合阅读文章。

③ Web版式视图：在该视图中，Word能优化Web页面，使其外观与在Web或Internet上发布时的外观一致，可以看到背景，自选图形和其他在Web文档及屏幕上查看文档时常见的效果，适合网上发布。

④ 大纲视图：用于显示文档的框架。可以用它来组织文档，并观察文档的结构，也能在文档中进行大块移动，生成目录和其他列表。同时显示大纲工具栏，可给用户调整文档的结构提供方便，如移动标题与文本的位置、提升或降低标题的级别等。

⑤ 草稿视图：用于快速输入文件、图形及表格并进行简单的排版。这种视图方式可以看到版式的大部分（包括图形），但不能显示页眉、页脚、页码，也不能编辑这些内容。不能显示图文的内容及分栏的效果等。当输入的内容多于一页时系统自动加虚线表示分页线，适合录入时参考。

7．缩放标尺

缩放标尺又称缩放滑块。单击缩放滑块左端的缩放比例按钮，会弹出"显示比例"对话框，可以设置文档的显示比例，如图 3-10 所示。当然，用户也可以直接拖动缩放滑块进行显示比例的调整。

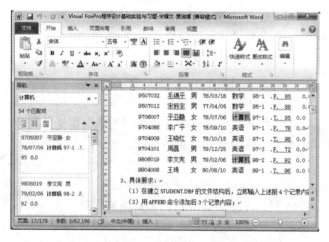

图 3-9　搜索关键字定位文档

图 3-10　"显示比例"对话框

8．快捷菜单

右击选中的文字或插入对象，会在单击处弹出快捷菜单。这个菜单有上下两个框面，上面是选中的文字或对象的属性，下面是对选中文字或对象的操作。使用快捷菜单能快速对该对象进行各种操作或设置。

3.1.2　Word 2010 自定义"功能区"设置

在"Word 选项"对话框（见图 3-4）中可查看到 Word 提供的常用命令只有 59 个，而不在功能区的命令却有 700 多个。如果用户在录入、编辑文档时经常要用到某个不在功能区的命令，可以增加相应的选项卡和功能区及命令按钮。

例如，用户想在"插入"和"页面布局"选项卡之间添加一个用户自定义的选项卡"我的菜单"，该选项卡分为两个功能区，具体操作步骤如下：

① 右击功能区空白处，从弹出的快捷菜单中选择"自定义功能区"命令，弹出"Word 选项"对话框。

② 在"Word 选项"对话框的"自定义功能区"下拉列表框中选择"主选项卡"选项，并且在下方的列表框中选中要插入新选项卡的"插入"选项卡，单击列表外部下方的"新建选项卡"按钮，可在"插入"选项卡之后增加一个名为"新建选项卡"选项卡，如图 3-11 所示。通过单击"重命名"及"新建组"按钮定制自己的选项卡名字和相应功能区，如图 3-12 所示，本例的选项卡名为"我的菜单"，下分"图片""打印"2 个功能区。

图 3-11　新建选项卡

图 3-12　自定义的选项卡

③ 为新建的选项卡及功能区添加命令按钮。在自定义功能区列表选定一个命令按钮所在的集合，有好几个选择，如"工具选项卡"，如果选择"所有选项卡"，会将 Word 所提供的全部命令在列表中罗列出来，如图 3-13 所示。为图片组定制了"图片边框""粗细""组合""其他布局选项"等 4 个命令按钮。

④ 类似③的操作步骤，为"打印"组添加"打印预览"命令按钮（在常用命令可找到）、"页面设置"命令按钮（在"页面布局"选项卡可找到）。

⑤ 在"Word 选项"对话框单击"确定"按钮，可以看到最后的选项卡外观，如图 3-14 所示。

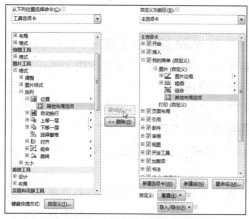

图 3-13　定义"图片"功能组命令按钮　　　图 3-14　用户添加的"我的菜单"选项卡

如何将某个已显示的选项卡取消？例如，要取消图 3-14 中的"我的菜单"选项卡，步骤如下：

① 右击功能区空白处，从弹出的快捷菜单中选择"自定义功能区"命令，弹出图 3-4 的"Word 选项"对话框。

② 取消在右端的"主选项卡"列表框中列出的"我的菜单"选项卡前面的复选框。

③ 单击"确定"按钮。

这时可看到系统相应的选项卡被取消。这种方法取消后通过再次选中复选框可以重新显示相应选项卡。如果在步骤②中选择相应选项卡后，单击"Word 选项"对话框中间的"删除"按钮，则是真正意义的删除。

3.1.3　Word 2010 文件的保存与安全设置

1．保存新建文档

要保存新建的文档，可选择"文件"→"保存"命令；或者直接单击快速访问工具栏的 🖫 按钮；或者直接按【Ctrl+S】组合键。如果是第一次保存，会弹出"另存为"对话框，如图 3-15 所示。选择好保存位置，输入文件名，并注意在"保存类型"下拉列表框中选择好类型，最后单击"确定"按钮。

Word 文档的打开与保存

默认情况下，Word 2010 文档类型为"Word 文档"，扩展名是".docx"；系统还可以提供 Word 2010 以前的版本给用户选择，如 Word 97-2003，即 2010 版本是向下兼容以往版本的；用户从"保存类型"下拉列表框可看到系统提供的存储类型是相当多的，有 PDF、XPS、RTF、纯文本、网页等。

2．保存已有文档

第一次保存后文档就有了名称。如果之后对文档进行了修改，再保存时通过选择"文件"→"保存"命令；或者直接单击快速访问工具栏中的 🖫 按钮；或者直接按【Ctrl+S】组合键这 3 种方法都可以进行保存，但系统不再弹出"另存为"对话框，只是用当前文档覆盖原有文档，实现文档更新。

如果用户保存时不想覆盖修改前的文档，可利用"另存为"命令保存。通过选择"文件"→"另存为"命令，在图 3-15 所示的"另存为"对话框输入新的保存位置、文件名、文件类型，最后单击"确定"按钮即可。

3．保存并发送文档

Word 2010 新增加了一个"保存并发送"选项，选择"文件"→"保存并发送"命令，会弹出图 3-16 所示的窗口。Word 2010 可提供"使用电子邮件发送""保存到 Web""保存到 SharePoint""发布为博客文章"4 种方式；文件类型中还提供了"创建 PDF/XPS 文档"。

图 3-15 "另存为"对话框及
"保存类型"列表框

图 3-16 "保存并发送"选项窗口

如果希望保存的文件不被他人修改，又能够轻松共享和打印这些文件，使得文件在大多数计算机上看起来均相同、具有较小的文件大小并且遵循行业格式，可以将文件转换为 PDF 或 XPS 格式，而无须其他软件或加载项。选择"文件"→"保存并发送"命令，会弹出图 3-16 所示的窗口，单击"创建 PDF/XPS 文档"即可。例如，简历、法律文档、新闻稿、仅用于阅读和打印的文件以及用于专业打印的文档。

注意：将文档另存为 PDF 或 XPS 文件后，无法将其转换回 Microsoft Office 文件格式，除非使用专业软件或第三方加载项。

Word 2010 提供了将文件作为附件发送的功能。选择"文件"→"保存并发送"命令，选择"使用电子邮件发送"，然后选择下列 4 个选项之一。

① 作为附件发送：打开电子邮件，附加原文件格式的文件副本。

② 以 PDF 形式发送：打开电子邮件，附加.pdf 格式的文件副本。

③ 以 XPS 形式发送：打开电子邮件，附加.xps 格式的文件副本。

④ 以 Internet 传真形式发送。

Word 2010 提供了将文件作为电子邮件正文发送的功能。首先需要将"发送至邮件收件人"命令添加到快速访问工具栏。打开要发送的文件，在快速访问工具栏中，单击"发送至邮件收件人"，输入一个或多个收件人，根据需要编辑主题行和邮件正文，然后单击"发送"按钮。

4．加密文档

Word 2010 提供了两种加密文档的方法。

（1）使用"保护文档"按钮加密

"保护文档"下拉列表提供了 5 种加密方式，各种方式加密后的文档权限在图 3-17 都能看到详细描述，这里以最常用到的"用密码进行加密"方式对文档进行加密。

① 选择"文件"→"信息"命令，单击"保护文档"按钮，弹出下拉列表，如图 3-17 所示。

② 选择"用密码进行加密"选项，弹出图 3-18（a）所示的"加密文档"对话框。输入密码，单击"确定"按钮。

③ 弹出图 3-18（b）所示的"确认密码"对话框，再次输入密码，单击"确定"按钮。如果确认密码与第一次输入的不同，系统会弹出"确认密码与原密码不同"的信息提示框。单击"确定"按钮，可重返"确认密码"对话框，重新输入密码。

图 3-17 "保护文档"下拉列表

（a）"加密文档"对话框

（b）"确认密码"对话框

图 3-18 用密码进行加密

设置好后，"保护文档"按钮右侧的"权限"两字由原来的黑色变成了红色。要打开设置了密码的文档，用户必须在系统弹出的"密码"对话框中输入正确的密码，否则系统会提示密码错，无法打开文档。

（2）使用"另存为"对话框加密

选择"文件"→"另存为"命令，会弹出"另存为"对话框，在对话框下方单击"工具"→"常规选项"按钮，弹出"常规选项"对话框，在该对话框可以设置打开文件时的密码和修改文件时的密码，如图 3-19 所示。

图 3-19 "常规选项"对话框

3.1.4 Word 2010"选项"设置

Word 2010"选项"设置有 7 个选项，可以选择"文件"→"选项"命令，在弹出的

"Word选项"对话框中，对Word 2010的各种运行功能预先进行设置，使Word在使用中效率更高，用户使用时更方便安全、更有个性。

1."常规"选项

"常规"选项提供用户在使用Word时的一些常规选项。

例如，选中"选择时显示浮动工具栏"复选框，工具栏将以浮动形式出现。

"配色方案"列表框有"银色""蓝色""黑色"3种选择，用户选择不同的颜色，Word的窗口界面颜色会相应改变。

2."显示"选项

"显示"选项可以更改文档内容在屏幕上的显示方式以及打印时的显示方式。

例如，选中"在页面视图中显示页面间的空白"复选框，在页面视图中，页与页之间将显示空白；反之页与页之间只有一条细线分隔。

选中"悬停时显示文档工具提示"复选框，当光标悬停时会有文档工具提示信息出现。

选中"始终在屏幕显示这些格式标记"下的任意个复选框，将在文档的查看过程中看到相应的格式标记。例如，选中"制表符"复选框，文档在屏幕将显示所有的制表符符号。

选中"隐藏文字"复选框，在字体对话框设置过"隐藏"格式的文字将以带下画虚线的特定格式显示，如 对话框，否则该文字将在各视图中都不可见。

在"显示"选项卡下方有6个关于打印选项的复选框设置，可以设置多种打印显示方式，用户可自行选中并查看打印显示方式。

3."校对"选项

"校对"选项用于更正Word文字和设置其格式的方式。

自动更正选项列表框里，系统预设了不少自动更正功能，让用户可以输入简单的字符去代替复杂的符号，如录入（e）自动更正为€；或者将用户容易出现的一些拼写错误自动更正过来，如录入abbout自动更正为about。

如果用户想添加新的自动更正项，设置步骤如下：

① 单击"自动更正选项"按钮，会弹出"自动更正"对话框。

② 在"替换"输入框输入hnsf，在"替换为"文本框输入"华南师范大学"。

③ 单击"添加"按钮，如图3-20所示。

此时在文档编辑区输入hnsf，系统会自动替换成"华南师范大学"。这种自动更正功能可以提高用户录入一些比较复杂且录入频率高的文本或符号的效率，也可以作为更正全篇文档多处存在相同的某个错误录入字符或词组的简单方法。

在"校对"选项还能设置自动拼写与语法检查功能，使得用户在输入文本时，如果无意输入了错误的或不正确的系统不可识别的单词，Word会在该单词下用红色波浪线标记；如果是语法错误，在出现错误的文本会被绿色波浪线标记。具体设置步骤：在图3-21所示的"校对"选项卡上选中"键入时检查拼写""键入时标记语法错误""随拼写检查语法"复选框，单击"确定"按钮。

在"校对"选项窗口最下方的"例外项"下拉列表框中可选择要隐藏拼写错误和语法错误的文档（见图 3-21），在其下方选中"只隐藏此文档中的拼写错误"和"只隐藏此文档中的语法错误"复选框，这时对该文档编辑时如果出现了拼写和语法错误，将不会显示标记错误的波浪线。

图 3-20 "自动更正"对话框

图 3-21 "Word 选项"对话框

4．"保存"选项

"保存"选项用于自定义文档保存方式，提供了保存文档的位置、类型、保存自动恢复时间间隔等设置选项。"保存文档"下拉列表提供了文档的多种保存类型的选择，默认情况下是"*.docx"，还提供了 Word 较低版本的格式"*.doc"、文本格式、网页格式等，如图 3-22 所示。

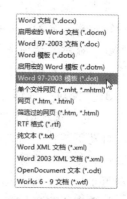

图 3-22 文档保存类型

5．"版式"选项

"版式"选项用于中文换行设置。用户在该选项可自定义后置标点（如"！""、"等，这些标点符号不能作为文档中某一行的首字符）与前置标点（如"（"等，这些标点符号不能作为行的最后一个字符）。

"版式"选项卡用于在中文、标点符号和西文混合排版时，进行字距调整与字符间距的控制设置。

6．"语言"选项

"语言"选项用于设置 Office 语言的首选项。

7．"高级"选项

"高级"选项提供设置更具有个性化操作的高级选项，旨在提高用户使用 Word 的工作效率。按设置的功能分成"编辑选项"（18 项）、"剪切、复制和粘贴"（9 项）、"图像大小和质量"（3 项）、"显示文档内容"（12 项）、"显示"（12 项）、"打印"（13 项）、"保存"（4 项）、"常规"（9 项）等。因篇幅关系，本节不详述，请读者自行理解和设置。

3.2 文档的基本操作

一篇 Word 文档开始的工作是文字的输入，这篇文稿或者作为文件或信函，或者作为稿件用作他用。因此，为了高效率和高质量地完成文档的输入任务，必须掌握 Word 文档快捷输入的各种方法。

3.2.1 使用模板或样式创建文档格式

Word 提供了各种固定格式的写作文档模板，用户可以使用这些模板快速地完成文档的写作。样式为统一文档格式的一种方法。可以新建或修改原有的样式。利用模板和样式，能使用户在写作文档时有一个标准化的环境。

1．使用模板创建文档格式

模板是一种特殊的预先设置格式的文档。模板决定了文档的基本结构和文档格式设置。每个文档都是基于某个模板而创建的。很多格式化的文稿模板是文档交流过程中实际形成的固定的格式，因此 Word 提供了各种类型的模板和向导辅助人们创建各种类型的文件。人们可以根据文档使用的目标，选用合适的模板，以便快速完成文档输入和编辑操作。

Word 启动后，会自动新建一个空白文档，默认的文件名为"文档1"，格式的样式是"正文"。空文档就如一张白纸一样，可以在里面随意输入和编辑。

选择"文件"→"新建"命令，在"新建"主选项中分"可用模板""Office.com 模板"两个列表框，如图 3-23 所示。在"可用模板"列表框中列出了本机的所有模板：空白文档、博客文章、书法字帖、最近打开的模板、我的模板、根据现有内容新建、样本模板等 7 项内容，其中样本模板提供了 53 种模板供用户选择。在"Office.com 模板"列出了来自 Office.com 的几十种模板供用户选择。下面分别在这两个模板列表框中选择一个模板来创建文档。

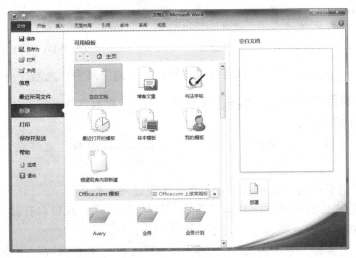

图 3-23 "新建"选项

【例 3-1】通过"可用模板"创建一份"黑领结简历"式的文档。

具体操作步骤如下：

① 选择"文件"→"新建"命令，可看到"可用模板"列表框中提供的模块，如图 3-24 所示。

图 3-24 "可用模板"选项

使用模板创建
文档

② 单击"样本模板"选项，在"样本模板"会罗列出系统提供的 53 个模板文件。每选中一个模板，可在窗口的右上方预览该模板，本例选中"黑领结简历"模板，立刻可在右上方预览到该模板，如图 3-25 所示。

③ 选择模板预览下方的"文档"选项，单击"创建"按钮，即可出现已预设好背景、字符和段落格式的"黑领结简历模板"文档，如图 3-26 所示。

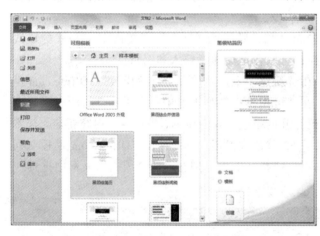

图 3-25 "黑领结简历"模板预览

图 3-26 模板应用示例

注意：在预览模板状态下，单击 主页按钮可回到"新建"选项下重新进行选择。

【例 3-2】利用"Office.com 模板"提供的"名片"模板制作名片。

具体操作步骤如下：

① 选择"文件"→"新建"命令，在"Office.com 模板"选项组中单击"名片"按钮。

② 单击"用于打印"按钮，打开名片样式模板列表框。

③在名片样式模板列表框中选择"名片（横排）"样式，在窗口右侧即可预览效果，单击"下载"按钮，即可将名片样式下载到文档中。

④ 在对应位置输入相关内容，即可完成名片的制作，并且可以打印输出，如图 3-27 所示。

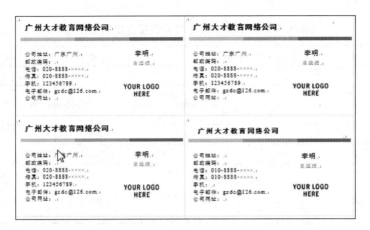

图 3-27 制作名片示例

2．通过样式创建文档格式

样式是将一系列格式化设置方案整合成一个"格式化"命令的便捷操作方法。一个"样式"能一次性存储对某个类型的文档内容所做的所有格式化设置，包括字体、段落、边框和底纹等 7 组格式设置。实际上，Word 的默认样式是"正文"、宋体、五号字。

样式可以对文档的组成部分，如标题（章、节、标题）、文本（正文）、脚注、页眉、页脚提供统一的设置，以便统一整篇文稿的风格。

在决定输入一篇文稿前，如果预先选择好整个文档的样式的设置，对统一和美化文档、提高编辑速度和编辑质量都有实际的意义。

3.2.2 文本录入

1．启动和关闭中文输入法

按【Ctrl+Space】组合键可以启动或者关闭中文输入法。

2．选择中文输入法

按【Ctrl+Shift】组合键在英文和各种中文输入法之间进行切换。也可以单击任务栏上的输入法按钮，从弹出的输入法菜单中选择一种输入法，如图 3-28 所示。

文本录入

图 3-28 输入法菜单

3．输入标点符号

中文标点符号与键盘按键的对应关系如表 3-1 所述。

表 3-1　中文标点符号与键盘按键的对应关系

中文标点符号	键盘按键	中文标点符号	键盘按键
句号。	.	破折号——	—
顿号、	\	居中实心点·	~
逗号，	,	人民币符号￥	$
左书名号《	<	冒号：	:
右书名号》	>	分号；	;
单引号''	'	问号？	?
双引号""	"	感叹号！	!
省略号……	^		

4．输入特殊符号

在创建文档时，除了输入中文或英文外，还需要输入一些键盘上没有的特殊字符或图形符号，如数字符号、数字序号、单位符号和特殊符号、汉字的偏旁部首等。

（1）符号

有些符号没办法直接从键盘输入，例如，要在文中插入符号"★"，操作步骤如下：

① 确定插入点后，单击"插入"选项卡"符号"功能区中的"符号"按钮后，可显示一些可以快速添加的符号按钮，如果需要的符号恰好在这里列出，直接选择即可完成操作；如果没有找到自己想要的符号，可选择最下边的"其他符号"选项，如图 3-29 所示。

② 弹出"符号"对话框后，在"符号"选项卡的"字体"下拉列表框中选择字体，在"子集"下拉列表框中选择一个专用字符集，选中自己所需要的符号，如图 3-30 所示。

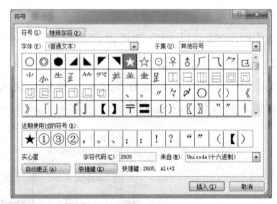

图 3-29　"符号"下拉列表　　　图 3-30　"符号"选项卡

③ 单击"插入"按钮，或者在步骤②直接双击需要的符号即可在插入点后插入符号。

注意：近期使用过的符号会按时间的先后顺序在用户单击"符号"按钮时出现，并且随时更新；另外，用户可以通过单击"符号"对话框中的"快捷键"按钮定义一些常用符号的快捷键，定义后只需要按定义即可快速输入相应符号。

（2）特殊符号

通常，文档中除了包含一些汉字和标点符号外，还会包含一些特殊符号，例如©、§等。具体操作步骤如下：

① 确定插入点后，单击"插入"选项卡"符号"功能区中的"符号"按钮，在弹出的下拉列表中选择"其他符号"命令，如图 3-29 所示。

② 在弹出的"符号"对话框中选择"特殊字符"选项卡，如图 3-31 所示。

③ 在"字符"列表框中选中所需要的符号。

④ 单击"插入"按钮即可。

图 3-31 "特殊字符"选项卡

系统为某些特殊符号定义了快捷键，用户直接按这些快捷键就可插入该符号。

3.2.3 编辑对象的选定

在文档的编辑操作中，需要选择相应的文本之后，才能对其进行删除、复制、移动或编辑等操作。文本被选择后将呈反白显示。Word 提供多种选择文本的方法，下面介绍使用鼠标的选择方法。

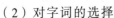

（1）拖动选择

把插入点光标"I"移至要选择部分的开始处，按住鼠标左键一直拖动到选择部分的末端，然后松开鼠标的左键。该方法可以选择任何长度的文本块，甚至整个文档。

（2）对字词的选择

把插入点光标放在某个中文字、词或英文单词之前、之中、之后，双击该字、词，则该字、词被选择，如图 3-32 所示。

（3）对句子的选择

按住【Ctrl】键并单击句子中的任何位置，如图 3-32 所示。

（4）对一行的选择

鼠标指针移到该行的选定栏（该行的左边界），变成一个向右指的箭头，单击，如图 3-32 示。

（5）对多行的选择

在选定栏选择一行，并按住鼠标左键向上或向下拖动。

（6）对段落的选择

双击段落左边的选定栏，或三击段落中的任何位置。

（7）对整个文档的选择

将鼠标指针移到选定栏，然后三击鼠标。

（8）对任意部分的快速选择

单击要选择的文本的开始位置，按住【Shift】键，然后单击要选择的文本的结束位置。

（9）对矩形文本块的选择

把插入光标置于要选择文本的左上角，然后按住【Alt】键和鼠标左键，拖动到文本块的右下角，即可选择一块矩形的文本，如图 3-32 所示。

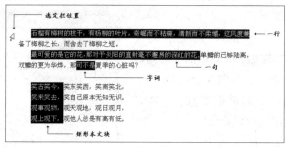

图 3-32　各种选择文本方式

3.2.4　查找与替换

编辑好一篇文档后，往往要对其进行核校和订正。查找功能可以让用户在文稿中快捷找到所需要的字符，替换功能不但可以替换字符，还可以替换字符的格式。在编辑时还可以用替换功能更换特殊符号，还可以利用替换功能批量地快速输入重复的文稿。

在使用查找或替换功能时，要注意查看和定义"查找和替换"对话框的"搜索选项"中的各个选项，以免在查找或替换操作得不到需要的结果。"搜索选项"中的选项含义如表 3-2 所示。

表 3-2　"搜索选项"选项含义

操 作 选 项	操 作 含 义
全部	查找或替换的范围是全篇文档
向上	查找或替换的范围是插入点到文档的开头
向下	查找或替换的范围是插入点到文档的结尾
区分大小写	查找或替换字母时需要区分字母的大小写的文本
全字匹配	在查找中，只有完整的词才能被找到
使用通配符	可以使用通配符，如"?"代表任一个字符
区分全角/半角	查找或替换时，所有字符要区分是全角或半角字符
忽略空格	查找或替换时，空格将被忽略

查找或替换除了对普通字符操作之外，还可以对"格式"和"特殊符号"进行查找或替换操作。这些特殊符号类别如图 3-33 所示。而"格式"包括"字体""段落""制表位""语言""图文框""样式"和"突出显示"，如图 3-34 所示。也就是说，除了对字符进行查找或替换外，还可以对上述各种"格式"进行查找或替换操作。

图 3-33　查找和替换的"特殊符号"

图 3-34　查找和替换的"格式"

【例3-3】请在文档中查找"计算机"三字。

在文档的查找操作中，通常是查找其中的字符，可按如下步骤操作：

① 单击"开始"选项卡"编辑"功能区中的"替换"按钮；或者单击状态栏左端的弹出"查找和替换"对话框。

② 在"查找和替换"对话框的"查找内容"文本框中输入要查找的字符"计算机"，如图 3-35 所示。

③ 单击"查找下一处"按钮，如果查找到，则光标以反白显示，继续单击"查找下一处"按钮，直至查找完成，如图 3-36 所示。

图 3-35 "查找和替换"对话框

图 3-36 查找完成

【例3-4】将文档中格式为"（中文）宋体"的"酒"字符，替换成格式为字体"（中文）华文彩云"、字号"四号"、字形"加粗"、字体颜色"深红"。

查找和替换

本例明显是一个"格式"替换操作，操作步骤如下：

① 单击"开始"选项卡"编辑"功能区中的"替换"按钮，或者单击状态栏左端的"页面"，在弹出的"查找和替换"对话框的"查找内容"文本框中输入要替换格式的文字"酒"字，单击"格式"按钮，并设置字符原格式（本例是"宋体"），如图 3-37 所示。

② 在"替换为"文本框中，输入要替换的文字"酒"，单击"格式"按钮，在快捷菜单中选择"字体"命令，选择字体为"华文彩云"，字号"四号"、字体颜色为"深红"，字形为"加粗"，如图 3-38 所示，单击"替换"按钮。

图 3-37 设置被"替换"的格式

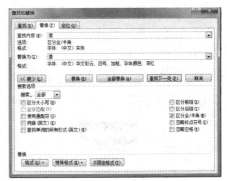

图 3-38 设置"替换为"的格式

③ 在弹出的"查找和替换"对话框中单击"全部替换"按钮。文档替换前与替换后的结果，如图 3-39 所示。

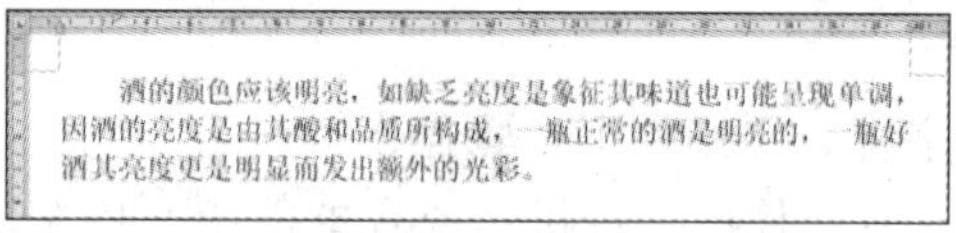

酒的颜色应该明亮，如缺乏亮度是象征其味道也可能呈现单调，
因酒的亮度是由其酸和品质所构成，一瓶正常的酒是明亮的，一瓶好
酒其亮度更是明显而发出额外的光彩。

（a）原始文档

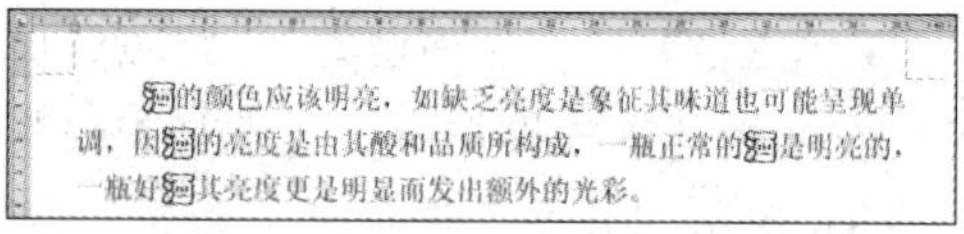

酒的颜色应该明亮，如缺乏亮度是象征其味道也可能呈现单
调，因酒的亮度是由其酸和品质所构成，一瓶正常的酒是明亮的，
一瓶好酒其亮度更是明显而发出额外的光彩。

（b）替换后的文档

图 3-39　替换格式前后的效果

3.2.5　文档复制和粘贴

1．文档复制

复制是文档编辑中最常用的操作之一。对于文档中重复出现的内容或相同的格式，不必一次次地重复输入或格式化，可以采用复制操作完成。复制操作有 3 种方法：使用菜单或工具，用格式刷和使用样式。3 种复制方法的操作和效果如表 3-3 所示。

表 3-3　复制操作一览表

复制工具	复制效果	适合操作范围	实际操作
“复制”“粘贴”菜单或工具	复制字符、图片、文本框或插入对象在内的全部字符、图片、文本框或插入对象和格式	文本和插入对象的复制	选中复制对象，移动光标到目标处或选中要覆盖对象后，单击粘贴
格式刷	只复制被选中对象的全部“格式”，如字符、段落和底纹的格式，不复制被选中的内容	字符和段落格式的复制	选中复制对象，单击“格式刷”按钮后，拖动光标扫过全部目标文档
样式	把选中的样式的全部格式，复制到被选中的操作对象	文档的标题、章节标题和段落的格式统一定义	光标置于被格式段落后，单击合适的样式项

格式刷的使用

【例 3-5】使用 Word 的“格式刷”按钮，将图 3-40 所示文档的标题格式复制到正文中。

① 选择已设置好格式的段落或文本，如图 3-40 所示的标题“落叶与野草”。

② 单击“开始”选项卡“剪贴板”功能区中的“格式刷”按钮，此时光标变成“”形状。

③ 在需要复制格式的段落按住鼠标左键拖动，然后释放鼠标左键，如图 3-41 所示。

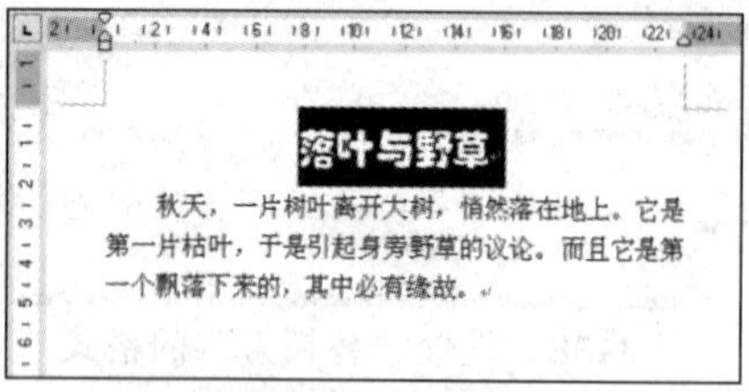

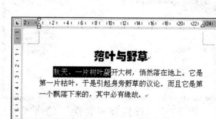

落叶与野草
秋天，一片树叶离开大树，悄然落在地上。它是
第一片枯叶，于是引起身旁野草的议论。而且它是第
一个飘落下来的，其中必有缘故。

图 3-40　选择要复制的格式

落叶与野草
秋天，一片树叶离开大树，悄然落在地上。它是
第一片枯叶，于是引起身旁野草的议论。而且它是第
一个飘落下来的，其中必有缘故。

图 3-41　使用格式刷复制格式

注意：单击“格式刷”按钮，用户只可以将选择的格式复制一次。双击“格式刷”按钮，用户可以将选择的格式复制到多个位置。再次单击格式刷或按【Esc】键即可关闭

格式刷。

2．文档粘贴

在粘贴文档的过程中，有时希望粘贴后的文稿格式有所不同。Word 2010"开始"选项卡"剪贴板"功能区的"粘贴"按钮提供了 3 种粘贴选项：🖹"保留源格式"、🖹"合并格式"、🅰"只保留文本"，这 3 个选项的功能如下：

①"保留源格式"：粘贴后仍然保留源文本的格式。

②"只保留文本"：粘贴后的文本和粘贴位置处的文本格式一致。

③"合并格式"：粘贴后的文本格式，是源文本格式与粘贴位置处文本格式的"合并"。

例如，将文本"计算机"设置成"小四、隶书、带波浪下画线、添加底纹"，然后复制该文本"计算机"。单击"开始"选项卡的"剪贴板"功区中的"粘贴"按钮，会弹出"粘贴选项"，如图 3-42 所示。选项从左到右依次是🖹"保留源格式"、🖹"合并格式"、🅰"只保留文本"。复制上述文本"计算机"后，分别选择这 3 个粘贴选项粘贴到文本的格式不同位置，粘贴效果如图 3-43 所示。

图 3-42　粘贴选项

图 3-43　3 种粘贴格式示例

除了图 3-43 所示 3 种粘贴选项外，Word 还提供了"选择性粘贴""设置默认粘贴"选项。选择性粘贴有很多用途，下面介绍其两种常用功能。

（1）将文本粘贴成图片

选中源文本，右击，从弹出的快捷菜单中选择"复制"命令。然后将光标定位到目标位置，单击"开始"选项卡"剪贴板"功能区中的"粘贴"按钮，弹出图 3-42 的"粘贴选项"，选择"选择性粘贴"命令，弹出"选择性粘贴"对话框，如图 3-44 所示。选择一种图片格式，如"图片（Windows 图元）文件"，单击"确定"按钮即可。设置效果如图 3-43 所示。

（2）复制网页上的文本

网页使用格式较多，采取直接复制、粘贴的方法，将网页上的文本粘贴到 Word 文档中，经常由于带有其他格式，编辑处理起来比较困难。通过选择性粘贴，可将其粘贴成文本格式。

在网页中，选中文本，复制，切换到 Word 2010 文档窗口，定位好光标，打开"选择性粘贴"对话框，如图 3-44 所示。选择"无格式文本"选项，单击"确定"按钮即可。

图 3-44　"选择性粘贴"对话框

3.3 文档格式化

文档在输入和编辑后，为美化版面，会根据整体文稿的要求，对文字、段落、页面和插入的元素等进行必需的修饰，以求得到更好的视觉效果。这就是在 Word 中的格式化操作。图 3-45 所示为图文格式化范例。

格式化的操作涉及的设置很多，如字符格式化、段落格式化、页面格式化、插入元素的格式化等。不同的设置会有不同的显示效果，希望大家在操作中多实践，从中体会格式化对文档产生的不同影响。

图 3-45　图文格式化范例

3.3.1 字符格式化

文稿输入后，需要根据文稿使用场合和行文要求，对文稿中的字符设置字体、字号、字形、颜色等。

字符格式化设置是通过"开始"选项卡的"字体"功能区的命令按钮，或"字体"对话框的"字体"选项卡（见图 3-46）进行设置的。

字符格式化

图 3-46　"字体"选项卡

1. 设置字体、字号、字形

字体是文字的一种书写风格。常用的中文字体有宋体、仿宋体、黑体、隶书和幼圆等，此外 Word 还提供了方正舒体、姚体和华文彩云、新魏、行楷等字体。

设置文档中的字体，可按如下步骤操作：

① 单击"开始"选项卡"字体"功能区中的"字体"下拉列表框右侧的下三角按钮。

② 在字体列表中选择所需的字体，如图 3-47 所示。

字号即字符的大小。字号有中文字号和数字字号。中文字号用初号、小初、一号、……、七号、八号等表示。中文字号号数越大，字体越小。数字字号用"磅"为单位表示，1 磅等于 1/72 英寸。数字字号的数字越大，字号也越大。

设置文档中的字号，可按如下步骤操作：

① 单击"开始"选项卡"字体"功能区中"字体"下拉列表框右侧的下三角按钮。

② 在字号列表中选择所需的字号，如图 3-48 所示。

字形是指附加于字符的属性，包括粗体、斜体、下画线等。设置文档中的字形，可按如下步骤操作：

① 单击"开始"选项卡的"字体"功能区中的"加粗""倾斜""下画线"等按钮，如图 3-49 所示。

② 选择"B"按钮为加粗，"I"按钮为倾斜，"U"按钮为下画线。

图 3-47　选择字体

图 3-48　选择字号

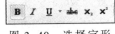

图 3-49　选择字形

2．字符颜色和缩放比例

（1）字符颜色

要选择字符的颜色，可以单击"字体"功能区中的"字体颜色"按钮下拉按钮，在弹出的调色面板中选择某种颜色即可，如图 3-50 所示。

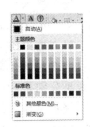

图 3-50　调色面板

（2）字符间距、缩放比例、字符位置

字符间距、缩放比例、字符位置的设置可通过"字体"对话框的"高级"选项卡进行。单击"字体"功能区右下端的，弹出"字体"对话框，选择"高级"选项卡，如图 3-51 所示。可以在此进行缩放比例、字符间距、字符位置的设置。

缩放比例是指字符的缩小与放大。其中"缩放"下拉列表框用于设置字符的横向缩放比例，即将字符大小的宽度按比例加宽或缩窄。普通字符的宽高比是标准的（100%），若调整为 150%，则字符的宽度加大；若调整为 80%，则字符宽度变小。设置了某段字符的缩放比例后，新输入的文本都会使用这种比例。如果想使新输入的文本比例恢复正常，只需要在"缩放"下拉列表框选择"100%"选项即可。

字符的缩放还可通过"开始"选项卡"段落"功能区中的"中文版式"按钮进行设置。单击该按钮，在弹出的下拉列表里选择"字符缩放"命令，如图 3-52 所示。级连菜单列出了 200%、100%、33%等缩放比例选项。如果这些比例都不能满足用户需求，可以单击最下方的"其他"命令，在弹出的"字体"对话框进行设置，如图 3-51 所示。

"间距"下拉列表框可以设置字符间距为标准、加宽或紧缩。右边的"磅值"输入框用于设置其加宽或紧缩的大小。

"位置"下拉列表框可以设置字符的 3 种垂直位置：标准、提升或降低，提升或降低值可以通过右边的"磅值"输入框进行设置。

图 3-51 "高级"选项卡　　　　　　　图 3-52 "字符缩放"命令

注意：Word 中经常用到"磅"这个单位，它是一个很小的量度单位。1 磅=1/72 英寸=0.351 46 mm。但有时人们习惯用其他的一些单位进行量度，Word 为用户提供了自由的单位设置方法。例如，现在要设置"字符间距"中的"位置"为提升 3 mm，可以直接在"磅值"框中输入"3 毫米"或"3 mm"。在 Word 中的其他地方也可如此设置，还可以设置其他的单位，如厘米或 cm。

3．带特殊效果的字符

将文档中的一个词、一个短语或一段文字设置特殊效果，可以使其更加突出和引人注目，或起到强调、修饰的效果。例如，设置删除线、下画线、上下标等（如上、下标的效果分别是 S^2、A_3）。

这些属性有些可以在"开始"选项卡的"字体"功能区找到相应的命令按钮，在"字体"功能区找不到的属性，需要单击"字体"功能区右下端的，弹出"字体"对话框，在"字体"对话框进行设置。

在"字体"对话框中，还可以设置"西文字体""双删除线""隐藏""着重号"等。

4．设置字符的艺术效果

设置字符的艺术效果是指更改字符的填充方式、更改字符的边框，或者为字符添加诸如阴影、映像、发光或三维旋转之类的效果，这样可以使文字更美观。

方法 1：通过"开始"选项卡设置。

① 选择要添加艺术效果的字符。

② 单击"开始"选项卡"字体"功能区中的"文本效果"按钮，弹出下拉列表（见图 3-53），这里提供了 4×5 的艺术字选项，下方有"轮廓""阴影""映像""发光"等特殊文本效果菜单。

方法 2：通过"插入"选项卡设置。

① 选择要添加艺术效果的字符。

② 单击"插入"选项卡"文本"功能区中的"艺术字"按钮，会弹出 6×5 的"艺术字"列表，如图 3-54 所示。

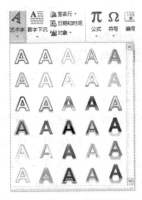

图 3-53 "文本效果"下拉列表　　　　　图 3-54 "艺术字"下拉列表

③ 选择一种艺术字样式后，窗口停留在"绘制工具"的"格式"选项卡。用户可以利用"绘制工具-格式"选项卡中的命令按钮，进一步设置被选文字，如设置背景颜色。

这种方法与前一种方法不同的是，字符设置艺术效果后，变为一个整体，而前者设置后仍然是单个的字符。

3.3.2 段落格式化

因为文档是以页面的形式展示给读者阅读的，段落设置的好坏，对整个页面的设计有较大的影响。段落设置包括对段落的文档对齐方式的设置、中文习惯的段落首行首字符位置的设置、每个段落之间距离的设置、每个段落里每行之间距离的设置等。

段落格式化是通过"开始"选项卡"段落"功能区中的命令按钮或"段落"对话框进行设置的。

段落格式化

1．段落对齐方式设置

段落的对齐方式有以下几种：两端对齐、右对齐、居中对齐、分散对齐等，如图 3-55 所示，默认的对齐方式是两端对齐。

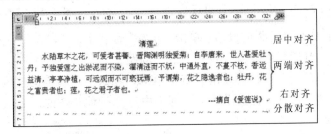

图 3-55 段落对齐方式

要设置段落的对齐方式有两种方法：

方法 1：选择要进行设置的段落（可以多段），单击"开始"选项卡的"段落"功能区中的相应按钮 ≡≡≡≡≡，如单击"文本左对齐""居中""文本右对齐""两端对齐""分散对齐"按钮等。

方法 2：单击"开始"选项卡的"段落"功能区右下方的 ⤢，在弹出的"段落"对话框中，可看到"常规"选项区域的"对齐方式"下拉列表框，选择"左对齐""居中""右对齐""两端对齐""分散对齐"中的一种对齐方式即可。

2. 缩进与间距

为了使版面更美观，在编辑文档时，还需要对段落进行缩进设置。

（1）段落缩进

段落缩进是指段落文字与页边距之间的距离，包括首行缩进、悬挂缩进、左缩进、右缩进 4 种方式。段落缩进可使用标尺（见图 3-56）和"段落"对话框两种方法。使用标尺设置段落缩进是在页面中进行的，比较直观，但这种方法只能对缩进量进行粗略的设置。使用"段落"对话框对段落缩进则可以得到精确的设置。量度单位可以用厘米、磅、字符等。"段前"或"段后"间距是指被选择段落与上、下段落间的距离，如图 3-57 所示。段落缩进设置完毕可在预览框预览效果。

（2）行间距与段间距

一篇美观的文档，其版面的行与行之间的间距是很重要的。距离过大会使文档显得松垮，过小又显得密密麻麻，不易于阅读。

行间距和段间距分别是指文档行与行、段与段之间的垂直距离。Word 的默认行距是单倍行距。间距的设置方法有两种：

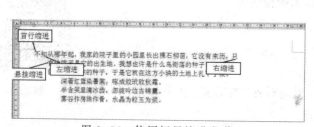

图 3-56　使用标尺缩进段落

图 3-57　"段落"对话框

方法 1：选中要设置间距的段落，单击"开始"选项卡的"段落"功能区右下方的 ⤢，在弹出的"段落"对话框中设置"行距"或"间距"。

方法 2：选中要设置间距的段落，直接单击"开始"选项卡的"段落"功能区中的"行和段落间距"按钮 ‡≡▾，在弹出的下拉列表中选择一种合适的间距值即可。

3. 中文版式

"中文版式"按钮 ✕ 在"开始"选项卡的"段落"功能区，用于自定义中文或混合文字的版式。下面以图 3-58 为例，介绍设置中文版式的操作步骤。

① 在 Word 中输入如图 3-58（a）所示的文字。

② 选中"明月"两个字符，单击"开始"选项卡"段落"功能区中的"中文版式"按钮✕，在弹出的"中文版式"下拉列表中选择"合并字符"命令，弹出"合并字符"对话框，单击"确定"按钮。

③ 选中"我欲乘风归去，惟恐琼楼玉宇，"两句词，单击"开始"选项卡 "段落"功能区中的"中文版式"按钮✕，在弹出的"中文版式"下拉列表中选择"双行合一"命令，弹出"双行合一"对话框，单击"确定"按钮。

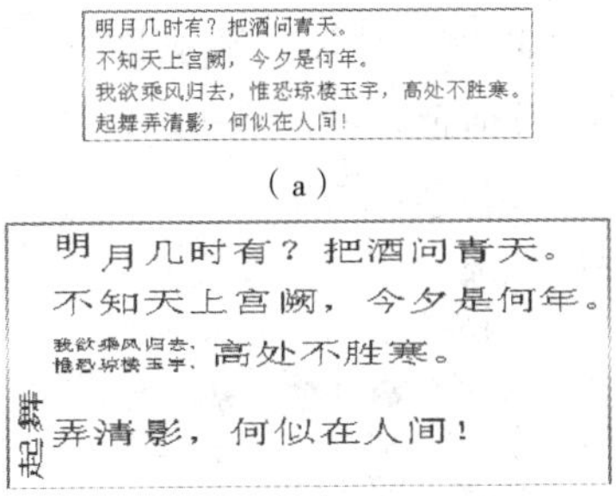

明月几时有？把酒问青天。
不知天上宫阙，今夕是何年。
我欲乘风归去，惟恐琼楼玉宇，高处不胜寒。
起舞弄清影，何似在人间！

（a）

明月几时有？把酒问青天。
不知天上宫阙，今夕是何年。
我欲乘风归去，惟恐琼楼玉宇，高处不胜寒。
起舞弄清影，何似在人间！

（b）

图 3-58　设置中文版式效果示例

④ 选中"起舞"两个字符，单击"开始"选项卡"段落"功能区中的"中文版式"按钮✕，在弹出的"中文版式"下拉列表中选择"纵横混排"命令，弹出"纵横混排"对话框，单击"确定"按钮。

⑤ 选中全部文字，单击"开始"选项卡的"段落"功能区中的"中文版式"按钮✕，在弹出的"中文版式"下拉列表中选择"字符缩放"命令，在弹出的级联列表中选择"150%"命令。

这时可发现图 3-58（a）就设置成了图 3-58（b）的效果。

3.3.3　输入项目符号和编号

在描述并列或有层次性的文档时需要用到项目符号和编号，它可以使文档的层次分明，更有条理性，便于人们阅读和理解。在 Word 2010 中可以使用"项目符号"和"编号"按钮去设置项目符号、编号和多级符号。

输入项目符号和编号

1．自动创建项目符号和编号

方法 1：在输入文本前，先输入数字或字母，如"1.""（一）""a）"等，后跟一个空格或制表符（即【Tab】键），然后输入文本。按【Enter】键时，Word 自动将该段转换为编号列表。

方法 2：在输入文本前，先输入一个星号"*"或一个连字符"-"，后跟一个空格或一个制表符，然后输入文本。按【Enter】键时，Word 自动将该段转换为项目符号列表。

每次按【Enter】键后，都能得到一个新的项目符号或编号。如果到达某一行后不需要该行带有项目符号或编号，可连续按两次【Enter】键，或选中该段落右击，在弹出的快捷菜单中选择 "项目符号"命令。

2．添加项目符号

用户可以选择在输入文本后再添加项目符号，步骤如下：

① 选中要添加项目符号的文本（通常是若干个段落）。

② 单击"开始"选项卡"段落"功能区中的"项目符号"右侧下三角按钮，会弹出下拉列表，如图 3-59 所示，该列表列出了最近使用过的项目符号，如果这里没有自己需要的项目符号，可选择该列表下方的"定义新项目符号"命令。

③ 弹出"定义新项目符号"对话框，如图 3-60 所示。单击"符号"按钮，弹出"符号"对话框，如图 3-61 所示。

图 3-59 "项目符号"下拉列表

图 3-60 "定义新项目符号"对话框

④ 在"符号"对话框选择好某个字体集合，如 Windings，这里选择一个时钟符号🕐作为项目符号。

⑤ 单击"确定"按钮，返回"定义新项目符号"对话框，此时预览框中的项目符号是步骤④所选择的时钟符号🕐。

⑥ 单击"确定"按钮，在选中的每个文档段落前将会插入🕐项目符号，如图 3-62 所示。

3．更改项目符号

项目符号设置后还可以进行更改。例如，将图 3-62 中的项目符号🕐改为笑脸，具体步骤如下：

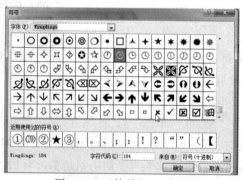

图 3-61 "符号"对话框

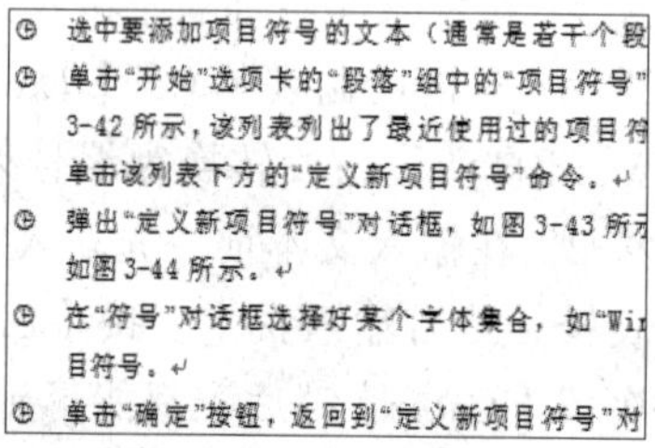

图 3-62 添加项目符号示例

① 选中要更改项目符号的段落。

② 重复前面的步骤②～⑥，但注意在步骤④中必须选取新的项目符号为笑脸。

注意：在步骤②中，如图 3-60 所示，单击"图片"按钮，可以在弹出的"图片项目"对话框中选择 Office 提供的图标作为项目符号，也可单击"导入"按钮，导入本地磁盘中的图片作为项目符号。另外，用户还可利用快捷菜单打开"项目符号"下拉列表，只需要在选中文本处后右击即可。

4．添加编号

添加编号是指按照先后顺序为文档中的行或段落添加顺序号。添加编号与添加项目符号的操作很类似，这里不再赘述。只是用户要特别注意编号的格式可以单击"段落"功能区"编号"下拉按钮，弹出下拉列表，选择"定义新编号格式"命令，在"定义新编号格式"对话框中进行指定格式和对齐方式的设置，如图 3-63 所示。

图 3-63　"定义新编号格式"对话框

Word 提供了智能化编号功能。例如，在输入文本前，输入数字或字母，如"1."、"（一）"、"a）"等格式的字符，后跟一个空格或制表符（即【Tab】键），然后输入文本。当按【Enter】键时，Word 会自动添加编号到文字的前端。

同样，在输入文本前，若输入一个星号"*"后跟一个空格或制表符，然后输入文本，并按【Enter】键，则会自动将星号转换成黑色圆点"●"的项目符号添加到段前。如果是两个连字号"-"后跟空格，则会出现黑色方点符"■"。

按【Enter】键，下一行能自动插入同一项目符号或下一个序号编号。

如要结束编号，方法有两种：一是双击【Enter】键；二是按住【Shift】键的同时，按【Enter】键。

5．添加多级列表

多级列表可以清晰地表明各层次之间的关系。

【例 3-6】设置多级符号。如图 3-64 所示，设置二级符号编号。编号样式为 1、2、3，起始编号为 1。一级编号的对齐位置是 0 厘米，文字位置的制表位置是 0.7 厘米，缩进位置是 0.7 厘米。二级编号的对齐位置是 0.75 厘米，文字位置的制表位置是 1.75 厘米，缩进位置是 1.75 厘米。

添加多级列表

图 3-64　带有多级编号的文档示例

① 单击"开始"选项卡的"段落"功能区中的"多级列表"按钮，然后在弹出的"多级列表"下拉列表中选择"定义新的多级列表"命令。

②在"定义新多级列表"对话框中单击左下方的"更多"按钮，展开对话框。

③ 对一级编号进行设置。在"单击要修改的级别"列表框中选择"1"，在"此级别的编号样式"下拉列表框中选择"1，2，3，…"，在"起始编号"下拉列表框中选择"3"，在"输入编号的格式"文本框中的"1"前加一个"第"，后面加一个"章"字。此时，"输入编号的格式"文本框中应该是"第3章"。在位置的编号对齐位置输入0厘米；文本缩进位置输入0.7厘米。选中制表位添加位置复选框，在文字位置的制表位输入0.7厘米。

④ 对二级编号进行设置。在"单击要修改的级别"列表框中选择"2"，在"此级别的编号样式"下拉列表框中选择"1，2，3，…"，在"起始编号"下拉列表框中选择"1"，此时"输入编号的格式"文本框中应该是"3.1"。在编号位置的对齐位置输入0.75厘米。选中制表位添加位置复选框，在文字位置的制表位输入1.75厘米，缩进位置输入1.75厘米。

⑤ 若要编辑三级编号，可依照二级编号的设置方法进行设置。

⑥ 输入图3-64所示的标题内容，这时依次按【Enter】键后，下一行的编号级别和上一段的编号同级，只有按【Tab】键才能使当前行成为上一行的下级编号；若要让当前行编号成为上一级编号，则要按【Shift+Tab】组合键。

3.3.4　底纹与边框格式设置

为文档中某些重要的文本或段落、文稿中的表格增设边框和底纹，以不同的颜色显示，能够使这些内容更引人注目，外观效果更加美观，更能起到突出和醒目的显示效果。

底纹和边框格式设置

1．设置表格、文字或段落的底纹

设置表格、文字或段落的底纹，可按如下步骤操作：

① 选择需要添加底纹的表格、文字或段落。

② 单击"开始"选项卡"段落"功能区中的"所有框线"按钮▦；或者单击"开始"选项卡"段落"功能区中的"所有框线"按钮▦ 旁边的下三角按钮（选择过一次后，系统将用"边框和底纹"按钮▢ 替换该按钮），在"边框和底纹"下拉列表中选择"边框和底纹"命令（见图3-65），弹出"边框和底纹"对话框。

③ 在"边框和底纹"对话框中选择"底纹"选项卡，根据版面需求设置底纹的填充颜色、图案的样式和颜色等，如图3-66所示。

设置底纹时，应用的对象有"文字""段落""单元格"和"表格"底纹等，可在"应用于"下拉列表框中选择。如图3-67所示，第一段是文字底纹，第五段是段落底纹的设置效果。

2．设置表格、文字或段落的边框

给文档中的文本或段落添加边框，既可以使文本与文档的其他部分区分开，又可以增强视觉效果。

图 3-65 "边框和底纹"命令

图 3-66 "边框和底纹"对话框

设置文字或段落的边框，可按如下步骤操作：

① 选择需要添加边框的文字或段落。

② 单击"开始"选项卡"段落"功能区中的"所有框线"按钮 。

③ 在弹出的"边框和底纹"对话框中选择"边框"选项卡（见图 3-68），并设置边框的线型、颜色、宽度等。在"应用于"下拉列表框中选择应用于"文字"还是"段落"，单击"确定"按钮。

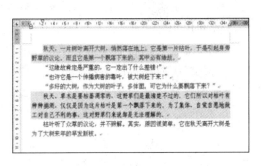

图 3-67 设置底纹

图 3-68 "边框"选项卡

如图 3-69 所示，第一段是文字边框，第五段是段落边框，边框线是"双波浪线"。文字与段落边框在形式上存在区别：前者是由行组成的边框，后者是一个段落方块的边框，它们的底纹也一样。

设置表格边框，按如下步骤操作：

① 选择需要添加边框的表格。

② 单击"开始"选项卡"段落"功能区中的"边框和底纹"下拉按钮；或者右击，在弹出的快捷菜单中选择"边框和底纹"命令；或者单击"表格工具–设计"选项卡"表格样式"功能区的"边框"下拉按钮，在弹出的下拉列表中选择"边框和底纹"命令。

③ 在弹出的"边框和底纹"对话框中选择"边框"选项卡，如图 3-70 所示，设置边框（包括边框内的斜线、直线、横线、单边的边框线）的线型、颜色、宽度等。

图 3-69 设置边框 　　　　　　　　　图 3-70 "边框和底纹"对话框

3.3.5 应用"样式"

样式是文档中的一系列格式的组合，包括字符格式、段落格式及
边框和底纹等。应用样式时，只需要单击操作就可对文档应用一系列
的格式。例如，如果用户希望报告中的正文采用五号宋体、两端对齐、
单倍行距，不必分几步去设置正文格式，只需应用"正文"样式即可
取得同样的效果。因此利用样式，可以融合文档中的文本、表格的统
一格式特征，得到风格一致的格式效果，它能迅速改变文档的外观，
节省大量的操作。样式与文档中的标题和段落的格式设置有较为密切
的联系。样式特别适用于快速统一长文档的标题、段落的格式。

应用"样式"

"样式"的应用和设置在"开始"选项卡的"样式"功能区和"样式"任务窗格中
进行。样式的操作有查看样式、创建样式、修改样式和应用样式。

"开始"选项卡"样式"功能区左边的方框显示 Word 提供的目前应用的样式，在方
框中可选择合适的应用样式。Word 的默认样式是"正文"，其提供的格式是五号宋体、
两端对齐方式、单倍行距。在"样式和格式"列表框中选择"清除格式"命令，样式定
义操作即复原到"正文"样式。

1．样式名

样式名即是格式组合（即样式）的名称。样式是按名使用，最长为 253 个字符（除
反斜杠、分号、大括号外的所有字符）。

样式可分为标准样式和自定义样式两种。

标准样式是 Word 预先定义好的内置样式，如正文、标题、页眉、页脚、目录、索引等。

自定义样式指用户自己创建的样式。如果需要字符或段落包括一组特殊属性，而现
有样式中又不包括这些属性，例如，设置所有标题字符格式为加粗、倾斜的红色隶书，
用户可以创建相应的字符样式。如果要使某些段落具有特定的格式，例如，设置段前、
段后距为 0.5 行；悬挂缩进 2 字符；1.5 倍行距。但已有的段落样式中不存在这种格式，
也可以创建相应的段落样式。

2．查看样式

在使用样式进行排版前，或者是浏览已应用样式排版好的文档，用户可以在文档窗
口查看文档的样式，利用"样式"功能区的"快速样式库"查看样式的具体操作如下：

① 选中要查看样式的段落。

② 单击"开始"选项卡"样式"功能区中的"快速样式列表库"右下方的 按钮，即可看到光标所在位置的文本样式在"快速样式库"中以方框的高亮形式显示出来，如图 3-71 所示。光标所在位置文本应用的样式为"标题 3"。

注意："快速样式库"并不会罗列全部的样式，里边列出的样式是"样式"任务窗格所提供样式列表的子集。"快速样式库"样式的添加或删除可在"样式"下拉列表中右击样式名选择相应的"添加到快速样式库"或"从快速样式库中删除"命令即可。如图 3-72 所示，右击"页眉"样式，选择"从快速样式库中删除"命令，将从快速样式列表删除该样式。

3．应用与删除样式

"样式"下拉列表框中包含有很多 Word 的内建样式，或有用户定义好的样式。利用这些已有样式，用户可以快速地设置文档格式。应用样式可按如下步骤操作：

① 选择或将光标置于需要样式格式化的标题或段落。

② 单击"开始"选项卡"样式"功能区右下端的 按钮，会弹出"样式"任务窗格，如图 3-73 所示。"样式"任务窗格上方是"样式"下拉列表框，这里列出了全部的样式集合。

图 3-71　查看所选段落样式　　图 3-72　设置快速样式库　图 3-73　"样式"任务窗格

③ 在"样式"下拉列表框选择所需要的样式。步骤①选中的标题或段落即实现该样式的格式。

删除样式非常简单，用户只需要在"样式"下拉列表框右击需要删除的样式，在弹出的快捷菜单选择"删除"命令即可。

4．新建样式

当 Word 提供的内置样式和用户自定义的样式不能满足文档的编辑要求时，用户就要按实际需要新建样式。新建样式可按如下步骤操作：

① 单击"开始"选项卡"样式"功能区右下端的 按钮，会在屏幕右侧弹出"样式"任务窗格，如图 3-98 所示。

② 在"样式"任务窗格左下方，单击"新建样式"按钮。

③ 在弹出的"根据格式创建设置新样式"对话框中进行如下设置：

● 在"名称"文本框中输入新建样式的名称，默认为"样式 1""样式 2"，依次类推，如图 3-74 所示。

● 在"样式类型"下拉列表框中根据实际情况选择一种，如选择"字符"或"段落"样式。

"字符样式"中包含一组字符格式，如字体、字号、颜色和其他字符的设置，如加粗等。"段落样式"除了包含字符格式外，还包含段落格式的设置。"字符样式"适用于选定的文本，"段落样式"可以作用于一个或几个选定的段落。在任务窗格中，"字符样式"用符号"a"表示，"段落样式"用类似回车符号表示。

④ 单击"格式"按钮，出现菜单，可以分别对字体、段落、制表位、边框、语言、图文框、编号、快捷键和文字效果进行综合的设置。

新建样式的效果可以在对话框中部的预览框中看到，并在下部有详细的样式设置说明，如图 3-75 所示。

⑤ 设置完毕后，单击"根据格式创建设置新样式"对话框中的"确定"按钮。

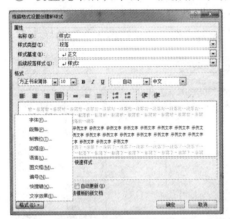

图 3-74　"根据格式创建设置新样式"对话框　　　图 3-75　"修改样式"对话框

5. 修改样式

如果 Word 所提供的样式有些不符合应用要求，用户也可以对已有的样式进行修改，按如下步骤操作：

① 单击"开始"选项卡"样式"功能区右下端的按钮，会在屏幕右侧弹出"样式"任务窗格，如图 3-73 所示。

② 在"样式"任务窗格中，右击要修改的样式名或单击要修改样式名右边的"样式符号"按钮，在弹出的快捷菜单中选择"修改"命令，如图 3-76 所示。

③ 在弹出的"修改样式"对话框中，可以修改字体格式、段落格式，还可以单击对话框的"格式"按钮，修改段落间距、边框和底纹等选项。

④ 单击"确定"按钮，完成修改。

修改样式的操作也可通过"样式"任务窗格的"管理样式"按钮进行。

6. 样式检查器

Word 2010 提供的"样式检查器"可以帮助用户显示和清除 Word 文档中应用的样式

和格式，"样式检查器"将段落格式和文字格式分开显示，用户可以对段落格式和文字格式分别清除，操作步骤如下：

① 打开 Word 2010 文档窗口，单击"开始"选项卡"样式"组右下端的 按钮，会在屏幕右侧弹出"样式"任务窗格（见图 3-73）。

② 在"样式"窗格中单击"样式检查器"按钮，会出现"样式检查器"窗格，如图 3-77 所示。

③ 在打开的"样式检查器"窗格中，分别显示出光标当前所在位置的段落格式和文字格式。如果想看到更为清晰详细的格式描述，可单击"样式检查器"窗格下方的 "显示格式"按钮，在弹出的"显示格式"任务窗格查看。分别单击"重设为普通段落样式""清除段落格式""清除字符样式"和"清除字符格式"按钮清除相应的样式或格式。

图 3-76 "修改样式"菜单

图 3-77 "样式检查器"窗格

7．管理样式

"管理样式"对话框是 Word 2010 提供的一个比较全面的样式管理界面，用户可以在"管理样式"对话框中完成前述的新建样式、修改样式和删除样式等样式管理操作。下面仅对在 Word 2010"管理样式"对话框中修改样式的步骤进行说明。

① 打开 Word 2010 文档窗口，单击"开始"选项卡"样式"组右下端的 按钮，会在屏幕右侧弹出"样式"任务窗格（见图 3-73）。

② 在打开的"样式"窗格中单击"管理样式"按钮，如图 3-78 所示。

③ 打开"管理样式"对话框，切换到"编辑"选项卡。在"选择要编辑的样式"列表框中选择需要修改的样式，然后单击"修改"按钮，如图 3-79 所示。

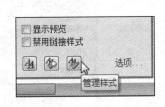

图 3-78 单击"管理样式"按钮

图 3-79 单击"修改"按钮

④ 在弹出的"修改样式"对话框（见图 3-80）中根据实际需要重新设置该样式的格式，单击"确定"按钮。

⑤ 返回"管理样式"对话框，选中"基于该模板的新文档"单选按钮，单击"确定"按钮，如图 3-81 所示。

图 3-80　"修改样式"对话框

图 3-81　选中"基于该模板的新文档"单选按钮

在"管理样式"对话框中完成新建样式、删除样式的步骤类似于上述的修改样式，而且比较简单，不再赘述。

3.3.6　首字（悬挂）下沉操作

首字下沉或悬挂就是把段落第一个字符放大，以引起读者注意，并美化文档的版面样式，如图 3-82 所示。当用户希望强调某一段落或强调出现在段落开头的关键词时，可以采用首字下沉或悬挂设置。首字悬挂操作的结果是段落的第一个字与段落之间是悬空的，下面没有字符。

设置段落的首字下沉或悬挂，可按如下步骤操作：

① 选择要设置首字下沉的段落，或将光标置于要首字下沉的段落中。

② 单击"插入"选项卡"文本"功能区中的"首字下沉"按钮。

③ 在"首字下沉"下拉列表中提供了"无""下沉""悬挂"3 种选择，如果有进一步的设置要求，选择该列表的最后一项"首字下沉选项"命令，弹出"首字下沉"对话框进行设置即可，如图 3-83 所示。

图 3-82　首字下沉示例

图 3-83　"首字下沉"对话框

若要取消首字下沉，可在"首字下沉"对话框的"位置"选项区域中选择"无"选项。

3.4 表 格 处 理

表格是一种简明扼要的表达方式。它以行和列的形式组织信息，结构严谨，效果直观。往往一张简单的表格就可以代替大篇的文字叙述，所以在各种科技、经济等文章和书刊中越来越多地使用表格。制表是文字处理软件的主要功能之一，利用 Word 提供的制表功能，可以创建、编辑、格式化复杂表格，也可以对表格内数据进行排序、统计等操作，还可以将表格转换成各类统计图表。

3.4.1 表格的创建

Word 中不论表格的形式如何，都是以行和列排列信息。行、列交叉处称为单元格，是输入信息的地方。创建的表格可以是整行整列的规则表格，也可以是不规则的表格。

表格的创建

在文档中插入表格后，选项区会增加一个"表格工具"选项卡，下面有设计和布局两个选项，分别有不同的功能。

1. 表格工具概述

图 3-84 所示为"表格工具–设计"选项卡，有"表格样式选项""表格样式""绘图边框" 3 个组。"表格样式"提供了 141 个内置表格样式，提供了方便地绘制表格及设置表格边框和底纹的命令。

图 3-84 "表格工具→设计"选项卡

图 3-85 所示为"表格工具–布局"选项卡，有"表""行和列""合并""单元格大小""对齐方式""数据"等 6 个功能区，主要提供了表格布局方面的功能。例如，在"表"功能区可以方便地查看与定位表对象；在"行和列"组则可以方便地在表的任意行（列）的位置增加或删除行（列）。"对齐方式"提供了文字在单元格内的对齐方式、文字方向等。

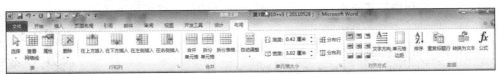

图 3-85 "表格工具–布局"选项卡

2. 创建表格

使用"插入"选项卡"表格"功能区的"表格"按钮创建表格。创建表格的方法有 4 种：

方法 1：拖拉法。定位光标到需要添加表格处，单击"表格"功能区中的"表格"按钮，在弹出的下拉列表中拖拉鼠标设置表格的行列数目。这时可在文档预览到表格，释放鼠标即可在光标处按选中的行列数增添一个空白表格，如图 3-86 所示。这种方法添加的最大表格为 10 列 8 行。

方法 2：对话框法。在图 3-86 中，选择"插入表格"命令，在弹出的"插入表格"对话框里按需要输入"列数""行数"的数值及相关参数，单击"确定"按钮即可插入一空白表格，如图 3-87 所示。

方法 3：绘制法。通过手动绘制方法来插入空白表格。在图 3-86 中，选择"绘制表格"命令，鼠标会转成铅笔状，可以在文档中任意绘制表格，而且这时候系统会自动展开如图 3-85 所示"表格工具-设计"选项卡，可以利用其中的命令按钮设置表格边框线或擦除绘制错误的表格线等。绘制表格过程如图 3-88 所示。

图 3-86　拖拉法生成表格

方法 4：组合符号法。将光标定位在需要插入表格处，输入一个"+"号（代表列分隔线），然后输入若干个"-"号（"-"号越多代表列越宽），再输入一个"+"号和若干个"-"号……最后再输入一个"+"号，最后按【Enter】键，一个一行多列的表格插入到了文档中，如图 3-89 所示。

图 3-87　"插入表格"对话框

图 3-88　绘制表格

图 3-89　用组合符号插入表格

3.4.2　表格的调整

表格调整包括增加或删除表格的行与列、调整表格列宽与行高、单元格的合并与拆分、表格的合并与拆分等。

1．增加或删除表格的行与列

在表格的编辑中，行与列的增加或删除有两种方法可以实现。

方法 1：使用快捷菜单命令。例如，删除表格的行，可按如下步骤操作：

① 选择表格中要删除的行。

② 右击，在弹出的快捷菜单选择"删除单元格"命令。

③ 在弹出的"删除单元格"对话框中选中"删除整行"单选按钮，如图 3-90 所示。

如果删除的是表格的列，则选中要删除的列，右击，在弹出的快捷菜单选择"删除列"命令即可。

表格的调整

方法 2：利用"表格工具-布局"选项卡来完成。例如，删除表格的行，可按如下步骤操作：

① 选择表格中要删除的行，激活"表格工具-布局"选项卡。

② 单击"表格工具-布局"选项卡"行和列"功能区中的"删除"按钮。

③ 在弹出的"删除"下拉列表中选择"删除行"命令即可，如图 3-91 所示。

若要增加表格的行或列，可按如下步骤操作：

① 选择表格中要增加行（列）位置相邻行（列），激活"表格工具-布局"选项卡。

② 选择"表格工具-布局"选项卡的"行和列"功能区中的"在上方插入"（在左方插入）按钮，则会在步骤①选中的行（列）的上方（左方）插入一行（列）；如果选中的是多行（列），那么插入的也是同样数目的多行（列）。

图 3-90 "删除单元格"对话框

图 3-91 "删除"下拉列表

2. 调整表格列宽与行高

修改表格的其中一项工作是调整它的列宽和行高。下面就介绍几种调整列宽和行高的方法。

（1）用鼠标拖动

这是最便捷的调整方法，可按如下步骤操作：

① 将光标移到要改变列宽的列边框线上，鼠标指针变成 ◆‖► 形状，如图 3-92 所示，按住左键拖动。

图 3-92 用鼠标改变列宽

② 释放鼠标，即可改变列宽。

如果要调整表格的行高，则鼠标指针移到行边框线上，将变成 ‡ 形状，按住鼠标左键拖动即可。

（2）用"表格属性"对话框

用"表格属性"对话框能够精确设置表格的行高或列宽，可按如下步骤操作：

① 选择要改变"列宽"或"行高"的列或行。

② 右击，在弹出的快捷菜单选择"表格属性"命令，在弹出的"表格属性"对话框中，选择"列"或"行"选项卡，然后在"指定宽度"或"指定高度"文本框中输入宽度或高度的数值，如图 3-93 所示。

（3）用"自动调整"选项

如果想调整表格各列（行）的宽度，可按如下步骤操作：

① 选择表格中要平均分布的列（行）。

② 右击，在弹出的快捷菜单选择"平均分布各列（行）"命令即可，如图 3-94 所示。

图 3-93 "表格属性"对话框

图 3-94 "自动调整"级联菜单

在图 3-94，可看到"自动调整"中有"根据内容调整表格""根据窗口调整表格""固定列宽"等 3 个命令用于自动调整表格的大小。

3．单元格的合并与拆分

对于一个表格，有时需要把同一行或同一列中两个或多个单元格合并起来，或者把一行或一列的一个或多个单元格拆分为更多的单元格。

合并单元格可按如下步骤操作：选择要合并的多个单元格，如图 3-95 所示。选择"表格工具-布局"选项卡，单击"合并"功能区中的"合并单元格"按钮即可。也可以选中多个单元格，右击，在弹出的快捷菜单选择"合并单元格"命令，效果如图 3-96 所示。

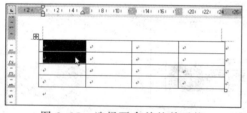

图 3-95 选择要合并的单元格

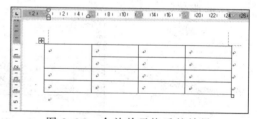

图 3-96 合并单元格后的效果

拆分单元格可按如下步骤操作：

① 选择要拆分的单元格，如图 3-97 所示。

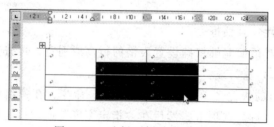

图 3-97 选择要拆分的单元格

② 选择"表格工具–布局"选项卡，单击"合并"功能区中的"拆分单元格"按钮，在弹出的"拆分单元格"对话框中输入要拆分的列数和行数，如图 3-98 所示。单元格拆分后的效果如图 3-99 所示。

图 3-98 "拆分单元格"对话框

图 3-99 拆分单元格后的效果

4. 表格的合并与拆分

① 若要将两个表格合并为一个表格，只要将两个表格中的空行删除即可。

② 为将一个表格一分为二，首先需要选中要成为第二个表格首行的那一行，然后选择"表格工具–布局"选项卡，单击"合并"功能区中的"拆分表格"按钮，原表格被拆分为两个表格，且两表格之间有一个空行相隔。

3.4.3 表格的编辑

表格的编辑包括单元格中数据的输入、单元格中文本的移动、复制、删除及单元格文本格式的设置，其中大部分操作都与一般的字符格式化方法一样。

创建表格的框架后，就可以在表格中输入文字或插入图片。

在表格中输入字符时，表格有自动适应的功能，即输入的字符大于列宽，表格会自动增大行的高度。

需要在表格外输入表标题，方法如下：

将鼠标指针移向表格左上角的标志符 ⊞，按住鼠标左键向下拖动一行，然后在表头的空白行中输入表标题，如图 3-100 所示。

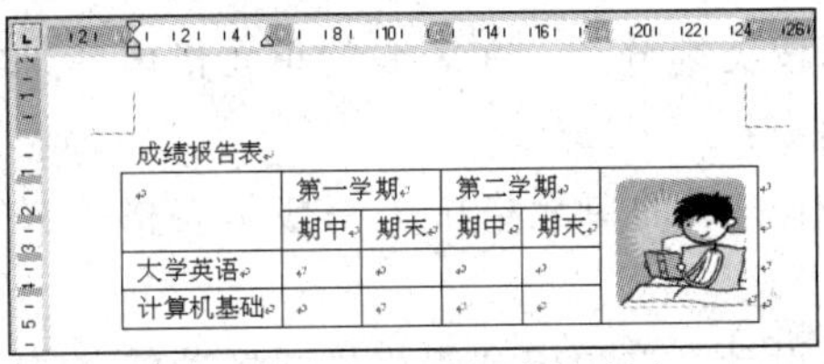

图 3-100 输入表格的内容

需要在表格中插入图片时，单击表格中需要插入图片的单元格，单击"插入"选项卡的"插图"功能区中的"图片"按钮即可完成操作。图片的尺寸大小可能与单元格的大小不相符，可以单击图片，再拖动图片四周的控制点，调整到合适的大小，如图 3-100 所示。

表格的字符输入以后，还需要进行字符格式化、表格的边框和底纹的格式化等。

由于单元格有高度，所以单元格中文本的对齐方式除了水平对齐方式外，还有垂直对齐方式。默认情况下，单元格文本的对齐方式为靠上两端对齐。

对单元格文本的对齐方式进行设置时，首先选中需要设置对齐方式的单元格、行或列，然后右击，在弹出的快捷菜单中选择"单元格对齐方式"命令，此时在级联菜单中列出了所有的对齐方式按钮，选择需要的对齐方式按钮即可。

3.4.4　表格的格式化

1．表格套用样式

表格的格式化

Word 提供了表格样式库，可将一些预定义外观的格式应用到表格中，从而使表格的排版变得方便、轻松。将光标置于表格中任意位置，选择"表格工具–设计"选项卡，单击"表格样式"功能区的下拉按钮，在打开的下拉列表的"内置"区域显示了各种表格样式供用户挑选，从中选择一种即可套用表格样式。

2．设置表格的边框和底纹

① 边框的设置：首先选择整个表格，然后右击，在弹出的快捷菜单中选择"边框和底纹"命令，弹出"边框和底纹"对话框，在"边框"选项卡中可以选择线型、线条颜色及线条宽度，并通过鼠标指定需要设置的边框即可。

② 底纹的设置：首先选择需要设置底纹的单元格、行或列，然后右击，在弹出的快捷菜单中选择"边框和底纹"命令，弹出"边框和底纹"对话框，在"底纹"选项卡的"填充"下拉列表中选择需要填充的颜色，即可设置为指定的底纹。

3．设置表格的对齐方式和环绕方式

设置表格的对齐方式和环绕方式，可将表格放置于文档中的适当位置。将插入点移动到表格中的任意单元格，然后右击，在弹出的快捷菜单中选择"表格属性"命令，弹出"表格属性"对话框，在"表格"选项卡中可对表格的对齐方式和文字环绕方式进行设置。

4．设置斜线表头

有时为了更清楚地指明表格的内容，常常需要在表头中用斜线将表格中的内容按类别分开。在表头的单元格内制作斜线可按如下步骤操作：

① 将光标置于要制作斜线的单元格中（一般是表格的左上角单元格）。

② 单击"表格工具–设计"选项卡"表格样式"功能区中的"边框"下拉按钮。

③ 在弹出的"边框"下拉列表中只有两种斜线框线可供选择，这里选择"斜下框线"命令，如图 3-101 所示。

④ 此时可看到已给表格添加斜线，向表格输入"成绩"并连续按两次【Enter】键，取消最后一次前的空格符，并输入"科目"，完成斜线表头的绘制，表头的效果如图 3-102 所示。

图 3-101　"边框"下拉列表

实际上可在表格任何单元格插入斜线和写字符。如果表头斜线有多条，在 Word 2010 中的绘制就显得复杂些，必须经过绘制自选图形直线及添加文本框的过程，具体操作步骤如下：

① 将光标置于要制作斜线的单元格中（一般是表格的左上角单元格）。

② 单击"插入"选项卡"插图"功能区中的"形状"按钮。

③ 在弹出的"形状"下拉列表中选择"直线"命令。这时鼠标变成了"+"状，在选中的表头单元格内根据需要绘制斜线，斜线有几条就重复几次操作，本例中添加两条斜线，最后调整直线的方向和长度以适应单元格大小。

④ 为绘制好斜线的表头添加文本框：单击"插入"选项卡"插图"功能区中的"形状"按钮，在弹出的"形状"下拉列表中选择"文本框"命令，重复此操作，在斜线处添加 3 个文本框。

⑤ 在各个文本框中输入文字，并调整文字及文本框的大小，将文本框旋转一个适当的角度以达到最好的视觉效果。

⑥ 调整好外观后，将步骤③、步骤④、步骤⑤所绘制的所有斜线及文本框均选中，右击选择"组合"→"组合"命令即可。

最后的效果如图 3-103 所示。

图 3-102 添加一条斜线表头的表格

学期 成绩 科目	第一学期		第二学期	
	期中	期末	期中	期末
大学英语	78	85	88	79
计算机基础	77	79	85	72

图 3-103 添加多条斜线表头的表格

5．设置表格内的文字方向

默认情况下，表格中的文字都是沿水平方向显示的。要改变文字方向，可先选中需要改变方向的单元格，然后右击，在弹出的快捷菜单中选择"文字方向"命令，在弹出的"文字方向"对话框中选择一种文字方向。

3.4.5 表格和文本的互换

表格转换在文本编辑中经常使用。有时需要将文本转换成表格，以便说明一些问题；或将表格转换成文本，以增加文档的可读性及条理性。这对于使用相同的信息源实现不同的工作目标是非常有益的。

在 Word 中可以利用"表格工具-布局"选项卡"数据"功能区中的"转换为文本"按钮（见图 3-104），在弹出的"表格转换成文本"对话框（见图 3-105）方便地进行表格和文本之间的转换。

表格和文本的互换

图 3-104 单击"转换为文本"按钮

图 3-105 "表格转换成文本"对话框

1．将表格转换成文本

以图 3-106 所示的表格为例，进行表格与文本的转换，可按如下步骤操作：

① 将光标置于要转换成文本的表格中，或选择该表格，激活"表格工具-布局"选项卡。

② 选择"表格工具-布局"选项卡"数据"组中的"转换为文本"按钮。

③ 在弹出的"表格转换成文本"对话框中选择一种文字分隔符，默认是"制表符"，即可将表格转换成文本，如图 3-107 所示。

图 3-106　表格　　　　　　　　　　图 3-107　转换成文本

在"表格转换成文本"对话框里提供了四种文本分隔符选项，下面分别介绍它们的功能。

- 段落标记：把每个单元格的内容转换成一个文本段落。
- 制表符：把每个单元格的内容转换后用制表符分隔，每行单元格的内容成为一个文本段落。
- 逗号：把每个单元格的内容转换后用逗号分隔，每行单元格的内容成为一个文本段落。
- 其他字符：在对应的文本框中输入用做分隔符的半角字符，每个单元格的内容转换后用输入的字符分隔符隔开，每行单元格的内容成为一个文本段落。

2．将文字转换成表格

用户也可以将用段落标记、逗号、制表符或其他特定字符分隔的文字转换成表格。可按如下步骤操作：

① 选择要转换成表格的文字，这些文字应类似如图 3-107 所示的格式编排。

② 单击"插入"选项卡"表格"功能区中的"表格"按钮。

③ 在弹出的"表格"下拉列表中选择"文本转换成表格"命令。

④ 在弹出的"将文字转换成表格"对话框输入相关参数，如在"文字分隔位置"选项区域选择当前文本所使用的分隔符，默认是"空格"，如图 3-108 所示。单击"确定"按钮即可将文字转换成表格。

图 3-108　"将文字转换成表格"对话框

3.5 在文档中插入对象

一篇文稿，除了字符之外，往往还需要有图形、表格、图表等对象配合说明。如果是学术文稿，有时还需要输入公式和流程图示。此外，Word 还提供了如文本框这样的特殊对象，以使文稿在排版上更符合实际需要。图 3-109 所示为插入对象范例。

本节要求掌握 Word 文稿插入图片、剪贴画、形状（绘图）、SmartArt 图、公式、艺术字、书签、表格和文本框的方法。这些对象插入文稿后经常需要做文稿的调整，所以要求在学习中注重多次调试。尤其要求掌握插入对象后的快捷菜单的操作。这对调整插入对象的最终效果有着重要的作用，如图 3-110 所示。

插入对象被选中时，在选项卡栏的右侧都会出现相应的工具选项卡。请读者认真掌握插入对象的工具选项卡的应用，才能快速准确插入各元素对象。

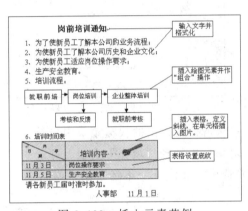

图 3-109　插入元素范例

图 3-110　插入形状的快捷菜单

3.5.1 插入文本框

Word 在文稿输入时，是按整个页面从上到下、从左到右的顺序进行的。在实际的文稿排版中，往往要求划出某个区域单独排版。这些要求并不是用分栏或格式化就能完成的。引入文本框能较好地完成排版的特殊要求，可以在页面的任何位置完成文稿的输入和排版，或图片、表格等对象的插入操作。

插入文本框

文本框属于一种图形对象，它实际上是一个容器，可以放置文本、表格和图形等内容。并且文本框可以移动，调节大小。使用文本框可以将文本、表格、图形等内容像图片一样放置在文档中的任意位置，便于实现图文混排。文本框内的文本可以进行段落和字体设置。

根据文稿的需要，单击"插入"选项卡"文本"功能区中的"文本框"按钮后，在文本框下拉列表选择"绘制文本框"命令，光标变为十字形，在页面的任意位置拖动就形成文本框。在这个文本框中可以输入文字、图片或表格等。

【例 3-7】如图 3-111 所示创建和输入 3 个文本框，输入文字（可复制文字）和插入图片，在图片下加题注。完成后去除 3 个文本框的边框线。

① 单击"插入"选项卡"文本"功能区中的"文本框"按钮，在弹出的文本框下拉列表选择"绘制文本框"命令。

② 这时光标变成十字形，在文档中任意位置拖动，即出现一个"活动"的文本框，如图 3-112 所示。这个文本框可以被拖动到页面任何位置，或调整其大小。

③ 在文本框中输入文字或插入图片，如图 3-111 所示。插入的图片有自动适应功能，可自动调节图片与文本框大小相适应。如果需要在输入的图片下方输入说明文字，可以右击图片，在弹出的快捷菜单中选择"题注"命令，在"题注"文本框内输入文字即可。这里图片下输入的题注是"插图　玫瑰花"。

图 3-111　输入文本框内容

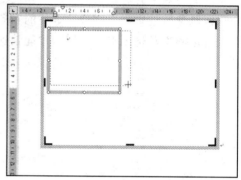

图 3-112　插入文本框

④ 去除文本框的边框线。选中文本框并右击，在弹出的快捷菜单中选择"设置形状格式"命令，在弹出的"设置形状格式"对话框中选择"填充"选项，并选中"无填充"单选按钮；选择"线条颜色"选项，并选中"无线条"单选按钮，如图 3-113 和图 3-114 所示。

图 3-113　设置填充

图 3-114　设置线条颜色

⑤ 逐一去除各个文本框的边框线，最后的效果如图 3-115 所示。

【例 3-8】给图 3-115 中的文本框添加绿色边框线，填充黄色底纹。

① 右击"文本框"，在弹出的快捷菜单中选择"设置形状格式"命令。

② 在"设置形状格式"对话框中（见图 3-113），设置"填充"颜色为黄色、线条的颜色为绿色和虚实线样式，结果如图 3-116 所示。

图 3-115 没有边框线的文本框　　　　图 3-116 带边框线的文本框

3.5.2 插入图片、剪贴画和形状

Word 把图片和形状作为不同的对象来处理。图片是指日常生活中所说的照片和图画。图片可以从剪贴画库、扫描仪或数码照相机中获得，也可以从本地磁盘（来自文件）、网络驱动器以及互联网上获取，还可以取自 Word 本身自带的剪贴图片。形状是指由线条构成的图形和符号。这些形状大部分是几何图形，使用 Word 提供的工具绘制，又称为自选图形。

插入图片和形状的操作都可以通过单击"插入"选项卡"插图"功能区中的相应命令按钮来实现。图 3-117 所示如系统提供的"插图"功能区按钮，允许用户插入包括来自文件的图片、剪贴画、现成的形状（如文本框、箭头、矩形、线条、流程图等）、SmartArt（包括图形列表、流程

图 3-117 "插图"组命令

图及更为复杂的图形）、图表及屏幕截图（插入任何未最小化到任务栏的程序图片）。

1. 插入来自文件的图片

① 将光标置于要插入图片的位置。

② 选择"插入"选项卡"插图"功能区中的"图片"按钮。

③ 在"插入图片"对话框的"地址"下拉列表框中选择图片文件所在的文件夹位置，并选择其中要打开的图片文件，如图 3-118 所示。

④ 单击"插入"按钮，插入图片后，经过调整的格式如图 3-119 所示。

图 3-118 "插入"功能区按钮

图 3-119 在文档中插入图片

2．插入剪贴画

Word 自带了一个内容丰富的剪贴画库，包含 Web 元素、背景、标志、地点、工业、家庭用品和装饰元素等类别的实用图片。用户可以从中选择并插入到文档中。在文档中插入剪贴画，可按如下步骤操作：

① 将光标置于要插入图片的位置。

② 单击"插入"选项卡"插图"功能区中的"剪贴画"按钮。

③ 在"剪贴画"任务窗格中单击"搜索"按钮，让 Word 搜索出所有剪贴画，如图 3-120 所示，或者在"搜索文字"文本框中输入剪贴画的类型，如"汽车"。

④ 双击"剪贴画"任务窗格的其中一幅剪贴画，即可将选择的剪贴画插入到文档中。

3．插入形状（自选图形）

"形状"包括矩形和圆、线条、箭头、流程图、符号与标注等，图 3-121 所示为系统提供的可插入的形状列表。插入形状的操作步骤和插入图片及剪贴画类似，与前述的插入文本框方法类似。

图 3-120　"剪贴画"窗格　　　　图 3-121　"形状"下拉列表

形状可由单个或多个图形组成。多个图形可以通过"叠放次序"或"组合"操作，再组合成一个大的图形，以便根据文稿要求插入到合适的位置。

（1）插入单个形状

① 单击"插入"选项卡"插图"功能区的"形状"按钮，从"形状"下拉列表中选择合适的形状，如图 3-121 所示。

② 将已经变成十字标记的鼠标指针定位到要绘图的位置，拖动鼠标，可得到被选择的形状。将形状拖动到文稿的适当位置。

③ 形状中有 8 个控制点，可以调节形状的大小。另外，拖动绿色小圆点可以转动图形形状，拖动黄色小菱形可改变形状节点位置，或调整指示点。

（2）插入多个形状

① 分别制作单个形状。

② 按设计总体要求，拖动调整各形状的位置。

利用"绘图工具–格式"选项卡"排列"功能区的命令按钮，单击"对齐"按钮对形状进行对齐或分布调整；单击"旋转"按钮设置图形状的旋转效果。

③ 多个形状重叠时，前面的图形会挡住后面的图形，利用"绘图工具–格式"选项卡"排列"功能区的命令按钮，分别单击"上移一层"按钮、"下移一层"按钮调整各图形的叠放次序，改变重叠区的可见图形。

（3）在形状中添加文字

① 在要添加文字的形状上右击，在弹出的快捷菜单中选择"添加文字"命令。

② 在插入点处输入字符，并适当格式化。

（4）组合多个形状

多个单独的形状通过"组合"操作，可以形成一个新的独立的图形，以便使用。

① 按住【Ctrl】键，单击选中要组合的各个形状；或者激活图形后，单击"绘图工具–格式"选项卡"排列"功能区中的"选择窗格"按钮 选择窗格，在弹出的"选择和可见性"任务窗格中选中要组合的各个形状。

② 单击"绘图工具–格式"选项卡"排列"功能区中的"组合"按钮，选择"组合"命令，选中的几个图形即组合为一个整体。

要取消图形的组合，选择"取消组合"命令即可。

【例3-9】创建以图3-122为实例的"仓库管理操作流程图"。

① 单击"插入"选项卡"插图"功能区中的"形状"按钮，然后选择"流程图"命令。

② 根据案例选择所需的图形，在需要绘制图形的位置单击并拖动鼠标。也可以双击选择所选的图形。

"流程图"中的每个图形都在流程图中有具体的"标准"的应用意义。例如，矩形方框是"过程"框，而圆角的矩形框，是"可选过程"。所以使用"流程图"图形要注意其图形含义，必须符合应用标准。光标放于该图形之中，可以得到这个图形的含义。

③ 在图形中输入所需的文字并设置字符格式。

④ 以同样的方法，绘制出其他的图形，并为其添加和设置文字，拖动到适当的位置，如图3-122所示。

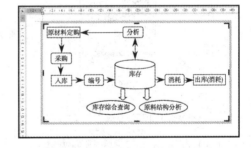

图 3-122　仓库管理操作流程图

⑤ 对绘制出来的图形，可以重新调整，例如改变大小、填充颜色、线条类型与宽度以及设置阴影与三维效果等。再利用"绘图工具"的"组合"命令，将相互关联的图形组合为一个图形，以便于插入文档中使用。

4. "图片工具–格式"选项卡

单击插入的图片（激活图片）后，在选项卡区会自动增加一个"图

"图片工具–格式"
选项卡

片工具-格式"选项卡。利用上边的调整、图片样式、排列和大小 4 个组的按钮命令可对图片进行各种设置。

（1）设置图片大小

方法 1：利用"图片工具-格式"选项卡设置图片大小。操作步骤如下：

① 激活图片，在选项卡区会自动增加一个"图片工具-格式"选项卡。

② 在"大小"功能区中有"高度""宽度"两个输入框，分别输入高度、宽度值，会发现选中的图片大小立刻得到了调整。

方法 2：用户可以利用右击图片，在弹出的快捷菜单中直接输入高度、宽度值的方法设置图片的大小。

注意：高度、宽度列表会根据鼠标点击位置来调整出现在快捷菜单的上方还是正文，以便整个菜单能全部在屏幕上显示完整。

方法 3：选中要调整大小的图片，图片四周会出现 8 个方块，将鼠标指针移动到控制点上，按住左键并拖动到适当位置，再释放左键即可。这种方法只是粗略的调整，精细调整得采用上述方法 1 或方法 2。

（2）裁剪图片

利用"图片工具-格式"选项卡裁剪图片大小的操作步骤如下：

① 激活图片，在选项卡区会自动增加一个"图片工具-格式"选项卡。

② 单击"大小"功能区中的"裁剪"按钮，在弹出的下拉列表选择"裁剪"命令，如图 3-123 所示。

③ 这时图片周围会出现 8 个裁切定界框标记，拖动任意一个标记都可达到裁剪效果。如果是拖动右下方则可以按高度、宽度同比例裁剪，图 3-124 所示为图片裁剪效果图。

图 3-123 "裁剪"命令

图 3-124 图片裁剪效果

（3）设置图片与文字排列方式

用户可以根据排版需要设置图片与文字的排列方式，具体操作步骤如下：

① 激活图片，在选项卡区会自动增加一个"图片工具-格式"选项卡。

② 单击"排列"功能区中的"自动换行"按钮，在弹出的下拉列表选择一种文字环绕方式即可，如图 3-125 所示。

在如图 3-125 所示的"自动换行"下拉列表中除了可以选择预设的效果，如嵌入式、四周型环绕、上下型环绕等，还可选择"其他布局选项"命令，在弹出的"布局"对话框中设置图片的位置，如图 3-126 所示。

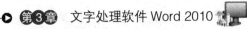

图 3-125 "自动换行"下拉列表

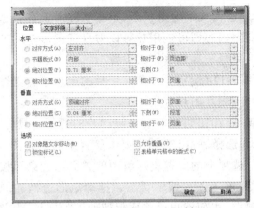

图 3-126 "布局"对话框

各种文字环绕方式相应的设置效果如图 3-127 所示。

（a）四周型环绕效果

（b）紧密型环绕效果

（c）衬于文字下方效果

（d）浮于文字上方效果

（e）上下型环绕效果

（f）穿越型环绕效果

图 3-127 各种文字环绕例子

（4）为自选图形添加文字

使用 Word 2010 提供的插入形状不仅可以绘制各种自选图形，还可以向自选图形添加文字，从而将自选图形作为特殊的文本框使用。但是，只有在除了"线条"以外的"基本形状""箭头总汇""流程图""标注""星与旗帜"等自选图形类型中才可以添加文字。步骤如下：

① 打开 Word 2010 文档窗口，右击准备添加文字的自选图形，并在弹出的快捷菜单中选择"添加文字"命令。如果被选中的自选图形不支持添加文字，则在快捷菜单中不会出现"添加文字"命令。

② 进入文字编辑状态，根据实际需要在自选图形中输入文字内容即可。用户可以对自选图形中的文字进行字体、字号、颜色等格式设置。

图 3-128 所示为添加文字后的七角星自选图形。

（5）删除图片背景

Word 2010 可以轻松去除图片的背景，具体操作步骤如下：

图 3-128　添加文字后的图

① 选择 Word 文档中要去除背景的一张图片（见图 3-129），然后单击"图片工具-格式"选项卡的"调整"组中的"删除背景"按钮。

② 进入图片编辑状态，拖动矩形边框四周上的 8 个控制点，以便圈出最终要保留的图片区域，如图 3-130 所示。

③ 完成图片区域的选定后，单击"背景消除"选项卡"关闭"功能区中的"保留更改"按钮，或直接单击图片范围以外的区域，即可去除图片背景并保留矩形

图 3-129　原图

圈中的部分如图 3-131 所示。如果希望不删除图片背景并返回图片原始状态，则需要单击功能区中"背景消除"选项卡"关闭"功能区中的"放弃所有更改"按钮。

图 3-130　选定保留的图片区域

图 3-131　删除背景后的图

通常只需调整矩形框括起要保留的部分，即可得到想要的结果。但是，如果希望可以更灵活地控制要去除背景而保留下来的图片区域，可能需要使用以下几个工具，在进入图片去除背景的状态下执行这些操作：

- 单击"背景消除"选项卡"优化"功能区中的"标记要保留的区域"按钮，指定额外的要保留下来的图片区域。
- 单击"背景消除"选项卡"优化"功能区中的"标记要删除的区域"按钮，指定额外的要删除的图片区域。
- 单击"背景消除"选项卡"优化"功能区中的"删除标记"按钮，可以删除以上两种操作中标记的区域。

（6）设置图片艺术效果

为图片设置艺术效果的操作步骤如下：

① 选择 Word 文档中要添加艺术效果的图片，然后单击"图片工具-格式"选项卡"调整"功能区中的"艺术效果"按钮。

② 在弹出的"艺术效果"下拉列表中选择一种艺术效果，如"玻璃"。如图 3-132 是将图 3-129 设置"玻璃"艺术效果后的图片。

（7）设置图片样式

直接选中一幅图片，激活图片后，在"图片样式"组单击"图片样式"列表框的一种图片样式即可。图 3-133 所示为图 3-129 设置了"金属椭圆"样式的效果。

图 3-132 "玻璃"艺术效果

图 3-133 "金属椭圆"样式

（8）调整图片颜色

① 选中激活图片后，在"调整"功能区单击"颜色"按钮，会弹出"颜色"下拉列表，如图 3-134 所示。

② 在"颜色"下拉列表分别设置"颜色饱和度"为"0%"，"色调"为"色温：4700K"，"重新着色"为"水绿色，强调文字颜色 5 浅色"，如图 3-135 所示。

用户还可以在"颜色"下拉列表选择"其他变体""设置透明色"或"图片颜色选项"命令进一步设置，达到自己所要的图片效果。

图 3-134 "颜色"列表

图 3-135 调整图片颜色后的效果

（9）将图片换成 SmartArt 图

Word 2010 的 SmartArt 图是非常优秀的图形工具。用户可以通过简单的操作将现有的普通图片转换成 SmartArt 图。本实例中将五幅各自独立的普通图片转化成 SmartArt，图 3-136 罗列了五幅原图，具体操作步骤如下：

① 在文档中插入五幅普通的图片，紧凑排列在一起，如图 3-135 所示。

② 激活图片，单击"图片工具-格式"选项卡"排列"功能区中的"自动换行"按钮，选择将五幅图片都设置成"浮于文字上方"。

图 3-136 五幅普通图

③ 激活一幅图片，"排列"功能区中的"选择窗格"按钮变成可选，单击该按钮 选择窗格 ，在弹出的"选择和可见性"任务窗格中选中五幅图片。

④ 在步骤③选中五幅图片的基础上，单击"图片样式"功能区中的"图片版式"按钮 图片版式 ，在弹出的"图片版式"列表选择一种版式，如"升序图片重点流程"，如图 3-137 所示。

⑤ 这时，原来的五幅图片已经转化成了 SmartArt 图，并且窗口的选项卡栏增加了"SmartArt 工具-设计"选项卡，用户可以利用该选项卡的"SmartArt 样式"功能区的命令按钮对 SmartArt 图的颜色及样式进行设置，如选择"更改颜色"为"彩色范围强调颜色 5 至 6"，当然也可以在"布局"重新调整布局，或在"重置"功能区重设图形。最后效果图如图 3-138 所示。

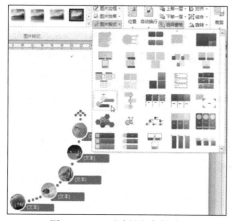

图 3-137　选择图片版式

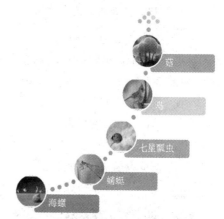

图 3-138　转化成的 SmartArt

3.5.3　插入 SmartArt 图形

SmartArt 图形是 Word 设置的图形、文字以及其样式的集合，包括列表（36 个）、流程（44 个）、循环（16 个）、层次结构（13 个）、关系（37 个）、矩阵（4 个）、棱锥（4 个）和图片（31 个）共 8 个类型 185 个图样。SmartArt 图适合直观地表达事物之间的相互关系或工作流程，以增加文档的说服力。

单击"插入"选项卡"插图"功能区中的 SmartArt 按钮，会弹出"选择 SmartArt 图形"对话框，如图 3-139 所示。表 3-4 列出了"选择 SmartArt 图形"对话框各图形类型和用途的说明。

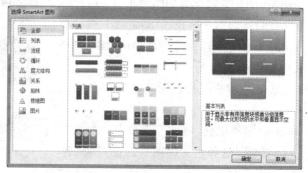

图 3-139　"选择 SmartArt 图形"对话框

表 3-4　图形类型及用途

图形类型	图形用途	图形类型	图形用途
列表	显示无序信息	图片	用于显示图片
流程	在流程或日程表中显示步骤		压缩图片
循环	显示连续的流程		文字环绕
层次结构	显示决策树，创建组织结构图		设置图片格式
关系	图示连接		设置透明色
矩阵	显示各部分如何与整体关联		重设图片
棱锥图	显示与顶部或底部最大部分的比例关系		

1．布局考虑

为 SmartArt 图形选择布局时，要考虑该图形需要传达什么信息以及是否希望信息以某种特定方式显示。通常，在形状个数和文字量仅限于表示要点时，SmartArt 图形最有效。如果文字量较大，则会分散 SmartArt 图形的视觉吸引力，使这种图形难以直观地传达信息。但某些布局（如"列表"类型中的"梯形列表"）适用于文字量较大的情况。如果需要传达多个观点，可以切换到另一个布局，该布局含有多个用于文字的形状，如"棱锥图"类型中的"基本棱锥图"布局。更改布局或类型会改变信息的含义。例如，带有右向箭头的布局（如"流程"类型中的"基本流程"），其含义不同于带有环形箭头的 SmartArt 图形布局（如"循环"类型中的"连续循环"）。箭头倾向于表示某个方向上的移动或进展，使用连接线不使用箭头的类似布局则表示连接而不一定是移动。

用户可以快速轻松地在各个布局间切换，因此可以尝试不同类型的不同布局，直至找到一个最适合对信息进行图解的布局为止。可以参照表 3-4 尝试不同的类型和布局。切换布局时，大部分文字和其他内容、颜色、样式、效果和文本格式会自动带入新布局中。

2．创建 SmartArt 图形

创建图 3-140 所示的 SmartArt 图形的操作步骤如下：

① 定位光标至需要插入图形的位置。

② 单击"插入"选项卡"插图"功能区中的 SmartArt 按钮，会弹出"选择 SmartArt 图形"对话框。

③ 在"选择 SmartArt 图形"对话框，选择"层次结构"选项卡，选择"层次结构"选项。

④ 单击"确定"按钮，即可完成将图形插入到文档中的操作。

以图 3-141 为例，在 SmartArt 图形中输入文字的操作步骤如下：

① 单击 SmartArt 图形左侧的按钮，会弹出"在此处键入文字"的任务窗格。

② 如图 3-141 所示，在"在此处键入文字"任务窗格输入文字，右边的 SmartArt 图形对应的形状部分则会出现相应的文字。

SmarArt 对象

编辑

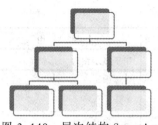

图 3-140　层次结构 SmartArt

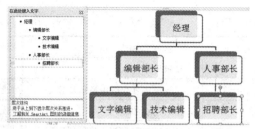

图 3-141　"在此处键入文字"任务窗格

3. 修改 SmartArt 图形

（1）添加 SmartArt 形状

默认的结构不能满足需要时，可在指定的位置添加形状。下面以图 3-141 为例，介绍添加形状的具体操作步骤。

① 插入 SmartArt 图形，并输入文字，选中需要插入形状位置相邻的形状，如本例选中内容为"招聘部长"的形状。

② 单击"SmartArt 工具-设计"选项卡"创建图形"功能区中的"添加形状"按钮，在弹出的下拉列表选择"在下方添加形状"命令，并在新添加的形状里输入文字"联络员"，如图 3-142 所示。

（2）更改布局

用户可以调整整个 SmartArt 图形或其中一个分支的布局。以图 3-142 为例，进行更改布局的具体操作步骤如下：

选中 SmartArt 图形，单击"SmartArt 工具-设计"选项卡"布局"功能区中的"层次结构列表"选项，即可将原来属于"层次结构"的布局更改为"层次结构列表"，如图 3-143 所示。

图 3-142　添加了形状后的 SmartArt

图 3-143　更改布局后的效果图

（3）更改单元格级别

以图 3-142 为例，更改单元格级别的具体操作如下：

选中图 3-142 所示 SmartArt 图形，选择"联络员"形状，单击"SmartArt 工具-设计"选项卡"创建图形"功能区中的"升级"按钮，即可看到如图 3-144 所示的效果。

如果再次单击"升级"按钮，还可将"联络员"形状的级别调到第一级，与"经理"形状同级。

（4）更改 SmartArt 样式

以图 3-144 为例，更改 SmartArt 样式的具体操作步骤如下：

① 选中图 3-144 所示 SmartArt 图形，单击"SmartArt 工具-设计"选项卡的"SmartArt

样式"功能区中的"更改颜色"按钮，选择"彩色"列表的"彩色范围强调文字 4 至 5"选项。

② 在"SmartArt 样式"单击"三维"列表的"砖块场景"选项，更改样式后的效果如图 3-145 所示。

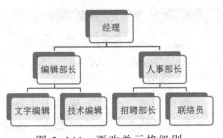

图 3-144　更改单元格级别

图 3-145　更改样式

3.5.4　插入公式

在编辑科技性的文档时，通常需要输入数理公式，其中含有许多数学符号和运算式子。Word 2010 提供编写和编辑公式的内置支持，可以满足人们日常大多数公式和数学符号的输入和编辑需要。

Word 2010 以前的版本使用 Microsoft Equation 3.0 加载项或 Math Type 加载项。在以前版本的 Word 中包含 Equation 3.0，在 Word 2010 中也可以使用此加载项。在以前版本的 Word 中不包含 Math Type，但可以购买此加载项。如果在以前版本的 Word 中编写了一个公式并希望使用 Word 2010 编辑此公式，则需要使用先前用来编写此公式的加载项。

1．插入内置公式

Word 内置了一些公式，供读者选择插入，具体操作步骤如下：

将光标置于需要插入公式的位置，单击"插入"选项卡"符号"功能区中"公式"旁边的下三角按钮，然后单击"内置"公式下拉列表罗列的所需的公式。例如，选择"二次公式"，立即可在光标处插入相应的公式，如图 3-146 所示。

$$x = \frac{-b \pm \sqrt{b^2 - 4ac}}{2a}$$

图 3-146　内置公式示例

2．插入新公式

如果系统的内置公式不能满足要求，用户可以插入自己编辑的公式来满足自己的个性化要求。

插入公式

【例 3-10】按图 3-147 的样式，创建一个数学公式。

① 决定公式输入位置：光标定位，单击"插入"选项卡"符号"功能区中"公式"旁边的下三角按钮，然后选择"内置"公式下拉列表的"插入新公式"命令，在光标处插入一个空白公式框，如图 3-148 所示。

$$A = \lim_{x \to 0} \frac{\int_0^x \cos^2 \mathrm{d}x}{x}$$

图 3-147　数学公式

在此处键入公式。

图 3-148　空白公式框

② 选中空白公式框，Word 会自动展开"公式工具-设计"选项卡，如图 3-149 所示。

③ 先输入"A="，然后选择"公式工具-设计"选项卡的"结构"功能区中的"极限和对数"按钮，在弹出的样式框中选择"极限"样式。

④ 利用光标移动键，将光标定位在 lim 下边，输入 x→0，再将光标定位在右方。

图 3-149 "公式工具-设计"选项卡

⑤ 选择"公式工具-设计"选项卡"结构"功能区中的"分数"按钮样式列表框的第一行第一列的样式，单击分母位置，输入 x，单击分子位置，选择"积分"按钮样式列表框的第一行第二列的样式。

⑥ 分别单击积分符号的下标与上标，输入 0 与 x，移动光标到右侧。

⑦ 选择"结构"功能区中的"上下标"按钮样式列表框的第一行第一列的样式，置光标在底数输入框并输入 cos，置位光标在上标位置，输入 2。

⑧ 在积分公式右侧单击，输入 dx，输入完成。最后效果图"专业型"的公式如图 3-147 所示。

3．公式框"公式选项"按钮

公式框的"公式选项"按钮提供了公式框，方便设置显示方式和对齐方式的功能。

公式框的显示方式可以通过单击公式框右下角的"公式选项"按钮选择。此时会弹出一个下拉列表，里边有"专业型""线性"或者"更改为内嵌"供用户选择，如图 3-150 所示。

公式框的对齐同样可通过"公式选项"下拉列表选择，选择"两端对齐"的级联菜单的"左对齐""右对齐""居中""整体居中"4 种对齐方式的一种即可。

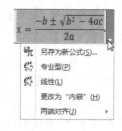

图 3-150 "公式选项"下拉列表

4．插入外部公式

在 Windows 7 操作系统中，增加了"数学输入面板"程序，利用该功能可手写公式并将之插入到 Word 文档中。插入外部公式的操作步骤如下：

① 定位光标在要输入公式的位置。

② 选择"开始"→"所有程序"→"附件"→"数学输入面板"命令，启动"数学输入面板"程序，利用鼠标手写公式。

③ 单击右下角的"输入"按钮，即可将编辑好的公式插入到 Word 文档中。

插入艺术字

3.5.5 插入艺术字

艺术字具有特殊视觉效果，可以使文档的标题变得更加生动活泼。艺术字可以像普通文字一样设置字体、大小、字形，也可以像图形那样

设置旋转、倾斜、阴影和三维效果。

1. 插入艺术字

（1）插入艺术字

在文档中插入艺术字，可按如下步骤操作：

① 单击"插入"选项卡"文本"功能区中的"艺术字"按钮，会弹出 6 行 5 列的"艺术字"列表。

② 选择一种艺术字样式后，文档中出现一个艺术字图文框。将光标定位在艺术字图文框中，输入文本即可，如图 3-151 所示。

（2）插入繁体艺术字

① 先在文档中输入简体字符。选中相应字符，选择"审阅"选项卡，单击"中文简繁转换"功能区中的"简转繁"按钮。

② 选中繁体艺术字符，单击"插入"选项卡"文本"功能区中的"艺术字"按钮，在随后出现的下拉列表中选择一种艺术字样式即可，如图 3-152 所示。

图 3-151 插入的艺术字

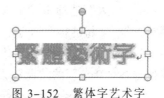
图 3-152 繁体字艺术字

2. 设置艺术字格式

在文档中输入艺术字后，用户可以对插入的艺术字进一步格式化。方法有两种：

方法 1：选中艺术字后，激活"绘制工具-格式"选项卡，按照前面所讲的设置文本框和形状及图片的操作，对艺术字进一步格式化处理，如图 3-153 所示。

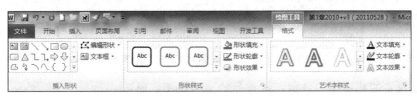
图 3-153 "绘制工具-格式"选项卡

方法 2：利用"开始"选项卡"字体"功能区上的相关命令按钮，设置诸如字体、字号、颜色等格式。

3.5.6 插入超链接

超链接是将文档中的文字或图形与其他位置的相关信息链接起来。创建了超链接后，单击文稿的超链接，就可跳转并打开相关信息。它既可跳转至当前文档或 Web 页的某个位置，亦可跳转至其他 Word 文档或 Web 页，或者其他项目中创建的文件，甚至可用超链接跳转至声音和图像等多媒体文件。

插入超链接

1. 自动创建的超链接

在文档中输入网址或电子邮箱地址，Word 2010 自动将其转换成超链接的形式。在连接网络的状态下，按住【Ctrl】键，单击其中的网络地址，可打开相应网页；单击电子邮箱地址，可打开 Outlook，收发邮件。

用户也可以将这种自动转换超链接的功能关闭。操作步骤如下：

① 通过"Word 选项"对话框，单击"校对"选项卡中的"自动更正选项"按钮。

② 在弹出的"自动更正"对话框选择"键入时自动套用格式"选项卡，取消选中"Internet 及网络路径替换为超链接"复选框。

③ 单击"确定"按钮。

2. 插入超链接

在文档中插入超链接，可按如下步骤操作：

① 选择要作为超链接显示的文本或图形对象，或把光标设置在要插入超链接的字符后面。

② 单击"插入"选项卡"链接"功能区中的"超链接"按钮，或者右击后在弹出的快捷菜单选择"超链接"命令。

③ 在弹出的"插入超链接"对话框中，选择超链接的相关对象，如图 3-154 所示。例如，本例选择"D 盘"的"课程设计报告"的文件为超链接，单击"确定"按钮。

图 3-154 "插入超链接"对话框

④ 已设置的超链接的显示：被选择的文档段变蓝色。

光标定位的超链接的文档位置：在光标处显示超链接的目标，如本例是显示"课程设计报告.docx"。

⑤ 单击超链接目标，可以马上打开显示该超链接目标，如本例打开"课程设计报告.docx"。

3. 取消超链接

要取消超链接，可按如下步骤操作：

右击要更改的超链接，在弹出的快捷菜单中选择"取消超链接"命令。

3.5.7 插入书签

Word 提供的"书签"功能主要用于标识所选文字、图形、表格或其他项目，以便以后引用或定位。下面就介绍一下书签的具体用法。

插入书签

1．添加书签

要使用书签，就必须先在文档中添加书签，可按如下步骤操作：

① 若要用书签标记某项（如文字、表格、图形等），则选择要标记的项，如选择一段文字。若要用书签标记某一位置，则单击要插入书签的位置。

② 单击"插入"选项卡"链接"功能区中的"书签"按钮。

③ 在弹出的"书签"对话框的"书签名"文本框中输入书签的名称，如图 3-155 所示。

④ 单击"添加"按钮。

图 3-155 "书签"对话框

2．显示书签

默认状态下，Word 的书签标记是隐藏起来的。如果要将文档中的书签标记显示出来，可打开"Word 选项"对话框，在"高级"选项卡中选中"显示文档内容"选项区域中的"显示书签"复选框，单击"确定"按钮即可。

设置上述选项后，默认状态下，添加的书签在文档中以书签标记，即以一对方括号形式显示出来。

3．使用书签

在文档中添加了书签后，就可以使用书签了，有两种方法可跳转到所要使用书签的位置。

方法 1：查找定位法。选择"开始"选项卡"编辑"功能区中的"查找"按钮，在弹出的下拉列表中选择"转到"命令，弹出"查找和替换"对话框，在"定位"选项卡中输入书签名，然后单击"定位"按钮即可，如图 3-156 所示。

方法 2：对话框法。打开"书签"对话框，选中需要定位的书签名称，然后单击"定位"按钮，如图 3-157 所示。

4．删除书签

若不再需要某个书签，可以将它删除，可按如下步骤操作：

① 单击"插入"选项卡"链接"功能区中的"书签"按钮。

② 在弹出的"书签"对话框中选择要删除的书签名，然后单击"删除"按钮。

图 3-156 书签定位方法一

图 3-157 书签定位方法二

3.5.8　插入图表

Word 可以插入类型多样的图表，利用"插入"选项卡"插图"功能区中的"图表"按钮可以完成图表的插入，具体内容与操作步骤将在介绍 Excel 时详细讲述，这里不再赘述。

3.6　长文档编辑

通过之前的学习，我们基本掌握了文稿的输入、编辑、格式化和各元对象的插入方式。长文稿与一般文稿的不同在于：为了便于读者的阅读，需要在长文稿中加入页码、页眉和页脚、脚注和尾注，最重要的是必须编辑目录。本节介绍文稿添加主题、添加页码、页眉和页脚、脚注和尾注、目录和索引的操作。图 3-158 所示为长文稿编辑范例。

主题、页码、页眉和页脚、脚注和尾注、目录等操作在长文稿中属于文稿编辑过程中的最后修饰，应注意保护文稿的完整性。

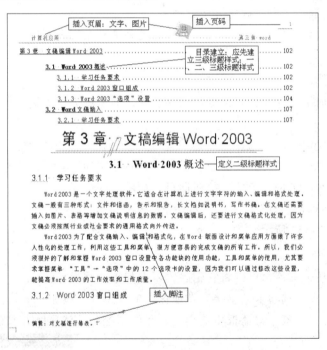

图 3-158　长文稿编辑范例

3.6.1　文档应用主题效果

文档主题是一组格式选项，包括一组主题颜色、一组主题字体（包括标题字体和正文字体）和一组主题效果（包括线条和填充效果）。应用主题可以更改整个文档的总体设计，包括颜色、字体、效果。

文档主题设置是利用"页面布局"选项卡"主题"功能区中的命令按钮进行的，如图 3-159 所示。

文档应用主题
效果

Word 2010 提供了许多内置的文档主题，用户可以直接应用系统提供的内置主题，也可以通过自定义并保存文档主题来创建自己的文档主题。

1. 应用主题

【例 3-11】请按 Word 2010 系统内置主题效果的"行云流水"设置文档"荷塘月色.docx"（见图 3-160）的文档主题格式。

图 3-159　主题设置

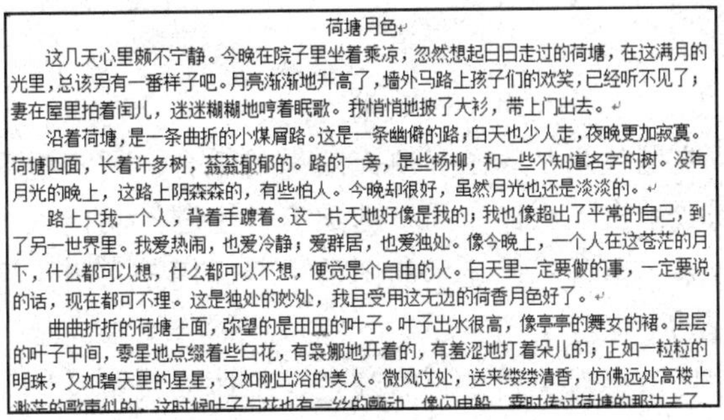

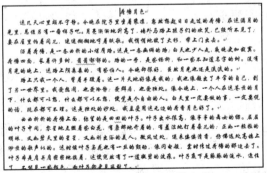

图 3-160　原始文档

① 打开原始文件"荷塘月色.docx"，单击"页面布局"选项卡"主题"功能区中的"主题"按钮。

② 在弹出的"主题"下拉列表中可以看到系统提供了 44 个内置主题，34 个来自 office.com 的模板，本例选择内置主题的"行云流水"。

这时可看到，"荷塘月色.docx"文档应用了所选主题的效果，如图 3-161 所示。

图 3-161　应用主题后的文档

2. 自定义主题

（1）自定义主题字体及颜色

【例 3-12】创建一个主题字体"淡雅"，中文标题字体为"楷体"，正文字体为"幼圆"。

① 打开"新建主题字体"对话框：单击"页面布局"选项卡"主题"功能中的"主

题字体"按钮，在弹出的下拉列表选择"新建主题字体"命令。

② 在"新建主题字体"对话框设置新的字体组合，如本例中文标题字体采用"楷体"，正文字体为"幼圆"。

③ 为新建主题字体命名：在"新建主题字体"对话框下方的"名称"文本框中输入"淡雅"。

④ 单击"保存"按钮。

此时，可发现新建的主题字体"淡雅"出现在了"主题字体"按钮下拉列表的"自定义"库中。

类似的，利用上述方法可以创建自定义主题颜色。单击"页面布局"选项卡"主题"功能区中的"主题颜色"按钮，在弹出的下拉列表中选择"新建主题颜色"命令，在弹出的"新建主题颜色"对话框对主题颜色进行设置，然后为新建的主题颜色命名即可。

（2）选择一组主题效果

主题效果是线条和填充效果的组合。用户想要选择在自己文档主题中的主题效果，只需要单击"页面布局"选项卡"主题"功能区中的"主题效果"按钮，即可在与"主题效果"名称一起显示的图形中看到用于每组主题效果的线条和填充效果。

（3）保存文档主题

可以将对文档主题的颜色、字体或线条及填充效果所做的更改保存为可应用于其他文档的自定义文档主题，具体操作步骤如下：

① 单击"页面布局"选项卡的"主题"功能区中的"主题"按钮。

② 在弹出的下拉列表中选择"保存当前主题"命令。

③ 在"文件名"文本框中为该主题输入适当的名称，单击"保存"按钮。

3.6.2 页面设置

页面设置

页面设置包括页边距、纸张、版式和文档网格等页面格式的设置。可以在输入文档之前进行页面设置，也可以在输入文档的过程中或输入文档之后进行页面设置。新建文档时，Word 对页面格式做了默认设置，用户可以根据需要随时进行更改。

1. 页边距

页边距是指页面四周的空白区域，一般理解是页面的边线到文字的距离。设置页边距包括调整上、下、左、右边距以及页眉和页脚边界的距离。操作步骤如下：

① 单击"页面布局"选项卡"页面设置"功能区中的"页边距"下拉按钮，弹出下拉列表，如图 3-162(a)所示，选择需要调整的页边距样式。

② 若下拉列表中没有所需要的样式，选择下拉列表最下面的"自定义边距"命令，或单击"页面设置"组右下角的对话框启动按钮，弹出"页面设置"对话框，如图 3-161(b)所示。

③ 在对话框中设置页面的上（默认为 2.54 厘米）、下（默认为 2.54 厘米）、左（默认为 3.17 厘米）、右（默认为 3.17 厘米）边距，纸张方向（默认为纵向），页码范围及

应用范围（默认为本节）。

④ 单击"确定"按钮，完成页边距的设置。

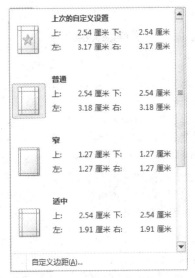

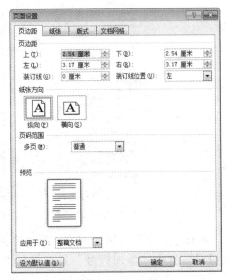

（a）"页边距"下拉列表　　　　　　　　　　（b）"页面设置"对话框

图 3-162　"页边距"下拉列表及"页面设置"对话框

2．纸张

默认情况下，Word 中的纸型是标准的 A4 纸，文字纵向排列，纸张宽度是 21 cm，高度是 29.7 cm。可以根据需要重新设置或随时修改纸张的大小和方向。操作步骤如下：

① 单击"页面布局"选项卡"页面设置"功能区中的"纸张方向"下拉按钮 ，在弹出的下拉列表中选择"纵向"或"横向"。

② 单击"页面布局"选项卡"页面设置"功能区中的"纸张大小"下拉按钮 ，弹出下拉列表，如图 3-163（a）所示，选择需要调整的纸张大小。

③ 若下拉列表中没有所需要的纸张大小，选择下拉列表最下面的"其他页面大小"命令，或单击"页面设置"组右下角的对话框启动按钮 ，弹出"页面设置"对话框，单击"纸张"选项卡，如图 3-163（b）所示。

④ 在对话框中设置纸张大小及应用范围。

⑤ 单击"确定"按钮，完成纸张大小的设置。

3．版式

版式也就是版面格式，包括节、页眉和页脚、版心和周围空白的尺寸等项目的设置，操作步骤如下：

① 单击"页面布局"选项卡"页面设置"功能区右下角的对话框启动按钮 ，弹出"页面设置"对话框，单击"版式"选项卡。

② 在该对话框中可以设置"节的起始位置""首页不同或奇偶页不同""页眉和页脚边距""对齐方式"等。

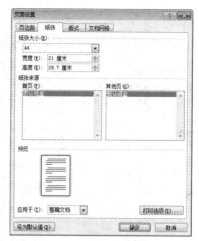

（a）"纸张"下拉列表　　　　　（b）"页面设置"对话框

图 3-163　"纸张"下拉列表及"页面设置"对话框

③ 单击"行号"按钮，弹出"行号"对话框，如图 3-164（a）所示，可以根据需要添加行号。选中"添加行号"复选框，单击"确定"按钮返回。

④ 单击"边框"按钮，弹出"边框和底纹"对话框，可以根据需要设置页面边框，单击"确定"按钮返回。

⑤ 单击"确定"按钮，完成文档版式的设置。

4．文档网格

可以实现文字排列方向、页面网格、每页行数、每行字数等项目的设置。操作步骤如下：

① 单击"页面布局"选项卡"页面设置"功能区右下角的对话框启动按钮，弹出"页面设置"对话框，单击"文档网格"选项卡。

② 根据需要，在对话框中设置文字排列方向、栏数、网格的类型、每页的行数、每行的字数、应用范围等。

③ 单击"绘图网格"按钮，弹出"绘图网格"对话框，如图 3-164（b）所示。根据需要设置文档网格格式，单击"确定"按钮返回。

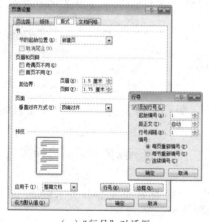
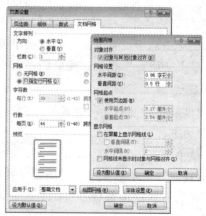

（a）"行号"对话框　　　　　（b）"绘图网格"对话框

图 3-164　"行号"对话框及"绘图网格"对话框

④ 单击"字体设置"按钮，弹出"字体"对话框，设置文档的字体格式，单击"确定"按钮返回"页面设置"对话框。

⑤ 单击"确定"按钮，完成文档网格的设置。

3.6.3 页面背景设置

页面背景是指显示于 Word 文档最底层的颜色或图案。用于丰富文档的页面显示效果，使文档更美观，增加其观赏性。页面背景包括水印、页面颜色和页面边框的设置。

页面背景设置

1. 水印

在打印一些重要文件时给文档加上水印，例如"绝密""保密""禁止复制"等字样，以强调文档的重要性，水印分为图片水印和文字水印。添加水印的操作步骤如下：

① 单击"页面布局"选项卡"页面背景"功能区中的"水印"下拉按钮，弹出下拉列表，选择需要的水印样式即可。

② 若要自定义水印，选择下拉列表中的"自定义水印"命令，弹出"水印"对话框，如图 3-165（a）所示。

③ 在该对话框中，可以根据需要设置图片水印和文字水印。图片水印是将一幅制作好了的图片作为文档水印。文字水印包括设置水印语言、文字、字体、字号、颜色、版式等格式。

④ 单击"确定"按钮，完成水印设置。如图 3-165（b）所示为插入文字水印 Adobe Photoshop 后的操作结果。

（a）"水印"对话框

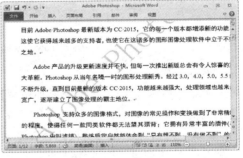

（b）操作结果

图 3-165 "水印"对话框及操作结果

文字水印在一页中仅显示为单个水印，若要在同一页中同时显示多个文字水印，可以先制作一幅含有多个文字水印的图片，然后作为图片水印的方式加入文档中。

若要修改已添加的水印，按照上面的操作方法打开"水印"对话框，在对话框中可以对现有水印的文字、字体、字号、颜色及版式进行设置，或重新添加图片水印。

若要删除水印，单击"页面布局"选项卡"页面背景"功能区中的"水印"下拉按钮，在弹出的下拉列表中选择其中的"删除水印"命令即可。

2. 页面颜色

在 Word 中，系统默认的页面颜色为白色。用户可以将页面颜色设置为其他颜色，以增强文档的显示效果。例如，将当前 Word 文档页面的填充效果设置为"雨后初晴"形式，操作步骤如下：

① 单击"页面布局"选项卡"页面背景"功能区中的"页面颜色"下拉按钮 ，弹出下拉列表，可以根据需要选择主题颜色。也可以选择"其他颜色"命令，弹出"颜色"对话框，选择所需要的颜色。

② 选择"填充效果"命令，弹出"填充效果"对话框。单击"渐变""纹理""图案"或"图片"标签，可以在打开的应选项卡中选择所需要的填充效果。其中，"渐变""纹理"和"图案"选项卡可以在对应列表中直接进行选择，"图片"选项卡可以将指定位置的图片文件作为文档背景进行添加。在"渐变"选项卡中，选择"预设"单选按钮，在"预设颜色"下拉列表框中选择"雨后初晴"，单击"确定"按钮返回。

③ 页面颜色即为指定的颜色，操作效果如图 3-166（a）所示。

也可将一个图片文件设置为文档的背景，如图 3-166（b）所示。

若要删除页面颜色，单击"页面布局"选项卡"页面背景"功能区中的"页面颜色"按钮，弹出下拉列表，选择其中的"无颜色"命令即可。

（a）页面颜色填充效果　　　　　　　（b）页面图片填充效果

图 3-166　页面颜色填充效果

3. 页面边框

可以在 Word 文档的每页四周添加指定格式的边框以增强文档的显示效果，操作步骤如下：单击"页面布局"选项卡"页面背景"功能区中的"页面边框"按钮 ，弹出"边框和底纹"对话框。在"页面边框"选项卡中设置页面边框的类型、颜色、线型等，单击"确定"按钮即可。图 3-167 所示为设置红色页面边框后的效果。

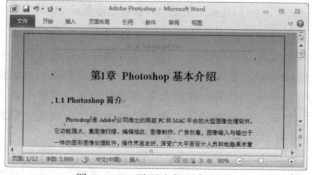

图 3-167　页面边框添加效果

若要删除页面边框，可单击"页面布局"选项卡"页面背景"功能区中的"页面边框"按钮，弹出"边框和底纹"对话框。在"页面边框"选项卡中的"设置"列表框中选择"无"，单击"确定"按钮，即可删除页面边框。

3.6.4 页码设置

页码设置

页码用来表示每页在文档中的顺序编号，在 Word 中添加的页码会随文档内容的增删而自动更新。

页码设置是在"插入"选项卡"页眉和页脚"功能区中的"页码"下拉列表中完成。

（1）插入页码

① 单击"插入"选项卡"页眉和页脚"功能区中的"页码"按钮。

② 在弹出的"页码"下拉列表中设置页码在页面的位置和"页边距"，如图 3-168 所示。

如果要更改页码的格式，则选择"页码"下拉列表中的"设置页码格式"命令，然后在弹出的"页码格式"对话框中选择页码的格式，如图 3-169 所示。

图 3-168 "页码"下拉列表

图 3-169 "页码格式"对话框

除了可以使用菜单命令将页码插入到页面中，也可以作为页眉或页脚的一部分，在页眉或页脚设置过程中添加页码。操作步骤如下：

① 进入页眉/页脚编辑状态，将光标定位在页眉的合适位置。

② 单击"页眉和页脚工具-设计"选项卡"页眉和页脚"功能区中的"页码"按钮，在弹出的下拉列表中展开"当前位置"选项，选择一种合适的页码样式即可。

当然，利用该下拉列表相关命令，还可以进一步设置页码格式。

（2）删除页码

若要删除页码，只需要单击"插入"选项卡"页眉和页脚"功能区中的"页码"按钮，在弹出的下拉列表中选择"删除页码"命令即可。

页眉与页脚

如果页码是在页眉/页脚处添加的，可双击页眉或页脚编辑区进入页眉/页脚编辑状态，选中页码所在的文本框，按【Delete】键即可。

3.6.5 页眉与页脚

页眉是指每页文档顶部的文字或图形，页脚是指每页文档的底部的文字或图形。

一本完美的书刊都会有页眉和页脚，特别是页眉上的文字，可以让读者了解当前阅读的内容是哪篇文章或哪一章节。页眉页脚通常包含公司徽标、书名、章节名、页码、日期等文字或图形。

（1）添加页眉或页脚

① 单击"插入"选项卡"页眉和页脚"功能区中的"页眉"按钮，在弹出的下拉列表中选择"编辑页眉"命令（或是任意一种内置的页眉样式）；或者直接在文档的页眉/页脚处双击。

② 这时会进入页眉/页脚编辑状态，在页眉编辑区中输入页眉的内容，同时 Word 也会增加"页眉和页脚工具–设计"选项卡，如图 3-170 所示。

图 3-170　"页眉和页脚工具–设计"选项卡

如果想输入页脚的内容，可以单击"导航"功能区中的"转至页脚"按钮，转到页脚编辑区中输入即可。

（2）首页不同的页眉页脚

对于书刊、信件或报告等文档，通常需要去掉首页的页眉。这时，可按如下步骤操作：

① 进入页眉/页脚编辑状态，选择"页眉和页脚工具–设计"选项卡。

② 选中该选项卡"选项"功能区中的"首页不同"复选框，如图 3-170 所示。

③ 按上面"添加页眉或页脚"的方法，在页眉或页脚编辑区中输入页眉或页脚。

（3）奇偶页不同的页眉或页脚

对于进行双面打印并装订的文档，有时需要在奇数页上打印书名，在偶数页上打印章节名。这时，可按如下步骤操作：

① 进入页眉/页脚编辑状态，选择"页眉和页脚工具–设计"选项卡。

② 选中该选项卡"选项"功能区中的"奇偶页不同"复选框，如图 3-170 所示。

③ 按上面添加页眉或页脚的方法，在页眉或页脚编辑区中，分别输入奇数页和偶数页的页眉或页脚内容。

（4）在页眉/页脚中添加元素

在页眉/页脚中可以添加页码，还可以添加日期和时间、添加图片。

在页眉/页脚中添加日期和时间的操作步骤如下：

① 进入页眉/页脚编辑状态，将光标定位在页眉/页脚合适的地方。

② 选择"页眉和页脚工具–设计"选项卡，单击"插入"功能区中的"日期和时间"按钮。

③ 在弹出的"日期和时间"对话框中选择一种日期和时间格式，单击"确定"按钮。

在页眉/页脚中添加图片的操作步骤如下：

① 进入页眉/页脚编辑状态，将光标定位在页眉/页脚合适的地方。

② 选择"页眉和页脚工具–设计"选项卡"插入"功能区中的"图片"按钮。

③ 在弹出的"插入图片"对话框中选择一张图片，单击"确定"按钮。

3.6.6 分隔符

有时根据排版的要求，需要在文档中人工插入分隔符，实现分页、分节及分栏。本节介绍这 3 种分隔符的使用方法。

分隔符

1．分页符

在 Word 中，编辑文档时系统会自动分页。如果要从文档中的某个指定位置开始，之后的文档内容在下一页出现，此时可通过在指定位置插入分页符进行强制分页。操作方法为：将光标定位在要分页的位置，单击"页面布局"选项卡"页面设置"功能区中的"分隔符"下拉按钮，将弹出一个下拉列表，如图 3–171（a）所示，选择其中的"分页符"命令，此时，光标后面的文档内容将自动在下一页中出现。利用其他方法也可以实现分页操作，如单击"插入"选项卡"页"功能区中的"分页"按钮，或按【Ctrl+Enter】组合键实现分页。

分页符为一行虚线，若看不见分页符，单击"开始"选项卡"段落"功能区中的"显示/隐藏编辑标记"按钮 即可显示分页符标记。若要删除分页符，单击分页符，按【Delete】键删除。

2．分节符

创建 Word 新文档时，Word 将整篇文档默认为一节，所有对文档的设置都是应用于整篇文档的。为了实现对同一篇文档中不同位置的文本进行不同的格式操作，可以将整篇文档分成多个节，根据需要为每节设置不同的文档格式。节是文档格式化的最大单位。只有在不同的节中，才可以设置不同的页眉和页脚、页边距、页面方向、纸张方向或版式等页面格式。插入分节符的操作步骤如下：

① 将光标定位在需要插入分节符的位置，单击"页面布局"选项卡"页面设置"组中的"分隔符"下拉按钮，将出现一个下拉列表，如图 3–171（a）所示。

② 在下拉列表中的"分节符"区域中选择分节符类型，选择"下一页"。其中的分节符类型如下：

- 下一页：表示分节符后的文本将从新的一页开始。
- 连续：新节与其前面一节同处于当前页中。
- 偶数页：新节中的文本显示或打印在下一偶数页上。如果该分节符已经在一个偶数页上，则其下面的奇数页为一空页，对于普通的书籍就是从左手页开始的。
- 奇数页：新节中的文本显示或打印在下一奇数页上。如果该分节符已经在一个奇数页上，则其下面的偶数页为一空页，对于普通的书籍就是从右手页开始的。

③ Word 2010 即在光标处插入一个分节符，并将分节符后面的内容自动显示在下一页中，如图 1–171（b）所示。

删除分节符的方法与文档中字符的删除方法相同。将光标定位在分节符的前面，按【Delete】键。当删除一个分节符后，分节符前后两段将合并成一段。新合并的段落格式遵循如下规则：对于文字格式，分节符前后段落中的文字格式即使合并后也保持不变，例如字体、字号、颜色等；对于段落格式，合并后的段落格式与分节符前面的段落格式一致，例如行距、段前距、段后距等；对于页面设置格式，被删除分节符前面的页面将自动应用分节符后面的页面设置，例如页边距、纸张方向、纸张大小等。

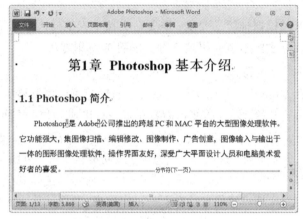

（a）分节符　　　　　　　　　　　（b）分节符操作结果

图 3-171　分节符及其操作结果

3. 分栏符

在 Word 2010 中，分栏用来实现在单页页面中以两栏或多栏方式显示文档内容，被广泛应用于报刊和杂志的排版编辑中。在分栏的外观设置上，Word 2010 具有很大的灵活性，可以控制栏数、栏宽以及栏间距，还可以很方便地设置分栏长度。分栏的操作步骤如下：

① 选中要分栏的文本，单击"页面布局"选项卡"页面设置"功能区中的"分栏"下拉按钮，在展开的下拉列表中选择一种分栏方式。

② 使用"分栏"按钮只可设置小于 4 栏的文档分栏。选择下拉列表中的"更多分栏"命令，将弹出"分栏"对话框，如图 3-172（a）所示。

③ 在对话框中，可以设置栏数、栏宽、分隔线、应用范围等。设置完成后，单击"确定"按钮完成分栏操作。如图 3-171（b）所示，将选中的文本设置为两栏形式。

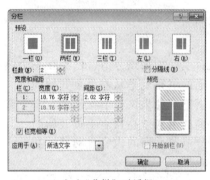
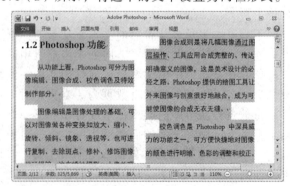

（a）"分栏"对话框　　　　　　　　　　（b）分栏结果

图 3-172　"分栏"对话框及分栏结果

3.6.7 脚注与尾注

很多学术性的文稿都需要加入脚注和尾注，这两者都是对文本的补充说明。脚注一般位于页面的底部，可以作为本页文档某处内容的注释，如术语解释或背景说明等；尾注一般位于文档的末尾，通常用来列出书籍或文章的参考文献等。

脚注和尾注均由两个关联的部分组成，包括注释引用标记和它对应的注释文本。

1. 脚注

（1）插入脚注

① 将光标移到要插入脚注的位置。

② 单击"引用"选项卡"脚注"功能区中的"插入脚注"按钮。

③ 这时立即在右上角插入一个脚注序号（通常是阿拉伯数字）上标，同时在文档相应页面下方添加一条横线，并自动在下方插入一个脚注，在此序号后面输入脚注内容，如图 3-173 所示。

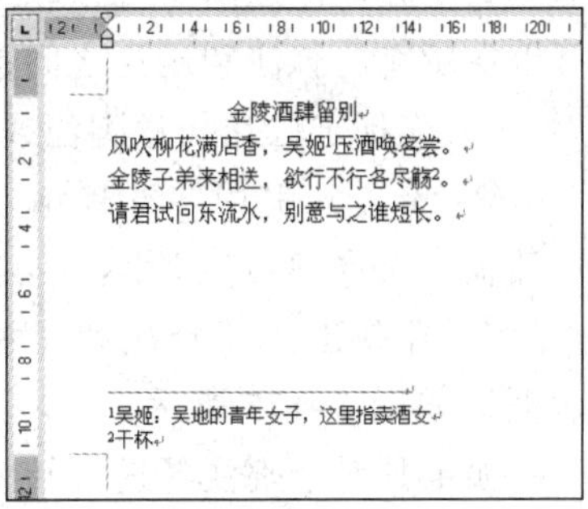

图 3-173 插入脚注的效果

（2）修改脚注

将光标定位到页面底端脚注位置，即可修改脚注内容。双击相应的脚注序号，可快速定位到页面下方的相应脚注上。

（3）删除脚注

要删除脚注，只需选择要删除的脚注的引用标记，然后按【Delete】键。

（4）移动或复制脚注

要移动或复制脚注的内容时，应对脚注引用标记进行操作，而非脚注中的文字。Word会对移动或复制后的脚注引用标记重新编号。

① 选择要移动或复制的脚注引用标记。

② 如果要移动脚注引用标记，可按住鼠标左键直接拖动到新位置；如果是复制脚注引用标记，则先按住【Ctrl】键，再按住左键拖动到新位置。

2. 尾注

尾注和脚注效果相似。只是尾注显示在文档末尾，尾注的序号通常是罗马字母；脚注一般在相应页面下方，脚注的序号通常是阿拉伯数字。

（1）插入尾注

① 将光标移到要插入尾注的位置。

② 单击"引用"选项卡的"脚注"功能区中的"插入尾注"按钮。

③ 这时立即在文档相应位置右上角插入一个尾注序号（通常是罗马字母）上标，同时在文档下方展开"尾注"任务窗格自动再插入一个尾注序号，在此序号后面输入尾注内容。

如果"尾注"任务窗格没有自动打开，可以通过单击"脚注"功能区中的"显示备注"按钮打开。

（2）修改和删除尾注

将光标移到文档末尾或者"尾注"任务窗格相应的尾注位置（双击相应的尾注序号，可快速定位到相应尾注上），即可修改尾注的内容。

选中文档中的尾注序号，按【Delete】键，即可将文档中的尾注序号及尾注内容同时删除。

当一个文档中有多个尾注时，删除其中某个尾注后，尾注的序号会自动调整。

（3）转换脚注和尾注

脚注和尾注之间是可以相互转换的，这种转换可以在一个脚注和尾注之间进行，也可以在所有的脚注和尾注之间进行。

① 光标定位在任意脚注或尾注序号处。

② 单击"引用"选项卡"脚注"功能区右下角的按钮，弹出"脚注和尾注"对话框，如图 3–174 所示。

③ 在弹出的"脚注和尾注"对话框中单击"转换"按钮，弹出"转换注释"对话框，如图 3–175 所示。

如果是对个别注释进行转换，则要将光标移动到注释文本中右击，在弹出的快捷菜单中选择"定位至尾注"或"转换为脚注"命令，如图 3–176 所示。

图 3–174 "脚注和尾注"对话框 图 3–175 "转换注释"对话框 图 3–176 转换个别注释

3.6.8 目录与索引

1. 创建目录

目录是长文稿必不可少的组成部分，由文章的章、节标题和页码组成，如图 3–177 所示。为文档创建目录，建议最好利用标题样式，先给文档的各级目录指定恰当的标题样式。

① 将文档中作为目录的内容设置为标题样式，将第一级标题"第 3 章"设置为"标题 1"样式，第二级标题"3.1""3.2"等设置为"标题 2"样式，第三级标题"3.1.1""3.1.2""3.2.1"等设置为"标题 3"样式。

② 将光标移动到要插入目录的位置，如文档的首页。

③ 单击"引用"选项卡"目录"功能区中的"目录"按钮。

图 3-177 创建目录示例

④ 在弹出的"目录"下拉列表中选择"自动目录 1"或"自动目录 2"命令，如图 3-178 所示，即可在光标处插入目录，如图 3-177 所示。

2. 自定义目录

如果觉得内容的目录样式不能满足要求，用户可以自定义目录样式。自定义目录样式的操作步骤如下：

① 将文档中作为目录的内容设置为标题样式，将第一级标题"第 3 章"设置为"标题 1"样式，第二级标题"3.1""3.2"等设置为"标题 2"样式，第三级标题"3.1.1""3.1.2""3.2.1"等设置为"标题 3"样式。

② 将光标移动到要插入目录的位置，如文档的首页。

③ 单击"引用"选项卡"目录"功能区中的"目录"按钮。

④ 在弹出的"目录"下拉列表（见图 3-178）中选择"插入目录"命令，弹出"目录"对话框，如图 3-179 所示。

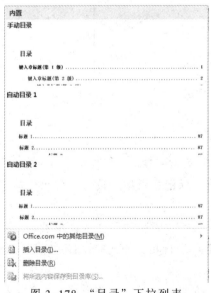

图 3-178 "目录"下拉列表

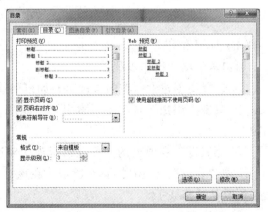

图 3-179 "目录"对话框

⑤ 设置目录的格式，如"古典""优雅""流行"等，默认是"来自模板"，还可以设置显示级别。例如，图 3-177 所示的三级目录结构，"显示级别"应该设置为 3。习惯上，还应该选中"显示页码"复选框，选择"制表符前导符"等选项。根据用户需要，可以单击"选项"按钮和"修改"按钮，分别在弹出的"目录选项"对话框（见图 3-180）和"样式"对话框（见图 3-181）修改目录的格式和样式。

⑥ 完成修改后单击"确定"按钮，即可在光标处插入一个自定义的目录。

图 3-180 "目录选项"对话框

图 3-181 "样式"对话框

3. 索引

在文档中创建索引，就是将需要标示的字词列出来，并注明它们的页码，以方便查找，如图 3-182 所示。创建索引主要包含两个步骤：一是对需要创建索引的关键字进行标记，即告诉 Word 哪些关键词参与索引的创建；二是打开"标记索引项"对话框，输入要作为索引的内容并设置好索引的相关格式。

图 3-182 创建的索引

（1）标记索引项

标记索引项的操作步骤如下：

① 选择要创建索引项的关键字，如以"春季"为索引项。

② 单击"引用"选项卡"索引"功能区中的"标记索引项"按钮，弹出"标记索引项"对话框。

③ 此时可以在弹出的"标记索引项"对话框的"主索引项"文本框中看到上面选择的字词"春季"，如图 3-183 所示，在该对话框可进行相关格式的设置（一般可以直接采用默认的格式）。

④ 单击"标记索引项"对话框中的"标记"按钮，这时，文档中被选择的关键字旁边，添加了一个索引标记："{XE "春季"}"；如果选择"标记全部"命令，即可将文档

中所有的"春季"字符标记为索引。

⑤ 如果还有其他需要创建索引项的关键字，可不关闭"标记索引项"对话框，继续在文档编辑窗口中选择关键字，直至所有关键字选择完毕。

注意：文档中显示出的索引标记，不会被打印出来。

（2）关闭索引标记

如果觉得索引标记影响文档阅读效果，可以将索引标记关闭。操作步骤如下：

单击"开始"选项卡"段落"功能区中的"显示/隐藏编辑标记"按钮 ，即可关闭索引标记；再次单击该按钮，可重新显示索引标记。

（3）创建索引目录

在文档中创建了索引项，就可以为所有的索引项创建索引目录。具体操作步骤如下：

① 将光标移到要插入索引的位置，单击"引用"选项卡"索引"功能区中的"插入索引"按钮，弹出"索引"对话框，如图 3-184 所示。

② 在"索引"选项卡中，可设置"格式""类型"或"栏数"等，然后单击"确定"按钮。

图 3-183 "标记索引项"对话框

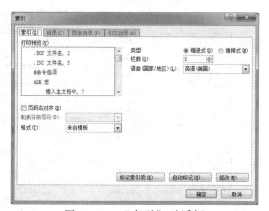

图 3-184 "索引"对话框

3.6.9 修订与批注

1. 修订

启用修订功能时，用户的每一次插入、删除或格式更改都会在文档中被标记出来，用户在查看修订时可以选择接受或拒绝更改。

【例 3-13】打开已存在的文档 "范文.docx"，当对文档进行删除时显示修订内容提示。

① 打开文档"范文.docx"，选择"审阅"→"修订"→"修订"命令，选定要删除的内容，按【Delete】键，如图 3-185 所示。

② 在有删除线的文本上右击，在弹出的快捷菜单中选择"接受删除"命令，即可将选中的内容删除，如图 3-186 所示。

修订与批注

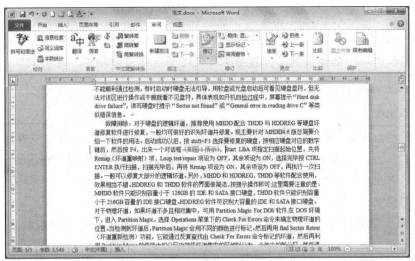

图 3-185　在修订状态下删除内容

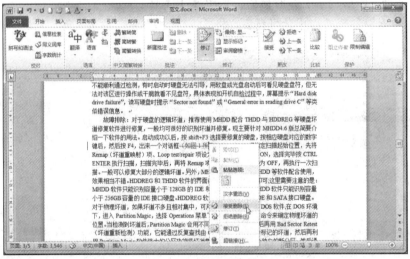

图 3-186　接受删除修订

注意：

如果已启用修订功能，选择"审阅"→"修订"→"修订"命令则可关闭修订功能。

2．批注

用户在修改他人的文档时，如果需要在文档中加上自己的修改意见，但又不希望影响原有文章的排版时，可以选择插入批注。

【**例 3-14**】打开已存在的文档"范文.docx"，给文档的修改加上批注信息。

① 打开文档"范文.docx"，选定加批注的内容，单击"审阅"→"批注"→"新建批注"按钮，在弹出的批注框中输入批注内容，如图 3-187 所示。

② 如果用户看完批注建议并需要删除该批注时，可以右击批注文本框，在弹出的快捷菜单中选择"删除批注"命令，即可把选中的批注删除，如图 3-188 所示。

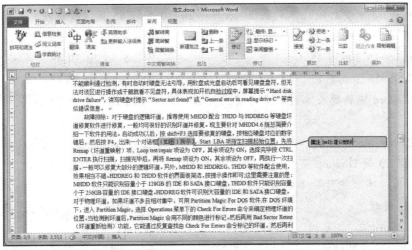

图 3-187 添加批注

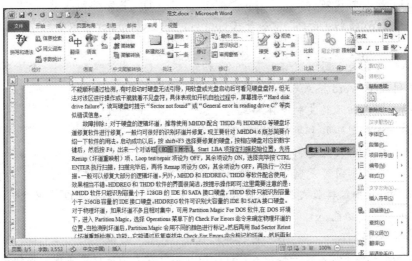

图 3-188 删除批注

一、单项选择题

1. 在 Word 2010 中，默认保存后的文档格式扩展名为（　　　）。

    A. *.dos   B. *.docx   C. *.rtf   D. *.txt

2. 在 Word 文档编辑中，使用"格式刷"不能实现的操作是（　　　）。

    A. 复制页面设置   B. 复制段落格式

    C. 复制文本格式   D. 复制项目符号

3. 在 Word 中，使用"查找/替换"功能不能实现（　　　）。

    A. 删除文本   B. 更正文本

    C. 更正指定文本的格式   D. 更改图片格式

4. 在 Word 中要打印文本的第 5~15 页、20~30 页和 45 页，应该在"打印"对话框的"页码范围"框内输入（   ）。

    A. 5~15,20~30,45   B. 5-15,20-30,45

    C. 5~15:20~30:45   D. 5-15:20-30:45

5. 在 Word 中编辑文本时，快速将光标移动到文本行首或文件行尾，使用的操作是（   ）。

    A. Home 或 End   B. ^ Home 或^End

    C. Up 或 Down   D. ^Up 或^Down

6. 使用"字数统计"不能得到（   ）。

    A. 页数   B. 节数   C. 行数   D. 段落数

7. 在 Word 中，"剪切"是将选定的内容（   ）。

    A. 移入剪贴板   B. 复制到剪贴板

    C. 移入回收站   D. 复制到回收站

8. 在利用 Word 的"查找"命令查找 com 时，要使 computer 不被查到，应选中（   ）复选框。

    A. 区分大小写 B. 区分全/半角 C. 模式匹配 D. 全字匹配

9. 下列有关 Word 格式刷的叙述中，（   ）是正确的。

    A. 格式刷只能复制字体格式

    B. 格式刷可用于复制纯文本的内容

    C. 格式刷只能复制段落格式

    D. 格式刷同时复制字体和段落格式

10. 在 Word 中编辑长文档时，要迅速将光标定位到 83 页，可以使用"查找和替换"对话框的（   ）功能。

    A. 替换   B. 查找和定位   C. 定位   D. 查找

11. Word 文档中插入了一幅图片，对此图片不能在文档窗口中实现的操作是（   ）。

    A. 改变图片大小   B. 移动位置

    C. 设置图片动画   D. 改变图片叠放次序

12. 下列有关打开 Word 文档窗口的说法，正确的是（   ）。

    A. 只能打开一个文档窗口

    B. 可以同时打开多个文档窗口，但其中只有一个是活动窗口

    C. 可以同时打开多个文档窗口,被打开的窗口都是活动窗口

    D. 可以同时打开多个文档窗口,但屏幕上只能见到一个文档的窗口

13. 关于 Word 分栏功能，下列说法正确的是（   ）。

    A. 最多可分两栏   B. 各栏的宽度必须相同

    C. 各栏的宽度可以不同   D. 各栏间的距离是固定的

14. 在 Word 表格单元格中插入的内容，（   ）。

    A. 只能是文字或符号   B. 只能是文字

    C. 只能是图像   D. 可以是文字、符号、图像

二、操作题

1. 输入如下文字，按要求进行相应操作。

　　曲曲折折的荷塘上面，弥望的是田田的叶子。叶子出水很高，像亭亭的舞女的裙。层层的叶子中间，零星地点缀着些白花，有袅娜地开着的，有羞涩地打着朵儿的；正如一粒粒的明珠，又如碧天里的星星，又如刚出浴的美人。微风过处，送来缕缕清香，仿佛远处高楼上渺茫的歌声似的。这时候叶子与花也有一丝的颤动，像闪电般，霎时传过荷塘的那边去了。叶子本是肩并肩密密地挨着，这便宛然有了一道凝碧的波痕。叶子底下是脉脉的流水，遮住了，不能见一些颜色；而叶子却更见风致了。

　　月光如流水一般，静静地泻在这一片叶子和花上。薄薄的青雾浮起在荷塘里。叶子和花仿佛在牛乳中洗过一样；又像笼着轻纱的梦。虽然是满月，天上却有一层淡淡的云，所以不能朗照；但我以为这恰是到了好处——酣眠固不可少，小睡也别有风味的。月光是隔了树照过来的，高处丛生的灌木，落下参差的斑驳的黑影，峭楞楞如鬼一般；弯弯的杨柳的稀疏的倩影，却又像是画在荷叶上。塘中的月色并不均匀；但光与影有着和谐的旋律，如梵婀玲上奏着的名曲。

　　荷塘的四面，远远近近，高高低低都是树，而杨柳最多。这些树将一片荷塘重重围住；只在小路一旁，漏着几段空隙，像是特为月光留下的。树色一例是阴阴的，乍看像一团烟雾；但杨柳的丰姿，便在烟雾里也辨得出。树梢上隐隐约约的是一带远山，只有些大意罢了。树缝里也漏着一两点路灯光，没精打采的，是渴睡人的眼。这时候最热闹的，要数树上的蝉声与水里的蛙声；但热闹是它们的，我什么也没有。

　　……

　　于是又记起《西洲曲》里的句子：

　　采莲南塘秋，莲花过人头；低头弄莲子，莲子清如水。

　　（1）设置文章标题"朱自清《荷塘月色》选段"字体为"黑体"，字号为"三号"，字形为"加粗"，字体颜色为"蓝色"，对齐方式为"居中"。

　　（2）设置正文所有段落文字字体为"仿宋_GB2312"，字号为"小四"，行距为"1.5倍"，所有段落首行缩进"24磅"。

　　（3）设置正文第1段"曲曲折折的荷……却更见风致了。"首字下沉，行数为"2行"，首字字体为"黑体"。

　　（4）设置正文第2段"月光如流水一般……奏着的名曲。分2栏，预设为"偏左"，加分隔线。

　　（5）将正文最后四句诗加竖排文本框，并将该文本框以四周型环绕方式插入正文第1段中，设置该文本框填充色为"橙色"，线条粗细为"1磅"，颜色为"绿色"。

　　（6）插入任意一副图片至正文第三段，高度为"102磅"，并锁定纵横比，环绕方式为"四周型"。

　　（7）为正文第三段"树缝里……我什么也没有。"加上实线边框，颜色为"蓝色"，底纹填充颜色为"浅蓝色"，应用于文字。

2. 制作一份"员工考勤表"，如图 3-189 所示。

考　勤　表
2019 年 6 月份

单位名称：　　　　　　部门名称：　　　　　　　　　　　　填表日期：2019 年 7 月 2 日

姓 名	1	2	3	4	5	6	7	8	9	10	11	12	13	14	15	16	17	18	19	20	21	22	23	24	25	26	27	28	29	30	31
张晓宏																															
杨春雨																															
王保康																															
张 惠																															
王 萍																															
吴凡姐																															
王红云																															
叶凯丰																															
许 伟																															
马晓娟																															
付建英																															
刘晓娜																															
赵翠香																															
王云峰																															
李晓萍																															

填表说明：

记号说明如下：出勤√，病假○，事假△，旷工×，迟到早退＃，婚假＋，丧假－，产假◇，探亲假□，加班⊙，特殊情况用文字注明。

分管领导：_____　　　部门负责人：_____　　　考勤员：_____

图 3-189　考勤表示例

第 4 章 ▶

≫ 电子表格处理软件 Excel 2010

电子表格处理主要用来解决人们在日常工作和生活中遇到的各种数据处理问题。例如，销售人员进行销售统计；会计人员对工资、报表进行分析；教师记录计算学生成绩；科研人员分析实验结果等。电子表格处理需要借助电子表格处理软件来实现。电子表格处理软件不仅具有强大的数据组织、计算、统计和分析功能，还可以通过图表、图形等多种形式形象地显示处理结果。Excel 是 Microsoft 公司开发的 Office 办公软件中的核心组件之一，是当今市面上比较主流的电子表格处理软件工具，其功能强大，被广泛应用于财务、行政、人事、金融及统计等诸多领域，帮助人们对数据进行分析和管理。

本章将向读者介绍如何使用 Excel 创建并处理电子表格。

学习目标：

- 了解和掌握 Excel 2010 的基础知识与基本操作；
- 掌握工作表的创建、编辑及格式化操作；
- 掌握函数和公式的应用；
- 掌握利用函数和工作表的数据进行分析、统计和应用；
- 掌握图表处理。

4.1 Excel 2010 基础

Excel 作为一款强大而高效的表格处理软件，用户如果需要高效发挥其各项功能，离不开扎实的基本功。在本节主要帮助读者掌握其基本功能，为后续的学习提供基础保障。

> Excel 窗口简介

4.1.1 Excel 2010 的用户界面

启动 Excel 后，其操作界面如图 4-1 所示。Excel 的窗口主要包括快速访问工具栏、标题、窗口控制按钮、选项卡、功能区、名称框、编辑栏、工作区、行号、列标等。

1. 标题

标题用于标识当前窗口程序或文档窗口所属程序或文档的名字，如"工作簿 1–Microsoft Excel"。此处"工作簿 1"是当前工作簿的名称，"Microsoft Excel"是应用程序的名称。如果同时又创建了另一个新的工作簿，Excel 自动将其命名为"工作簿 2"，依此类推。在其中输入了信息后需要保存工作簿时，用户可以另取一个与表格内容相关的更直观的名字。

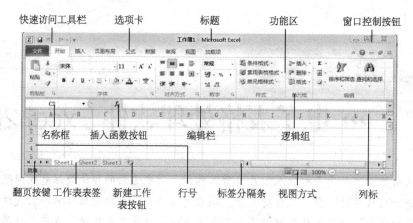

图 4-1　Excel 的工作界面

2．选项卡

选项卡包括"文件""开始""插入""页面布局""公式""数据""审阅""视图""加载项"等。用户可以根据需要单击选项卡进行切换，不同的选项卡对应不同的功能区。

3．功能区

每一个选项卡都对应一个功能区。功能区命令按逻辑组的形式组织，旨在帮助用户快速找到完成某一任务所需的命令。为了使屏幕更为整洁，可以使用控制工具栏下的 ∧ 按钮打开/关闭功能区。

4．快速访问工具栏

快速访问工具栏 位于窗口的左上角（用户也可以将其放在功能区的下方），通常放置一些最常用的命令按钮。用户可单击自定义工具栏右边的 ▼ 按钮，根据需要删除或添加常用命令按钮。

5．名称框

名称框用于显示（或定义）活动单元格或区域的地址（或名称）。单击名称框旁边的下拉按钮可弹出一个下拉列表框，列出所有已自定义的名称。

6．编辑栏

编辑栏用于显示当前活动单元格中的数据或公式。可在编辑栏中输入、删除或修改单元格的内容。编辑栏中显示的内容与当前活动单元格的内容相同。

7．工作区

在编辑栏下面是 Excel 的工作区。在工作区窗口中，列号和行号分别标在窗口的上方和左边。列号用英文字母 A ~ Z，AA ~ AZ，BA ~ BZ，…，XFD 命名，共 16 348 列；行号用数字 1 ~ 1 048 576 标识，共 1 048 576 行。行号和列号的交叉处就是一个表格单元（简称单元格），用来存储数据。每个工作表包括 16 384×1 048 576 个单元格。

8．工作表标签

工作表的名称（或标题）出现在屏幕底部的工作表标签上。默认情况下，名称是 Sheet1、Sheet2 等，但是用户可以为任何工作表指定一个更恰当的名称。

4.1.2 Excel 2010 工作簿与工作表

1．工作簿

工作簿是 Excel 文件，其扩展名为".xlsx"，由一到多张工作表组成，默认为 3 张工作表。在 Excel 2010 中文版软件中，默认的工作簿名称为"工作簿 1"，里面包含默认的 3 个工作表，分别为 Sheet1、Sheet2 和 Sheet3，用户可以根据需要增减或者重命名工作表。

2．工作表

工作簿由工作表组成，而工作表由单元格构成。打开工作表后，用户不管是输入数据还是插入公式，都是在单元格中进行操作的。单元格是工作表最小组成单位，通过行号和列标来进行标识，称为单元格的地址。例如，地址 B3 表示的是第 3 行、第 2 列的单元格。如前所述，每张工作表有 16 384 列和 1 048 576 行，共有 16 384×1 048 576 个单元格。

默认的列标以英文字母"A、B、C……"命名，行号则以数字"1、2、3……"命名。有时候为了统计数据的需要，可以通过勾选"文件"→"选项"→"公式"中的"R1C1引用样式"复选框将列标转换成数字，如图 4-2 所示。如果需要还原到列标是字母的样式，取消选择"R1C1引用样式"复选框，单击"确定"按钮即可。

大部分关于工作表的基本操作都能在工作表标签的右键菜单中找到，如对工作表的插入、删除、重命名、移动或复制等。有时在工作表较多，需要用颜色加以区分的时候，可以选择设置工作表标签颜色，如图 4-3 所示。

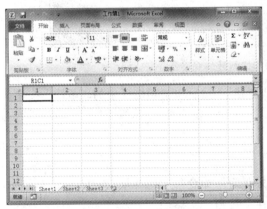 

图 4-2　列名更改为数字　　　　图 4-3　工作表标签的右键菜单

在对工作表的操作中，Excel 还允许同时对一组工作表进行相同的操作，如输入数据、修改格式等。同时对多张工作表进行操作为快速处理结构和基础数据相同或类似的同组表格提供了较大的便捷性。

4.1.3 Excel 2010 基本操作

作为 Office 套件之一，Excel 和 Word 一样也是可以通过【Alt】键调用功能区中的功能按钮和控件，按层级关系依次进入"选项卡"→"功能区"→"按钮"或"弹出式菜单"→"子菜单"，逐级显示快捷键。

1. 新建

创建新的 Excel 文件方法有以下几种：

方法一：启动 Excel 软件，程序会自动创建一个新的 Excel 文件。

方法二：单击"文件"→"新建"命令，可以选择利用模板创建新文件，也可以选择"空白工作簿"，再单击"创建"按钮，如图 4-4 所示。

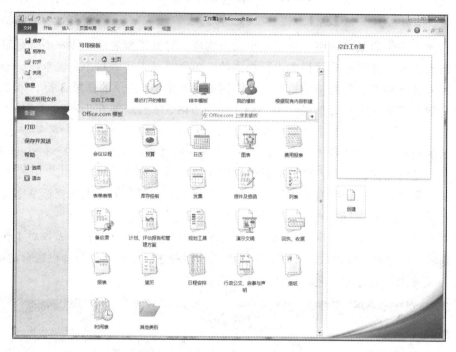

图 4-4　Excel 2010"新建"命令

方法三：自定义快速访问工具栏中选择"新建"，然后单击功能区中的"新建"按钮。

方法四：按【Ctrl+N】组合键。

2. 保存

Excel 文件的保存方法有以下几种：

方法一：选择"文件"→"保存"或"另存为"命令。

方法二：单击快捷访问工具栏中的"保存"按钮。

方法三：按【Ctrl+S】组合键。

3. 关闭

关闭 Excel 文件的方法有以下几种：

方法一：选择"文件"→"关闭"命令。

方法二：单击功能区右上角的"关闭"按钮。

方法三：单击功能区左上角的 Excel 图标，在弹出的快捷菜单中选择"关闭"命令。

方法四：按【Ctrl+W】组合键。

方法五：按【Alt+F4】组合键。

其中，方法四中的快捷键关闭的是当前文件并没有退出 Excel 软件，而方法五的快捷键关闭的则是 Excel 软件。

4.1.4 管理工作表

1. 工作簿的操作

工作簿的创建、打开、保存、关闭等操作与 Word 类似，不再赘述。在此仅对用模板创建工作表做简单介绍。

默认情况下创建的工作簿都是基于空白的模板。除此之外，Excel 还提供了大量的、固定的、专业性很强的表格模板，例如：规划工具、会议议程、库存控制等。这些模板对数字、字体、对齐方式、边框、图案和行高与列宽做了固定的搭配。用户使用模板可以轻松设计出引人注目的、具有专业功能和外观的、有趣的表格。

选择"文件"→"新建"命令，在弹出的窗口中可看到"可用模板"和"Office.com 模板"两大部分，如图 4-5 所示。双击"可用模板"中的"样本模板"可以看到本机上可用的模板。"Office.com 模板"是放在指定服务器上的资源，用户必须联网才能使用这些功能。

图 4-5　Excel 模板

2. 工作表的操作

（1）插入新工作表

插入新工作表最快捷的方法是在现有工作表的末尾单击屏幕底部的"插入工作表" |◄ ◄ ►| Sheet1 Sheet2 Sheet3 ⊘ 按钮。

（2）移动或复制工作表

移动工作表最快捷的方式：选中要移动的工作表，然后将其拖动到想要的位置。

工作表的操作

复制工作表，选中需要复制的一个或多个工作表，右击。在弹出的快捷菜单中选"移动或复制工作表"命令，弹出如图 4-6 所示的对话框，按图示操作即可。

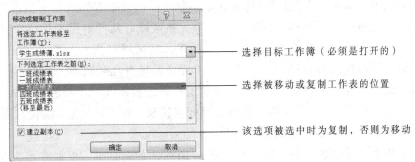

图 4-6　移动或复制工作表

（3）删除工作表

选中要删除的一个或多个工作表，右击，在弹出的快捷菜单中选"删除"命令。

（4）重命名工作表

选中要重命名的工作表，右击，在弹出的快捷菜单中选"重命名"命令；或者双击工作表标签，均可对工作表表标进行重命名。

（5）改变工作表标签颜色

选中要改变标签颜色的工作表，右击，在弹出的快捷菜单中选"工作表标签颜色"命令。

（6）更改新工作簿中的默认工作表数

选择"文件"→"选项"命令，然后在"常规"类别中的"新建工作簿时"下的"包含的工作表数"框中，输入新建工作簿时默认情况下包含的工作表数。默认新建工作表数最少为1，最多为255。

3. 单元格及单元格区域的操作

（1）选中单元格或单元格区域

① 选中单个单元格。将鼠标指针指向要选中的单元格，然后单击即可选中该单元格。

② 选中连续的单元格区域。选中单元格区域左上角，拖动鼠标指针直到要选区域的右下角，然后释放鼠标。或者单击待选中区域左上角的单元格，按住【Shift】键不放再单击待选中区域右下角的单元格。

③ 选中整行或整列。将鼠标指针指向要选中的行号（或列标），当鼠标指针变为黑色箭头时单击即可。

④ 选中不连续的单元格区域。按住【Ctrl】键不放，依次拖动鼠标选中需要的单元格区域即可。

（2）单元格（或单元格区域）的插入与删除

① 插入操作：选中单元格或单元格区域作为活动单元格，在"单元格"功能区单击 "插入"按钮弹出如图4-7所示的下拉列表。

- 如果选中"插入单元格"，会弹出如图4-8所示的对话框，根据需要选择"活动单元格右移"或"活动单元格下移"，单击"确定"按钮。

- 如果选中"插入工作表行"，将会在活动单元格区域上方插入若干空白行，活动单元格区域所在的行下移。选定的活动单元格区域有几行则插入几行。

- 如果选中"插入工作表列"，将会在活动单元格区域左侧插入若干空白列，活动单元格区域所在的列右移。选定的活动单元格区域有几列则插入几列。

- 如果选中"插入工作表"，将会在当前工作表之前插入一个新的工作表。

② 删除操作：选中要删除的单元格或单元格区域，在"单元格"功能区单击 "删除"按钮，弹出如图4-9所示的下拉列表。

- 如果选中"删除单元格"会弹出如图4-10所示的对话框，根据需要选择"右侧单元格左移"或"下方单元格上移"，单击"确定"按钮。

- 如果选中"删除工作表行",将会删除活动单元格区域所在的行,原来活动单元格区域下面的行上移。
- 如果选中"删除工作表列",将会删除活动单元格区域所在的列,原来活动单元格区域右面的列左移。
- 如果选中"删除工作表",将会删除活动单元格区域所在的工作表。

图 4-7 "插入"下拉列表　　　图 4-8 "插入"对话框　　　图 4-9 "删除"下拉列表

（3）清除

清除操作会清除单元格中的全部或部分信息,单元格本身依旧保留。操作方法:单击"编辑"功能区的橡皮擦按钮 ，弹出如图 4-11 所示的下拉列表,根据需要进行选择即可。

图 4-10 "删除"对话框　　　　　　图 4-11 "清除"下拉列表

（4）查找与替换

单击编辑功能区的查找 按钮可对工作表进行查找、替换、定位等操作,操作方法与 Word 类似,在此不再赘述。

4. 工作表的保护和共享

与其他用户共享工作簿时,可能需要保护工作簿或特定工作表,或工作表中的特定单元格数据,或工作表的结构,以防其他用户对其进行更改。还可以指定一个密码,用户必须输入该密码才能修改受保护的特定工作表和工作簿元素。操作方法为单击"审阅"选项卡,在"更改"功能区可通过各种按钮进行相关操作,如图 4-12 所示。

图 4-12 共享与保护

（1）保护工作簿的结构和窗口

单击图 4-12 中的"保护工作簿" 按钮,弹出如图 4-13 所示的对话框,可以锁定工作簿的结构,以禁止其他用户添加或删除工作表,或显示隐藏的工作表。同时,还可禁止其他用户更改工作表窗口的大小或位置。工作簿结构和窗口的保护可应用于整个工作簿中的所有工作表。

（2）保护工作表

单击图 4-12 中的"保护工作表" 按钮，弹出如图 4-14 所示的对话框。在该对话框中可以设置"允许此工作表的所有用户进行"列表中，选择希望用户能够更改的操作。

图 4-13 "保护结构和窗口"对话框

图 4-14 "保护工作表"对话框

（3）保护单元格或单元格区域

默认情况下，保护工作表时，该工作表中的所有单元格都会被锁定和隐藏，用户不能对锁定的单元格进行任何更改。例如，用户不能在锁定的单元格中插入、修改、删除数据或者设置数据格式。但是，在很多情况下用户并不希望保护所有的区域。

设置不受保护的区域（即用户可以更改的区域）：

① 选中要解除锁定（或隐藏）的单元格或单元格区域。

② 在"开始"选项卡的"单元格"功能区中，单击 "格式"命令按钮，然后单击弹出菜单最下端的"设置单元格格式"。

③ 在"保护"选项卡上，根据需要选择清除"锁定"复选框或"隐藏"复选框，然后单击"确定"按钮。

④ 在"审阅"选项卡的"更改"功能区中单击"保护工作表"。

设置不受保护区域也可以通过单击"允许用户编辑区域"按钮 ，选择用户能够更改的元素。

设置受保护的区域（即用户不可以更改的区域）

① 选中整张工作表中的所有单元格。

② 在"开始"选项卡的"单元格"功能区中单击"格式"按钮，选择"设置单元格格式"命令。

③单击"保护"选项卡，根据需要选择清除"锁定"复选框或"隐藏"复选框，然后单击"确定"按钮，则此状态下该工作表中所有的单元格都处于未被保护的状态。

④ 选中需要保护的单元格区域，例如 A3:D5。

⑤ 再次单击"保护"选项卡，根据需要选中"锁定"复选框或"隐藏"复选框，然后单击"确定"按钮，则该工作表中仅 A3:D5 单元格区域处于被保护的状态。

⑥ 在"审阅"选项卡的"更改"功能区中单击"保护工作表"按钮。

以上无论是对工作簿、工作表还是对单元格区域的操作均可以选择添加一个密码，使用该密码可以编辑解除锁定的元素。在这种情况下，此密码仅用于允许特定用户进行访问，并同时帮助禁止其他用户进行更改。

4.2 输入与编辑数据

要用 Excel 2010 进行数据的统计和分析，首先要创建一个二维表格。二维表格可以称为数据库中的关系型数据库。因此，一定要根据自己工作的目标对数据进行统计或分析，选定要进行统计的各个项目，并冠以名字，在数据库中称为"字段"，在二维表格中是"列名称"。把参加统计的各元素，在同一行的所有单元格，称为"记录"。

以设计一个公司的工资表为例（见图 4-15），以一个公司的工资作为统计对象。统计的项目是根据入职时间求工龄，再由工龄求出职务补贴（这里没有将职务补贴计入案例），从应发工资求出实发工资数。实发工资是应发工资减去预扣基金。公司人事部门要利用这个工资表统计实发工资的总数、每人实发工资、部门和公司的平均工资等数据。

序号	姓名	部门	入职时间	工龄	应发工资	预扣基金	实发工资
			工资表				
51003	关汉瑜	办公室	2004/6/21	10	3520	280	3240
51006	林淑仪	办公室	2000/3/4	14	4790	400	4390
51007	区俊杰	办公室	2007/6/1	7	2470	350	2120
51010	朋小林	办公室	2002/6/5	12	4680	400	4280
51001	艾小群	工程部	2008/1/10	6	3450	320	3130
51002	陈美华	工程部	2001/2/6	13	5700	460	5240
51004	梅颂军	工程部	1987/7/9	27	6900	600	6300
51008	王玉强	工程部	1998/9/6	16	4700	200	4500
51005	蔡雪敏	技术部	2002/4/12	12	5680	500	5180
51009	黄在左	技术部	1982/12/1	32	7200	300	6900

图 4-15 工资表的输入和统计

使用 Excel 工作表的目的是要利用工作表进行数据的统计和分析。所以，在统计和分析之前，必须创建一个以统计或分析为目标的工作表格。操作步骤如下：

① 根据工作目标要求，创建二维表格。尤其对目标统计或分析的项目，要创建完整的列字段名称。

② 对表格内的数据进行统计或分析。

③ 若需要，在表格中增加图表，以增加直观性和说明的力度。

④ 工作表格格式化，增加工作表的视觉效果。

工作表的数据主要有字符和数字。为了完成对工作表内的数据进行统计或分析，有必要在某些单元格中输入公式或函数对有关数据进行运算。公式和函数运算的结果同样是以数字或字符的形式在单元格中显示的。

为了能取得正确的统计和分析结果，在创建工作表时必须按 Excel 的规定输入字符、数字、公式和函数。也可以利用 Excel 中提供的工具快速有效和准确地输入数据，最后对表格进行格式化。

4.2.1 输入数据

1. 文本输入

Excel 2010 中的文本通常是指字符或者是任何数字和字符的组合。任何输入到单元格内的字符集，只要不被系统识别成数字、公式、日期、时间、逻辑值，则 Excel 一律将其视为文本。在 Excel 中输入文本时，默认的对齐方式是单元格内靠左对齐。在一个单元格内最多可以存放 32 767 个字符。

对于全部由数字组成的字符串，如邮政编码、身份证号码、电话号码等这类字符串，为了避免被 Excel 认为是数值型数据，Excel 2010 提供了在这些输入项前添加 "'"（英文的单引号）的方法，来区分 "数字字符串" 而非 "数值" 数据。例如，要在 "B5" 单元格中输入非数字的电话号 "02088886666"，则可在输入框中输入 "'02088886666"。

2. 数字输入

当创建新的工作表时，所有单元格都采用默认的通用数字格式。通用格式一般采用整数（无千位分隔符）、小数（二位，如 7.89）、负数格式，而当数字的长度超过单元格的宽度时，Excel 将自动使用科学计数法来表示输入的数字。

在 Excel 中，输入单元格中的数字按常量处理。输入数字时，自动将它沿单元格右对齐。有效数字包含 0~9、+、-、( )、/、$、%、.、E、e 等字符。输入数据时可参照以下规则：

① 可以在数字中包括逗号，以分隔千分位。

② 输入负数时，在数字前加一个负号（-），或者将数字置于括号内。例如，输入 "-20" 和 "(20)" 都可在单元格中得到-20。

③ Excel 忽略数字前面的正号（+）。

④ 输入分数（如 2/3）时，应先输入 "0" 及一个空格，然后输入 "2/3"。如果不输入 "0"，Excel 会把该数据作为日期处理，认为输入的是 "2 月 3 日"。

⑤ 当输入一个较长的数字时，在单元格中显示为科学计数法（如 2.56E + 09），意味着该单元格的列宽大小不能显示整个数字，但实际数字仍然存在。

Excel 还提供了不同的数字格式。例如，可以将数字格式设置为带有货币符号的形式、多个小数位数、百分数或者科学计数法等。用户可以使用多种方法对数字格式进行格式化，但改变数字格式并不影响计算中使用的实际单元格数值。

（1）使用 "开始" 选项卡 "数字" 功能区按钮快速格式化数字 "格式"

"数字" 功能区提供了 5 个快速格式化数字的按钮 $ 、% 、, 、.00 .00，分别是："货币样式" "百分比样式" "千位分隔样式" "增加小数位数" 和 "减少小数位数"。首先选择需要格式化的单元格或区域，然后单击相应的按钮即可。

① 使用货币样式。单击 "货币样式" 按钮，可以在数字前面插入货币符号（¥），并且保留两位小数。当然，用户可以选择 Windows "控制面板" 窗口中的 "区域设置" 选项来改变货币符号的位置和小数点的位数等。

注意：如果其中的数字被改为数字符号（#），则表明当前的数字超过了列宽。只要改变单元格的列宽，即可显示相应的数字格式。

② 使用百分比样式。单击 "百分比样式" 按钮 "%"，可以把选择区域的数字乘以 100，在该数字的末尾加上百分号。例如，单击该百分比按钮可以把数字 "12345" 格式为 "1234500%"。

③ 使用千位分隔样式。单击"千位分隔样式"，按钮","可以把选择区域中数字从小数点向左每三位整数之间用千分号分隔。例如，单击该千位分隔符按钮可以把数字"12345.08"格式为"12,345.08"。

④ 增加小数位数。单击"增加小数位数"按钮，可以使选择区域的数字增加一位小数。例如，单击方该按钮可以把数字"12345.01"格式为"12345.010"。

⑤ 减少小数位数。单击"减少小数位数"按钮，可以使选择区域的数字减少一位小数。例如，单击该按钮可以把数字"12345.08"格式为"12345.1"。

（2）使用"设置单元格格式"对话框设置数字格式

使用"数字"功能区的工具按钮可以对数字进行快捷、简单的格式化，还可以使用快捷菜单或"数字"功能区右下角的 按钮打开"设置单元格格式"对话框，在"数字"选项卡中对数字进行更加完善的格式化。表 4-1 所示为 Excel 的数字格式分类。

表 4-1　Excel 的数字格式分类

分　类	说　明
常规	不包含特定的数字格式
数值	可用于一般数字的表示，包括千分分隔符、小数位数，还可以指定负数的显示方式
货币	可用于一般货币值的表示，包括使用货币符号￥、小数位数、还可以指定负数的显示方式
会计专用	与货币一样，只是小数或货币符号是对齐的
日期	把日期和时间序列数值显示为日期值
时间	把日期和时间序列数值显示为时间值
百分比	将单元格值乘以 100 并添加百分号，还可以设置小数点位置
分数	以分数显示数值中的小数，还可以设置分母的位数
科学计数	以科学计数法显示数字，还可以设置小数点位置
文本	在文本单元格格式中，数字作为文本处理
特殊	用来在列表或数据中显示邮政编码、电话号码、中文大写数字、中文小写数字
自定义	用于创建自定义的数字格式

4.2.2　自动填充

对于一些相同的或者有规律可循的数据，可以通过自动填充数据来达到快速输入的目的。在 Excel 中，可以通过以下方法自动填充数据：

自动填充

方法一：利用填充柄。

所谓填充柄，指的是活动单元格右下角的黑色小方块。拖动填充柄即可在后续的单元格中完成填充，如图 4-16 所示。默认情况下，数据序列以等差序列的方式进行填充。

方法二：利用对话框。

在"开始"→"编辑"功能区，选择"填充"→"系列"命令，在弹出的"序列"对话框中设置系列产生的位置、填充类型、步长值等，如图 4-17 所示。

图 4-16　利用填充柄填充数据　　　　　　　图 4-17　"序列"对话框

通过上述方法，除了可以填充内置序列外，还可以填充自定义序列。在"文件"→"选项"→"高级"选项中，单击"常规"区域内的"编辑自定义列表"按钮，在弹出的"自定义序列"对话框中，输入需要定义的序列，完成后单击"添加"和"确定"按钮即可，如图 4-18 所示。完成添加自定义序列后，在工作表中就可以使用该序列进行填充。

图 4-18　"自定义序列"对话框

4.2.3　移动和复制数据

移动操作会移走除单元格本身之外的所有信息，包括公式及其结果值、单元格格式和批注等，粘贴时也是包括所有信息。

选中要移动的单元格或单元格区域，单击"开始"选项卡"剪贴板"功能区中的"剪切"按钮，也可以按【Ctrl+X】组合键。选中目标单元格，再单击"粘贴"按钮即可。

移动和复制数据

在移动公式时，无论使用哪种单元格引用，公式内的单元格引用不会更改。

在 Excel 中，复制的功能除了可以复制内容外，还可以复制为图片。

粘贴的功能则更为强大，除了最为大家所熟悉的粘贴全部内容外，还可以使用"选择性粘贴"，只得到需要的内容。复制内容后，选择需要粘贴内容的单元格，再单击"开始"→"粘贴"，在下拉菜单中选择相应的内容，如数值、格式等，就可以完成粘贴，如 4-19 所示。在"选择性粘贴"时，鼠标指针悬浮在"粘贴"下拉菜单的图标上，即可预览到粘贴效果。

选择下拉菜单中的"选择性粘贴"命令，可弹出"选择性粘贴"对话框，在对话框中选择粘贴的内容，如图 4-20 所示。

选择性粘贴中，粘贴方式的说明如下：

① 全部：粘贴全部内容，包括内容、格式等，相当于直接粘贴。

② 公式：粘贴文本和公式，不粘贴内容、格式等。

③ 数值：粘贴文本。如果单元格的内容是计算公式，只粘贴计算结果，并且不会改变目标单元格的格式。

④ 格式：粘贴源单元格格式，功能相当于格式刷工具。

⑤ 批注：粘贴源单元格的批注内容，且不改变目标单元格的内容和格式。

⑥ 有效性验证：将复制单元格的数据有效性规则粘贴到粘贴区域，只粘贴有效性验证内容，其他的保持不变。

图 4-19 "粘贴"下拉菜单

图 4-20 "选择性"对话框

⑦ 所有使用源主题的单元：粘贴使用复制数据应用的文档主题格式的所有单元格内容。

⑧ 边框除外：粘贴除边框外的所有内容和格式，保持目标单元格和源单元格相同的内容和格式。

⑨ 列宽：将某个列宽或列的区域粘贴到另一个列或列的区域，使目标单元格和源单元格拥有同样的列宽，不改变内容和格式。

⑩ 公式和数字格式：从选中的单元格中粘贴公式和所有数字格式选项。

⑪ 值和数字格式：从选中的单元格粘贴值和所有数字格式选项。

⑫ 所有合并条件格式：将所有条件格式进行合并。

此外，选择性粘贴在特殊处置区域内的功能如下：

① 跳过空单元：当复制的源数据区域中有空单元格时，粘贴时空单元格不会替换粘贴区域对应单元格中的值。

② 转置：将被复制数据的列变成行，将行变成列。源数据区域的顶行将位于目标区域的最左列，而源数据区域的最左列将显示于目标区域的顶行。

4.3 工作表格式化操作

为了使工作表更加直观和美观，可以对工作表进行格式设置，即对单元格格式、样式或页面布局进行设置调整。

> 单元格格式设置

4.3.1 单元格格式设置

1. 行高和列宽调整

在新建的空白工作表中，单元格行高和列宽都是固定的。而在实际应用中，为了使单元格中的内容更好地呈现，有时需要对行高和列宽进行调整。方法主要有以下两种：

方法一：直接拖动行号或者列标的边界分隔线。

方法二：选择"开始"→"单元格"→"格式"中的"行高"或者"列宽"命令，在弹出的对话框中输入相应的数值。

其中，双击行号或者列标的边界分隔线，可以自动调整行高或列宽，达到最适合的匹配效果。

2．单元格格式

选择"开始"→"单元格"→"格式"→"设置单元格格式"命令，或者在单元格右键菜单中选择"设置单元格格式"命令，可以对单元格进行数字格式、对齐方式、字体、边框、填充和保护的设置，如图4-21所示。

图4-21 "设置单元格格式"对话框

其中，单元格格式设置中的"字体""对齐"和"数字"在"开始"选项卡相应的功能区能就找到常用的一些设置，如图4-22所示。

图4-22 "字体""对齐方式"和"数字"功能区

3．为单元格添加批注

通过添加批注，可以在不影响单元格数据的情况下对单元格内容进行解释说明。添加批注的方法有两种：单击"审阅"选项卡"批注"功能区中的"新建批注"按钮，或者直接右击单元格，在弹出的快捷菜单中选择"插入批注"命令。

默认情况下批注处于隐藏状态，鼠标指针移动到包含批注的单元格时批注才会显示。有批注存在的单元格右上角会有红色三角形符号，如图4-23所示。

如果需要将批注始终显示，可单击"审阅"选项卡"批注"功能区中的"显示/隐藏批注"按钮，或者直接在右键菜单中选择"显示/隐藏批注"命令，如图4-24所示。

图 4-23 批注

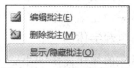

图 4-24 显示/隐藏批注

除了默认的批注格式外，还可以对批注进行编辑，对其格式进行修改。单击"审阅"选项卡"批注"功能区中的"编辑批注"按钮，或者直接在右键菜单中选择"编辑批注"命令，将批注变成活动状态后，在批注边框右击，在弹出的快捷菜单中选择"设置批注格式"命令，在弹出的"设置批注格式"对话框中，可以对批注的格式进行设置，如图 4-25 所示。

图 4-25 "设置批注格式"对话框

对于不需要的批注，弹出"审阅"选项卡"批注"功能区中的"删除"按钮，或者直接在右键菜单中选择"删除批注"命令，便可删除。

4.3.2 样式设置

样式设置分为条件格式、套用表格格式和单元格样式 3 种。

1. 条件格式

在日常生活中，对数据的分析经常会遇上此类问题：

① 在最近的 30 天里，有多少天超过的 35 度？

② 在过去 3 年的降水总量分布表中，哪些地方有异常情况？

③ 公司雇员的职位分布情况如何？

④ 哪些产品的销售增长幅度超过 10%？

⑤ 期末考试中，85 分以上的有多少人？60 分以下的又有多少人？

条件格式

对数据进行条件格式的设置有助于解答以上问题。因为采用这种格式易于达到以下效果：突出显示所关注的单元格或单元格区域；强调异常值；使用数据条、颜色刻度和图标集来直观地显示数据。通过为数据应用条件格式，只需快速浏览即可立即识别一系列数值中存在的差异。条件格式基于条件更改单元格区域的外观，如果条件为真值（True），则基于该条件设置单元格区域的格式；如果条件为假值（False），则不基于该条

件设置单元格区域的格式。

无论是手动还是按条件设置的单元格格式，都可以按格式进行排序和筛选，其中包括单元格颜色和字体颜色。

条件格式的操作方法如下：

① 选择需要设置条件格式的数据。

② 在"开始"选项卡"样式"功能区中，单击"条件格式"的下拉菜单，选择需要设置的规则，如图 4-26 所示。

在条件格式中，各项条件规则的功能也不同，说明如下：

- 突出显示单元格规则：通过比较运算符的限定（如大于、小于、不等于等）对满足条件的单元格设置统一的格式，如图 4-27 所示。例如，将成绩表中不及格的成绩记录以红色加粗的字体显示。

图 4-26 "条件格式"菜单　　　　　图 4-27 突出显示单元格规则

- 项目选取规则：可以将某个单元格区域内按照最大或最小的项目数或者比例，或者高于或低于平均值来设置某一特定格式，如图 4-28 所示。例如，将成绩表中排名前 3 位的分数用蓝色斜体表示。

- 数据条：一般用以查看当前单元格相对于其他单元格的值。数据条越长表示值越大，可以用渐变或者实心填充，如图 4-29 所示。例如，在某年气温表中显示最高及最低气温所处的日期。

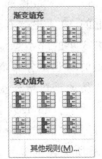

图 4-28 项目选取规则　　　　　图 4-29 数据条规则

- 色阶：通过使用两种或 3 种颜色的渐变效果来直观显示数据分布或变化，如图 4-30 所示。例如，在雨量分布图中标识出降雨充沛的区域。

● 图标集：利用图标对数据进行注释，每个图标代表一个值的范围，如图 4-31 所示。例如，在某公司销售表中，先确定商品销量的高值、中值和低值，则可以用三色箭头标注出每项产品的销售趋势。

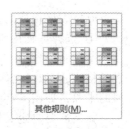

图 4-30　色阶规则

除了默认的规则之外，也可以根据需要自行新建规则。在选择"新建规则"后，在弹出的"新建格式规则"对话框中进行调整，格式样式包括双色刻度、三色刻度、数据条和图标集，如图 4-32 所示。

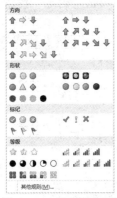

图 4-31　图标集规则

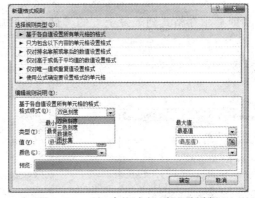

图 4-32　"新建格式规则"对话框

2．套用表格格式

利用套用表格格式可以将格式的设置整体应用到数据区域，包括其对齐方式、字体边框等。在 Excel 中，预置的套用表格格式有浅色 21 种、中等深浅 28 种和深色 11 种，共计 60 种，如图 4-33 所示。需要注意的是，这 60 种表格格式方案不是一成不变的，其颜色会随着主题配色方案的改变而做相应的变化。

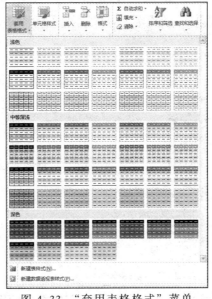

图 4-33　"套用表格格式"菜单

套用表格格式

套用表格格式的操作方法如下：

① 选择数据区域（不得包含合并过的单元格）。

② 在"开始"选项卡的"样式"功能区中，单击"套用表格格式"按钮，选择预置的格式，（如"表样式中等深浅 1"），在弹出的"套用表格式"对话框中再次确定表数据的来源，如图 4-34 所示。

如果需要自定义快速格式，可以在"开始"选项卡"样式"功能区中"套用表格格式"菜单中的"新建表样式"，弹出"新建表快速样式"对话框，如图 4-35 所示。默认名称为"表样式 1"，在按照需要选择"表元素"设置其格式后，单击"确定"按钮，新建的样式即显示在格式列表最上方的"自定义区域"供选择使用。

图 4-34 "套用表格式"对话框　　　　图 4-35 "新建表快速样式"对话框

如果需要取消套用的格式，可将光标停留在已经套用格式的表格的任意区域，单击"表格工具-设计"选项卡"表格样式"功能的下三角按钮，打开样式列表，单击最下方的"清除"即可。注意，此操作清除的仅仅是格式，表格的相关功能依旧存在。

在 Excel 2010 中，如需要设置自动套用格式，需要在自定义功能区中打开。选择"文件"→"选项"命令，在"Excel 选项"对话框中选择"自定义功能区"，单击"新建组"按钮，然后将"自动套用格式"添加到"新建组"中，如图 4-36 所示。

图 4-36 "Excel 选项"对话框

添加完成后，在主选项卡中即可找到"自动套用格式"按钮 。

自动套用格式主要有简单、古典、会计序列和三维效果等格式，可以根据需要选择应用的格式，如数字、字体、对齐等，如图 4-37 所示。

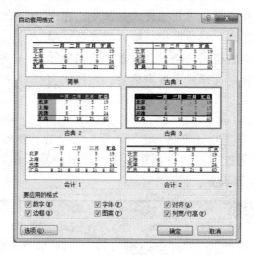

图 4-37 "自动套用格式"对话框

3. 单元格样式

运用单元格样式可以快速设置单元格的整体样式，自动实现字体大小、填充图案、颜色、边框及对齐方式等，使单元格呈现统一的外观。对指定的单元格设置预置样式的方法如下：

单元格样式

① 选择需要进行单元格样式设置的区域，可以是单个单元格，也可以是多个连续或者不连续的单元格。

② 单击"开始"选项卡"样式"功能区中的"单元格样式"按钮，在"单元格样式"下拉菜单中的预置样式列表中，选择需要的样式，如图 4-38 所示。

图 4-38 "单元格样式"下拉菜单

除了预置样式之外，用户也可以使用自定义样式，按照自己的需求进行设置。具体方法为：在单击"开始"选项卡"样式"功能区中的"单元格样式"按钮；在"单元格样式"下拉菜单中选择"新建单元格样式"命令；在弹出的如图 4-39 所示"样式"对话框中，输入样式名；单击"格式"按钮设置相应的格式。格式的设置方式同单元格格式，可参见前文。自定义样式设置完成后，该样式会显示在样式列表最上方的"自定义"区域中供选择使用。

4.3.3　页面布局

图 4-39　"样式"对话框

在对工作表的格式化过程中，页面布局主要针对的是工作表的整体设置，包括如图 4-40 所示的主题和页面设置。

图 4-40　"主题"和"页面设置"

1．主题设置

主题指的是一组格式选项，包括一组主题颜色、一组主题字体（包括标题字体和正文字体）和一组主题效果（包括线条和填充效果）。通过主题的应用可以使文档呈现更加专业化的外观。除了能够利用诸多内置的文档主题外，还可以通过自定义并保存文档主题来创建自己的文档主题。此外，文档主题可在各种 Office 程序之间共享，使 Office 文档可以具有相同的统一外观。

主题设置

（1）应用主题

应用主题的方法为：打开需要应用主题的 Excel 文件，单击"页面布局"选项卡"主题"功能区中的"主题"按钮，在"主题"下拉菜单中选择需要的内置主题，如图 4-41 所示。如果未列出需要使用的主题，可以选择"浏览主题"命令，在计算机或网络的位置上进行查找并应用。

（2）自定义主题

自定义主题可以在内置主题上进行修改，也可以重新定义一个全新的主题。通过更改主题的颜色、字体或效果即可完成主题的自定义，如图 4-42 所示。其中，主题颜色包含 4 种文本颜色及背景色、6 种强调文字颜色和 2 种超链接颜色；主题字体包含标题字体和正文字体；主题效果指的是线条和填充效果的组合。

（3）保存主题

在完成主题修改后，可以单击"页面布局"选项卡"主题"功能区中"主题"按钮，在"主题"下拉菜单中选择"保存当前主题"命令，在弹出的对话框中输入主题名称即可完成主题的保存。保存的主题作为新建主题显示在主题列表最上方的"自定义"区域供选择使用。

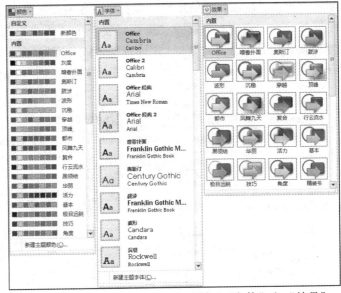

图 4-41　内置"主题"　　　　图 4-42　"主题"功能区中的"颜色""字体"和"效果"

2．页面设置

页面设置包括页面、页边距、页眉/页脚和工作表的设置。单击"页面布局"选项卡"页面设置"功能区右下角的对话框启动器 ，即可弹出"页面设置"对话框，如图 4-43 所示。

（1）页面

在"页面设置"对话框的"页面"选项卡上，用户可以设置纸张的方向、缩放比例、纸张大小等具体参数。此外，也可以单击"页面布局"选项卡"页面设置"功能区中，单击"纸张方向"或"纸张大小"下拉菜单中的预置项进行快速设置，如图 4-44 所示。

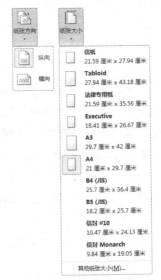

图 4-43　"页面设置"对话框　　　　图 4-44　"纸张方向"和"纸张大小"下拉菜单

（2）页边距

在"页面设置"对话框的"页边距"选项卡中，用户可以根据需求设置具体的上下边距，也可以设置工作表的水平、垂直居中方式，如图4-45所示。

此外，在"页面布局"→"页面设置"→"页边距"下拉菜单中，可以选择系统预置的页边距，默认是"普通"，可以设置成"宽""窄"或者自定义边距，如图4-46所示。

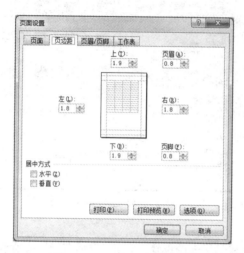

图4-45 "页边距"选项卡

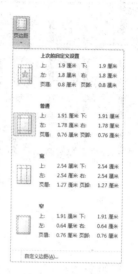

图4-46 "页边距"下拉菜单

（3）页眉/页脚

在"页面设置"对话框的"页眉/页脚"选项卡中，用户可以根据需要设置自定义的工作表页眉或页脚，如图4-47所示。

（4）工作表设置

在实际使用过程中，有很多时候并不需要打印整个工作表，只需要工作表上的一个或多个单元格区域的内容，那么可以定义一个只包括选择内容的打印区域。在定义了打印区域之后打印工作表时，将只打印该打印区域。一个工作表可以有多个打印区域。每个打印区域都将作为一个单独的页打印。在"页面设置"对话框的"工作表"选项卡中，可以设置打印区域，如图4-48所示。此外，也可以单击"页面布局"选项卡"页面设置"功能区中的"打印区域"按钮进行快速设置，如图4-49所示。打印区域在保存工作簿时被保存下来。

工作表打印设置

当不需要打印区域时，可以清除打印区域，方法如下：

① 单击要清除其打印区域的工作表的任意位置。

② 单击"页面布局"选项卡"页面设置"功能区中的"取消打印区域"按钮。

如果工作表包含多个打印区域，则清除一个打印区域将删除工作表上的所有打印区域。

在"页面设置"对话框的"工作表"选项卡（见图4-48）上，还可以设置打印标题，包括顶端标题行和左端标题行。在"页面布局"→"页面设置"组中，单击"打印标题"按钮也可以弹出相同的对话框进行设置。

图 4-47 "页眉/页脚"选项卡

图 4-48 "工作表"选项卡

图 4-49 "打印区域"下拉菜单

4.4 公式和函数

4.4.1 公式输入

公式是 Excel 为完成表格中相关数据的运算（计算）而在某个单元格中按运算要求写出的数学表达式。

公式类似于数学中的数学表达式，它表示这个数学表达式（公式）运算的结果存放于这个单元格中。也就是说，"公式"只在编辑时出现在编辑栏中，而在单元格显示这个公式运算的结果。不同之处在于，在 Excel 工作表的单元格输入公式时，必须以一个等号（=）作为开头，等号（=）后面的"公式"中可以包含各种运算符号、常量、变量、函数以及单元格引用等，如"=D2*（B2-C2）"。公式可以引用同一工作表的单元格，或同一工作簿不同工作表中的单元格，或者其他工作簿工作表中的单元格。

公式输入

1. 公式中的运算符

运算符用于对公式中的元素进行特定类型的运算。在 Excel 中有 4 类运算符：算术运算符、文本运算符、比较运算符和引用运算符。

① 算术运算符：可以完成基本的数学运算，如加、减、乘、除等，还可以连接数

字并产生数字结果。算术运算符包括：加号（+）、减号（−）、乘号（*）、除号（/）、百分号（%）以及乘幂（^）。

② 文本运算符：在 Excel 公式输入中不仅可以进行数学运算，还提供了文本操作的运算。利用文本运算符（&）可以将文本连接起来。在公式中使用文本运算符时，以等号开头输入文本的第一段（文本或单元格引用），加入文本运算符（&），输入下一段（文本或单元格引用）。例如，用户在单元格 A1 中输入"第一季度"，在 A2 中输入"销售额"。在 C3 单元格中输入"=A1&"累计"&A2"，结果会在 C3 单元格显示"第一季度累计销售额"。

如果要在公式中直接使用文本，需用英文引号将文本括起来，这样就可以在公式中加上必要的空格或标点符号等。

另外，文本运算符也可以连接数字，例如输入公式"=23&45"，其结果为"2345"。用文本运算符来连接数字时，数字两边的引号可以省略。实际上是默认文本运算符两端的数字是字符。

③ 比较运算符：可以比较两个数值并产生逻辑值 TRUE 或 FALSE。比较运算符包括=（等于）、<（小于）、>（大于）、<>（不等于）、<=（小于等于）、>=（大于等于）。

例如，用户在单元格 A1 中输入数字"9"，在 A2 中输入"=A1<5"，由于单元格 A1 中的数值为 9，大于 5，因此为假，在单元格 A2 中显示 FALSE。如果此时单元格 A1 的值为 3，则将显示 TRUE。

④ 引用运算符：一个引用位置代表工作表上的一个或者一组单元格，引用位置告诉 Excel 在哪些单元格中查找公式中要用的数值。通过使用引用位置，用户可以在一个公式中使用工作表上不同部分的数据，也可以在几个公式中使用同一个单元格中的数据。

在对单元格位置进行引用时，有 3 个引用运算符：冒号、逗号和空格。引用运算符如表 4-2 所示。

表 4-2　引用运算符

引用运算符	含　义	示　例
:（冒号）	区域运算符，对两个引用之间，包括两个引用在内的所有单元格进行引用	SUM(C2:E2)
,（逗号）	联合运算符，将多个引用合并为一个引用	SUM(A1:A3,D1:D3)
⊔（空格）	交叉运算符，产生同时属于两个引用的单元格	SUM（B2:D3　C1:C4）（这两个单元区域引用的公共单元格为 C2 和 C3）

运算符运算的优先级别从高到低分别是引用运算符、负号、算术运算符（百分比、乘方、乘除、加减）、文本运算符（&）、比较运算符。同级运算符按照书写顺序从左到右执行。括号()最优先，即可以用括号改变运算的优先级。

2. 公式的修改和编辑

在 Excel 2010 编辑公式时，被该公式所引用的单元格及单元格区域都将以彩色显示在公式单元格中，并在相应单元格及单元格区域的周围显示具有相同颜色的边框。当用户发现某个公式中含有错误时，要单击选中需要修改公式的单元格，按【F2】键使单元格进入编辑状态，或直接在编辑栏中对公式进行修改。此时，被公式所引用的所有单元格都以对应的彩色显示在公式单元格中，使用户很容易发现哪个单元格引用错了。编辑完毕后，按【Enter】键确定或单击编辑栏中的 ✔ 按钮确定。如果要取消编辑，按【Esc】键或单击编辑栏的 ✖ 按钮退出编辑状态。

4.4.2 函数输入

函数是 Excel 2010 内部预先定义的特殊公式，它可以对一个或多个数据进行运算，并返回一个或多个数据。函数的作用是简化公式操作，把固定用途的公式表达式用"函数"的格式固定下来，以方便调用。

函数含函数名、参数和括号三部分。在工作表中利用函数进行运算，可以提高数据输入和运算的速度，还可以实现判断功能。所以，要进行复杂的统计或运算时，应尽量使用 Excel 2010 提供的 12 类共 400 多个函数。应熟练掌握表 4-3 中的 14 个函数，并融会贯通。

Excel 提供的 12 类函数包括数学与三角函数、统计函数、数据库函数、财务函数、日期与时间函数、逻辑函数、文本函数、信息函数、工程函数、查找与引用函数、多维数据集函数、兼容性函数以及将其中经常使用的函数归结到一起的"常用"函数。

表 4-3 简单函数功能表

函 数 名 称	函 数 功 能
SUM（number1,number2,…）	计算参数中数值的总和
AVERAGE(number1,number2,…)	计算参数中数值的平均值
MAX(number1,number2,…)	求参数中数值的最大值
MIN(number1,number2,…)	求参数中数值的最小值
COUNT(value1,value2,…)	统计指定区域中有数值数据的单元格个数
COUNTA(value1,value2,…)	统计指定区域中非空值（即包括有字符的单元格）的单元格数目（空值是指单元格是没有任何数据）
COUNTIF(range,criteria)	计算指定区域内满足特定条件的单元格的数目
RANK(number,ref,order)	求一个数值在一组数值中的名次
YEAR(date)	取日期的年份
TODAY()	求系统的日期
IF（logical_test,valuel_if_true,value_if_false）	本函数对比较条件式进行测试，如果条件成立，则取第一个值（即 value_if_true），否则取第二个值（即 value_if_false）
VLOOKUP(lookup_value,table_array,col_index_num,range_lookup)	搜索表区域首行满足条件的元素，确定待检索单元格在区域中的行序号，再进一步返回选定单元格的值
FV(rate,nper,pmt,pv,type)	求按每期固定利率及期满的本息总和
PMT(rate,nper,pv,fv,type)	求固定利率下贷款等额的分期偿还额

大学计算机应用基础（微课版）

【例 4-1】使用函数求出图 4-50 所示工资表中职工号为 51001 的职工的应发工资。

函数输入

第一步，选中需要使用函数的单元格 F2，单击编辑栏的插入函数按钮 f_x。

第二步，根据工作目标，找到最适合目标要求的函数。例如，本例要求求出工资表中第一个职工的应发工资，实际上，应发工资是由职务工资与补贴之和组成，所以要用求和函数 SUM()。

第三步，将合适的数据"填入"函数的括号中作为参数（自变量），得到 SUM(D2:E2)，函数运算的结果就出现在单元格 F2 中。

	F2		▼	f_x	=SUM(D2:E2)	
	A	B	C	D	E	F
1	编号	姓名	部门	基本工资	住房补贴	应发工资
2	51001	关俊秀	工程部	3000	1500	4500
3	51002	张勇	服务部	3100	1600	4700
4	51003	汪小仪	工程部	2900	1500	4400
5	51004	李加明	行政部	3500	1400	4900
6	51005	罗文化	工程部	3300	1600	4900
7	51006	何福建	服务部	2900	1400	4300

图 4-50　工资表

① 函数中的参数类型有：(本教材要求只掌握)

- 直接填写数值（数字），如 SUM（3000,3300）。但直接填写数字不能把公式复制到其他区域。

- 填写一个单元格区域。需要运算的数值以单元格区域表示出来，如本例的应发工资，所求的区域就是 SUM(D2：E2)。

- 有些特殊的函数可以不带参数，其实是使用了函数默认的参数，如 TODAY()、PI()、RAND()等。

② 学会使用"函数参数"对话框（见图 4-51）填入参数。

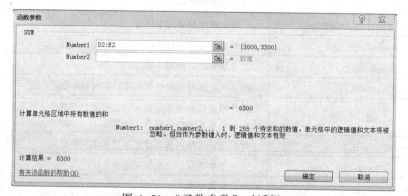

图 4-51　"函数参数"对话框

在图 4-51 中 SUM()函数的对话框中可以看到，函数括号内有几个参数，对话框里就会有对应数量的输入框。例如，本例的 SUM()函数，它是求一个或多个数值的和，所以会有一或多个输入框。再如 IF()函数，括号内有 3 个参数，对话框出来后就只有 3 个参数需要填写。有些函数没有参数，例如当前日期函数 TODAY()、当前日期与时间函数 NOW()、圆周率函数 PI()、随机函数 RAND()等，括号内不要求写参数。

注意，对话框中输入框右边的文字指出要求在输入框内输入参数的类型。例如，SUM()函数的输入框中写的是"数值"，就要在输入框内写入数值或数值所在的区域。如果输入正确，这个数值将出现在输入框的右边。

4.4.3　单元格的引用

Excel 允许在公式（包括函数）中引用工作表中的单元格地址，即用单元格地址或区域引用代替单元格中的数据参与运算，这称为单元格的引用。把单元格地址作为变量使用可以简化公式中烦琐的数据输入，还可以在单元格数据发生改变时照样用原来的公式进行运算。

单元格的引用

当其他行或列的单元格也要用同一个公式进行运算时，就可以将原来定义好的公式复制到其他单元格，以完成其他单元格的运算。但是，因为其他单元格的行号或列标已经改变，公式中原有单元格的行号或列标也必须相应改变。也就是说，公式中引用的单元格地址的行号或列标需要跟着目标单元格进行调整。为此，Excel 将单元格的引用分为相对引用、绝对引用和混合引用。

1．相对地址和相对引用

所谓相对地址是指：如果将含有单元格地址的公式复制到另一个单元格时，这个公式所含的各单元格地址将会根据目标单元格行号或列标的值做同样的改变，这样的单元格地址就是相对地址。这时公式对单元格相对地址的引用就是相对引用。在输入公式时，直接使用的单元格地址都是相对地址。例如，D2:E2 为相对地址，SUM(D2:E2)便是相对引用。

将如图 4-52 所示的 F2 单元格的公式 SUM(D2:E2)复制到 F3:F10，当把光标移至 F3 单元格，我们会发现公式已经变为 "=SUM(D3:E3)"，因为从 F2 到 F3，列标没有变，而行号增加了 1，所以公式中的单元格列标不变而行号自动加 1。其他各个单元格 F4、F5、…、F10 的公式也做出了改变，如图 4-52 所示。

2．绝对地址和绝对引用

所谓绝对地址是指：如果将含有单元格地址的公式复制到另一个单元格时，这个公式所含的各单元格地址不会根据目标单元格行号和列标的值而改变，这样的单元格地址就是绝对地址。这时公式对单元格绝对地址的引用就是绝对引用。如果公式运算中需要某个单元格的地址是固定的值，在这种情况下就必须使用绝对地址引用。

在 Excel 中，通过在单元格地址的列号和行号前添加美元符 "$"（如$A$1），来表示绝对地址。

在如图 4-52 所示的例子中，如果将 F2 中公式 SUM(D2:E2)的相对地址改为绝对地址，即改为 SUM($D$2:$E$2)，当公式复制到 F3:F10 时，会出现如图 4-53 所示的结果，所有学生的总分都是"关俊秀"的总分。

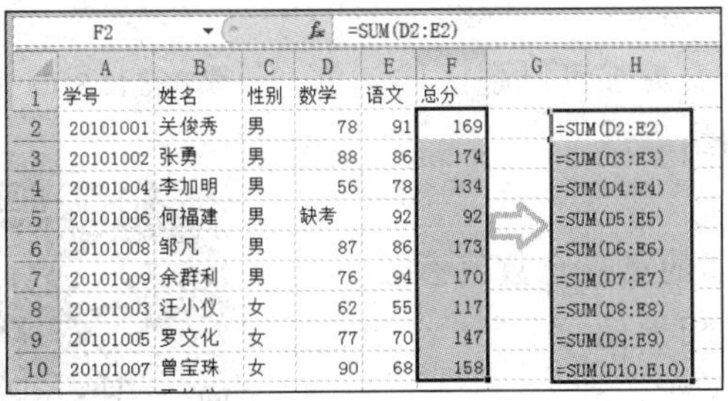

图 4-52　相对引用 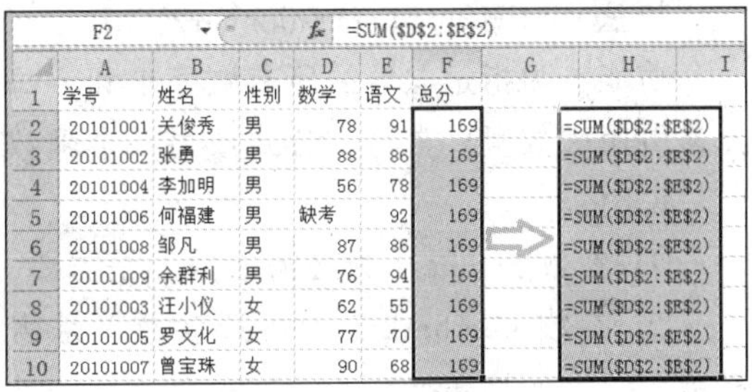　　　　　　　　图 4-53　绝对引用

3. 混合地址和混合引用

单元格的混合地址是指公式中单元格的行采用相对地址，列采用绝对地址；或者列采用绝对地址、行采用相对地址，如 $A3、A$3 等。这时公式对单元格的引用称为混合引用。在混合引用的公式中，相对引用部分随公式位置的变化而变化，绝对引用部分不随公式位置的变化而变化。例如，制作九九乘法表。步骤如下：

在 B2:J10 分别输入 1、2、…、9，类似地在 A2:A10 也输入 1、2、…、9。

① 在 B2 单元格中输入 "=B$1&"*"&$A2&"="&B$1*$A2"。

② 将 B2 复制到 B3:B10。

③ 将 B3 复制 C3，再将 C3 复制到 C4:C10。

④ 将 C4 复制到 D5，再将 D5 复制到 D6:D10。

⑤ 依次类推，可完成乘法九九表的制作，如图 4-54 所示。

	A	B	C	D	E	F	G	H	I	J
B2				=B$1&"*"&$A2&"="&B$1*$A2						
1		1	2	3	4	5	6	7	8	9
2	1	1*1=1								
3	2	1*2=2	2*2=4							
4	3	1*3=3	2*3=6	3*3=9						
5	4	1*4=4	2*4=8	3*4=12	4*4=16					
6	5	1*5=5	2*5=10	3*5=15	4*5=20	5*5=25				
7	6	1*6=6	2*6=12	3*6=18	4*6=24	5*6=30	6*6=36			
8	7	1*7=7	2*7=14	3*7=21	4*7=28	5*7=35	6*7=42	7*7=49		
9	8	1*8=8	2*8=16	3*8=24	4*8=32	5*8=40	6*8=48	7*8=56	8*8=64	
10	9	1*9=9	2*9=18	3*9=27	4*9=36	5*9=45	6*9=54	7*9=63	8*9=72	9*9=81

图 4-54　九九乘法表

表 4-4 所示为有关 A1 引用样式的说明。

表 4-4　A1 引用样式的说明

引　　用	区　　分	描　　述
A1	相对引用	A 列及 1 行均为相对位置
$A$1	绝对引用	A1 单元格
$A1	混合引用	A 列为绝对位置，1 行为相对位置
A$1	混合引用	A 列为相对位置，1 行为绝对位置

4.4.4　求和函数 SUM

语法：SUM(number1,[number2],...)

功能：为指定参数的所有数字求和。每个参数都可以是区域、单元格引用、数组、常量、公式或另一个函数的结果。

说明：

① 参数 number1 为必需参数，是需要相加的第一个数值参数。

② 参数 number2,...为可选参数，是需要相加的 2～255 个数值参数。

求和函数 SUM

【例4-2】某公司上、下半年的销售量之和即为销售总量，试利用相关函数计算该值。

解题思路：在图 4-55 所示的表中，如果题目没作要求，此题可以利用公式将 C 列和 D 列的值相加即可，但是题目要求一定要使用函数，那么在 E2 单元格中输入函数"=SUM(C2:D2)"，再填充至该列剩余单元格，即可得到销售总量。

	A	B	C	D	E
	部门编号	销售人员	上半年销售量	下半年销售量	销售总量
1					
2	H001	陆佳	11235	21453	32688
3	H002	何静	11254	12653	23907
4	H003	冯玉琳	15687	23567	39254
5	H001	吴思	21564	31205	52769
6	H002	翁利波	23654	25314	48968
7	H003	斯宇翔	25879	30215	56094
8	H001	李璐	13256	23654	36910
9	H002	朱佳婷	26587	20314	46901
10	H003	何宇	23654	13652	37306

图 4-55 利用 SUM 函数计算销售总量

值得注意的是，"=SUM(A1:B2)"表示将 A1 到 B2 单元格中所有数值相加，即"=A1+A2+B1+B2"；"=SUM(A1,B2)"表示将 A1 和 B2 单元格中的数值相加，也就是"=A1+B2"；"=SUM(A1:B2,C3,123)"表示将 A1 到 B2 单元中所有数值相加，再加上 C3 单元格中的数值和数字常量 123，即"=A1+A2+B1+B2+C3+123"。

4.4.5 求平均值函数 AVERAGE

语法：AVERAGE(number1, [number2], ...)

功能：返回参数的算术平均值。

说明：

① 参数 number1 为必需字段，是要计算平均值的第一个数字、单元格引用或单元格区域。

求平均值函数

② 参数 number2, ...为可选字段，是要计算平均值的其他数字、单元格引用或单元格区域，最多可包含 255 个。

③ 如果区域或单元格引用参数包含文本、逻辑值或空单元格，则这些值将被忽略。

【例4-3】现有图 4-56 所示学生成绩表，要求利用相关函数统计个人平均分（忽略缓考和缺考项，该项成绩不作计算）。

班级	学号	姓名	语文	数学	英语	总分
K101	K10101	夏欢欢	88	78	86	252
K101	K10102	金奕廷	94	89	96	279
K101	K10103	吴雯	79	96	77	252
K102	K10201	谭晨洁	94	85	74	253
K102	K10202	蔡宇栋	81	78	86	245
K102	K10203	郑辉辉	缓考	92	96	188
K103	K10301	陈梦婷	93	74		167
K103	K10302	唐荣辉	90	82	87	259
K103	K10303	周馨怡	85	93	94	272

图 4-56 学生成绩表

解题思路：由 AVERAGE 函数说明可知，该函数只统计数值，文本和空单元格不参加计算平均值，因此可以在如图 4-57 所示的表中，选择平均分区域中的 H2 单元格，输入函数"=AVERAGE(D2:F2)"，再将公式填充至该列剩余单元格即可。

	H2		fx	=AVERAGE(D2:F2)			
	A	B	C	D	E	F	G	H
1	班级	学号	姓名	语文	数学	英语	总分	平均分1
2	K101	K10101	夏欢欢	88	78	86	252	84
3	K101	K10102	金奕廷	94	89	96	279	93
4	K101	K10103	吴雯	79	96	77	252	84
5	K102	K10201	谭晨洁	94	85	74	253	84
6	K102	K10202	蔡宇栋	81	78	86	245	82
7	K102	K10203	郑辉辉	缓考	92	96	188	94
8	K103	K10301	陈梦婷	93	74		167	84
9	K103	K10302	唐荣辉	90	82	87	259	86
10	K103	K10303	周馨怡	85	93	94	272	91

图 4-57　利用 AVERAGE 函数统计个人平均分

4.4.6　求最大/最小值函数 MAX/MIN

1．MAX 函数：求最大值

语法：MAX(number1, [number2], ...)

功能：返回一组参数值中的最大值。

求最大/最小值函数 MAX/MIN

说明：参数 number1, number2, ...中，只有参数 number1 是必需字段，后续数值是可选的。

【例 4-4】利用相关函数统计图 4-56 所示学生成绩表中各科目的最高分。

解题思路：利用 MAX 函数可以得到一组值中的最大值。在图 4-58 所示的表中，在存放语文最高分的单元格 C13 中输入函数"=MAX(D2:D10)"，再将公式填充至 D13、E13 单元格，即可得到各科目的最高分。

	C13		fx	=MAX(D2:D10)			
	A	B	C	D	E	F	G
1	班级	学号	姓名	语文	数学	英语	总分
2	K101	K10101	夏欢欢	88	78	86	252
3	K101	K10102	金奕廷	94	89	96	279
4	K101	K10103	吴雯	79	96	77	252
5	K102	K10201	谭晨洁	94	85	74	253
6	K102	K10202	蔡宇栋	81	78	86	245
7	K102	K10203	郑辉辉	缓考	92	96	188
8	K103	K10301	陈梦婷	93	74		167
9	K103	K10302	唐荣辉	90	82	87	259
10	K103	K10303	周馨怡	85	93	94	272
11							
12			科目	语文	数学	英语	
13			最高分	94	96	96	
14			最低分	79	74	74	

图 4-58　利用 MAX 函数统计各科目的最高分

2．MIN 函数：求最小值

语法：MIN(number1, [number2], ...)

功能：返回一组参数值中的最小值。

说明：参数 number1, number2, ...中，只有参数 number1 是必需字段，后续数值是可选的。

【例 4-5】利用相关函数统计图 4-56 所示学生成绩表中各科目的最低分。

解题思路：利用 MIN 函数可以得到一组值中的最小值。在如图 4-59 所示的表中，在存放语文最低分的单元格 C14 中输入函数"=MIN(D2:D10)"，在将公式填充至 D14、E14 单元格，即可得到各科目的最低分。

	C14		f_x	=MIN(D2:D10)		
	A	B	C	D	E	F	G
1	班级	学号	姓名	语文	数学	英语	总分
2	K101	K10101	夏欢欢	88	78	86	252
3	K101	K10102	金奕廷	94	89	96	279
4	K101	K10103	吴雯	79	96	77	252
5	K102	K10201	谭晨洁	94	85	74	253
6	K102	K10202	蔡宇栋	81	78	86	245
7	K102	K10203	郑辉辉	缓考	92	96	188
8	K103	K10301	陈梦婷	93	74		167
9	K103	K10302	唐荣辉	90	82	87	259
10	K103	K10303	周馨怡	85	93	94	272
11							
12		科目	语文	数学	英语		
13		最高分	94	96	96		
14		最低分	79	74	74		

图 4-59　利用 MIN 函数统计各科目的最低分

4.4.7　统计函数 COUNT

语法：COUNT(value1, [value2], ...)

功能：计算包含数字的单元格以及参数列表中数字的个数，即只统计数字类型的数据。

说明：

① 参数 value1 为必需字段，是要计算其中数字的个数的第一个项、单元格引用或区域。

② 参数 value2, ...为可选字段，是要计算其中数字的个数的其他项、单元格引用或区域，最多可包含 255 个参数。

统计函数
COUNT

【例 4-6】有图 4-60 所示学生成绩表，如果成绩记录为"缓考"表示该生没有参加当门考试，登记为缓考，和下一批次的考生一起参加考试；记录为空的表示该生缺考。现要求利用相关函数计算各科实际考生人数。

解题思路：由题目分析可知，凡是有成绩记录的就表明该生参加了考试，那么利用 COUNT 函数统计各科目有数值的单元格个数即可。在图 4-60 所示的表中，在 C13 单元格中输入函数"=COUNT(D2:D10)"，再将公式填充至 D13、E13 单元格，就可以求出语文、数学和英语的实际考试人数。

	C13		f_x	=COUNT(D2:D10)		
	A	B	C	D	E	F	G
1	班级	学号	姓名	语文	数学	英语	总分
2	K101	K10101	夏欢欢	88	78	86	252
3	K101	K10102	金奕廷	94	89	96	279
4	K101	K10103	吴雯	79	96	77	252
5	K102	K10201	谭晨洁	94	85	74	253
6	K102	K10202	蔡宇栋	81	78	86	245
7	K102	K10203	郑辉辉	缓考	92	96	188
8	K103	K10301	陈梦婷	93	74		167
9	K103	K10302	唐荣辉	90	82	87	259
10	K103	K10303	周馨怡	85	93	94	272
11							
12		科目	语文	数学	英语		
13		实考人数	8	9	8		

图 4-60　利用 COUNT 函数统计各科目实考人数

4.4.8　逻辑条件函数 IF

语法：IF(logical_test, [value_if_true], [value_if_false])

功能：判断某个条件是否成立，并根据判断输出不同的结果。

说明：最多可以使用 64 个 IF 函数作为 value_if_true 和 value_if_false 参数进行嵌套。

逻辑条件函数 IF

① 参数 logical_test 为必需字段，可以是计算结果为 TRUE 或 FALSE 的任意值或表达式。

② 参数 value_if_true 为可选字段，参数 logical_test 的计算结果为 TRUE 时返回该字段的值。该参数省略时，即参数 logical_test 后仅跟一个逗号，当参数 logical_test 的计算结果为 TRUE 时返回 0。

③ 参数 value_if_false 为可选字段，参数 logical_test 的计算结果为 FALSE 时返回该字段的值。该参数省略时，即参数 value_if_true 后没有逗号，当参数 logical_test 的计算结果为 FALSE 时返回 0。

【例 4-7】已知某校的录取分数线为 500 分，请利用函数，根据入学分数判断是否录取。

解题思路：在如图 4-61 所示的表中，在 D2 单元格输入“=if”，再按【Ctrl+A】组合键弹出“函数参数”对话框，如图 4-62 所示输入参数，单击“确定”按钮后，D2 单元格中显示函数“=IF(C2>=500,"录取","不录取")”，再将公式填充至该列余下单元格即可。

D2　=IF(C2>=500,"录取","不录取")

	A	B	C	D	E	F
1	编号	姓名	入学分数	是否录取		
2	C2015001	李洋	510	录取		
3	C2015002	张昆仑	498	不录取		
4	C2015003	倪毅明	502	录取		
5	C2015004	沙泽威	512	录取		
6	C2015005	夏俊	469	不录取		
7	C2015006	张梦佳	478	不录取		
8	C2015007	徐慧婷	523	录取		
9	C2015008	朱佳莉	521	录取		
10	C2015009	耿如意	502	录取		

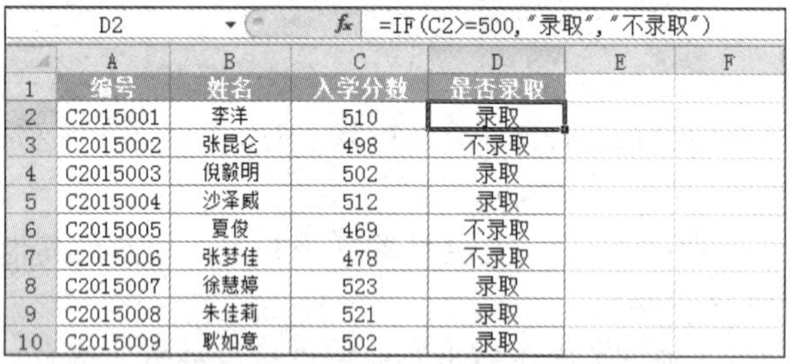

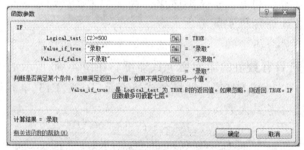

图 4-61　利用 IF 函数判断是否录取

图 4-62　IF 函数的函数参数对话框

当需要设置 IF 函数嵌套的时候，只需要在“函数参数”对话框中将光标停留在需要嵌套的参数位置，然后在名称栏中选择嵌套的函数，Excel 会自动弹出被嵌套函数的“函数参数”对话框，按照需求输入后如果外层的函数参数没有输完整，则不能直接单击“函数参数”对话框的“确定”按钮，需要在编辑栏中跳转到外层函数继续编辑，全部完成后才可以单击“确定”按钮确认输入。

4.4.9　排名函数 RANK

语法：RANK.AVG(number,ref,[order])、RANK.EQ(number,ref,[order])、RANK (number,ref,[order])

功能：返回一个在数字列表中排位的数字。

说明：

① 参数 number 为必需字段，是要查找其排位的数字。

② 参数 ref 为必需字段，是数字列表、数组或对数字列表的引用，非数值型值将被忽略。

③ 参数 order 为可选参数，如果参数为 0 或忽略，按照降序排序；参数不为 0 则按照升序排列。

④ 排位函数有 3 个不同的函数名，三者的区别为：在需要排位的数字相同时，RANK.AVG 函数返回平均排位，RANK.EQ 函数则返回该组数值的最高排位。RANK 函数是为了保持与 Excel 早期版本的兼容性才保留的旧函数，如果不需要后向兼容性，可以用 RANK.AVG 函数和 RANK.EQ 函数替代，以便更加准确地描述其功能。

【例 4-8】同图 4-58 所示的学生成绩表，现要求利用相关函数统计各学生按总分的排名情况。要求降序排列（从最高分排至最低分），如分数相同，分两种情况排名：一种是按照平均值排名，还有一种是按照最高排名。

排名函数 RANK

解题思路：利用 RANK.AVG 函数和 RANK.EQ 函数对总分进行排名。在如图 4-63 所示的表中，选择 H2 单元格，输入函数"=RANK.AVG(G2,G2:G10,0)"，由于需要将公式复制到余下的单元格，数值列表即总分区域需要固定不变，因此要将此部分改为混合引用，函数也就变成了"=RANK.AVG(G2,G$2:G$10,0)"，然后将公式复制到余下单元格即可得到按照平均值排名情况。同样的方式，在 I2 单元格中输入函数"=RANK.EQ(G2,G$2:G$10,0)"并将公式填充到余下单元格可以得到按照最高排名的情况。

对排名表进行分析，不难发现 RANK.AVG 函数和 RANK.EQ 函数对同名的处理情况：总分同为 252 分的同学，按照 RANK.AVG 函数取平均值排名，5.5 的平均值被四舍五入取整后排名为并列第 6 名，第 5 名留空；而用 RANK.EQ 函数统计出的排名，按照就高原则，并列第 5，然后第 6 名留空，接下去的就是第 7 名。显然 RANK.EQ 函数的排名方式在日常生活中使用更为频繁些。如果考虑到向下兼容，利用 RANK 函数也可以取得排名，在本例中其排名结果和 RANK.EQ 函数的排名结果一致。

	I2		f_x =RANK.EQ(G2,G$2:G$10, 0)						
	A	B	C	D	E	F	G	H 排名1 (RANK.AVG)	I 排名2 (RANK.EQ)	J 排名3 (RANK)
1	班级	学号	姓名	语文	数学	英语	总分			
2	K101	K10101	夏欢欢	88	78	86	252	6	5	5
3	K101	K10102	金奕廷	94	89	96	279	1	1	1
4	K101	K10103	吴雯	79	96	77	252	6	5	5
5	K102	K10201	谭晨洁	94	85	74	253	4	4	4
6	K102	K10202	蔡宇栋	81	78	86	245	7	7	7
7	K102	K10203	郑辉辉	缓考	92	96	188	8	8	8
8	K103	K10301	陈梦婷	93	74		167	9	9	9
9	K103	K10302	唐荣辉	90	82	87	259	3	3	3
10	K103	K10303	周馨怡	85	93	94	272	2	2	2

图 4-63　利用 RANK.AVG、RANK.EQ 和 RANK 函数统计总分排名

4.4.10　日期时间函数 YEAR、NOW

1. YEAR 函数：求日期中的年份

语法：YEAR(serial_number)

功能：返回某日期对应的年份。返回值为 1900—9999 之间的整数。

说明：参数 Serial_number 为必需字段，是一个日期值，其中包含要查找年份的日期。如果是以文本形式输入的日期，则函数可能会产生不可预知的错误。

日期时间函数 YEAR、NOW

【例 4-9】根据出生日期计算年龄（下图以当前系统时间处于 2019 年计算）。

解题思路：在图 4-64 所示的表中，C 列显示的是出生日期，利用 YEAR 函数可以提取其中的年份。当 YEAR 函数的参数为 TODAY 函数时，表示将当前系统时间返回给 YEAR 函数作参数，也就能得到当前的年份，那么当前年与出生年之差即为年龄值。在 D3 单元格中输入公式"=YEAR (TODAY())-YEAR(C2)"，再将公式填充至该列余下单元格即可。

	D2		f_x	=YEAR(TODAY())-YEAR(C2)		
	A	B	C	D	E	F
1	序号	姓名	出生日期	年龄		
2	A15001	夏振雄	1995年2月27日	24		
3	A15002	朱佳敏	1996年5月7日	23		
4	A15003	陶黎峰	1997年5月20日	22		
5	A15004	马静	1994年9月9日	25		
6	A15005	沈智敏	1998年11月14日	21		
7	A15006	任卢	1996年12月4日	23		
8	A15007	刘涛涛	1995年9月23日	24		
9	A15008	夏青	1997年5月9日	22		
10	A15009	姚云婷	1998年10月18日	21		
11	A15010	韩琦	1995年8月19日	24		

图 4-64　利用 YEAR、TODAY 函数计算年龄

2．NOW 函数：求当前计算机系统的日期和时间

语法：NOW()

功能：返回当前计算机的系统日期和时间。

说明：参数为空。利用 NOW 函数可以得到以"YYYY-MM-DD HH:MM"的形式显示出系统日期和时间。

4.5　专　业　函　数

4.5.1　条件求和函数 SUMIF

语法：SUMIF(range, criteria, [sum_range])

功能：对区域 range 中符合指定条件 criteria 的 sum_range 值求和。

说明：

条件求和函数 SUMIF

① 参数 range 为必需参数，给出在哪个区域查找满足条件的项，即需要按照指定条件进行筛选的单元格区域。

② 参数 criteria 为必需参数，给定求和需要满足的条件的单元格，即 IF 的条件。

③ 参数 sum_range 为可选参数，是实际求和的值所在的单元格，即 SUM 的求和区域。如果 sum_range 参数被省略，Excel 会对在 range 参数中指定的单元格（即应用条

件的单元格）求和。

【例 4-10】在如图 4-65 所示的工作表中，利用函数计算各部门的销售总量。

解题思路：由题目分析可知，此题是指定条件求和。指定的条件为部门编号 H001、H002 和 H003，在单元格 B13:B15 的区域中，因此可以根据 SUMIF 函数的语法进行填空。为求部门编号为 H001 的销售总量，其查找筛选区域为 A2:A10，条件在 B13 单元格，求和区域为 E2:E10，故此可以在 C13 单元格中输入函数"=SUMIF(A2:A10,B13,E2:E10)"。如果只要求计算一个部门的销售总量，此题答题结束。但是现在要求还要计算另外 2 个

部门的销售总量，直接利用填充柄填充公式的话会出现错误，查找区域和求和区域会发生变化，实际上这两个区域应该是不变的。因此，在 C13 单元格中对这两个区域的单元格地址修改为混合引用，将其地址固定。结果修改为"=SUMIF(A$2:A$10,B13,E$2: E$10)"，再将公式填充至剩余单元格，即可得到 3 个部门的销售总量。

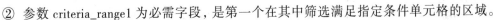

图 4-65 利用 SUMIF 函数计算各部门销售总量

4.5.2 多条件求和函数 SUMIFS

多条件求和函数 SUMIFS

语法：SUMIFS(sum_range, criteria_range1, criteria1, [criteria_range2, criteria2], ...)

功能：对区域中满足多个条件的单元格求和。

说明：

① 参数 sum_range 为必需字段，是对一个或多个单元格求和，即 SUM 的求和区域。

② 参数 criteria_range1 为必需字段，是第一个在其中筛选满足指定条件单元格的区域。

③ 参数 criteria1 为必需字段，是与 criteria_range1 配对必须满足的条件，即给出在 criteria_range1 查找需要满足的条件，即第一个 IF 的条件。

④ 参数 criteria_range2, criteria2，…为可选参数，是附加的区域及其关联条件。最多允许 127 个区域/条件对。

特别需要注意的是，SUMIFS 函数与 SUMIF 函数的参数位置不同，当 SUMIFS 函数判断依据只有一组时，其功能和 SUMIF 函数一致。

【例 4-11】在如图 4-66 所示的表中，利用函数计算 H001 部门，上半年销售量大于 12000 的年度销售总量。

解题思路：由题目分析可知，此题是多条件求和。需要满足的第一个条件 H001 在 B13 单元格，其筛选的区域为 A2:A10。第二个条件">12000"在 C13 单元格，其筛选的区域为 C2:C10。求和区域为 E2:E10。因此，根据语法填空，在 D13 单元格中输入函数"=SUMIFS(E2:E10,A2:A10,B13,C2:C10,C13)"即可求得销售总量。

在实际做题中，有很多时候条件并没有在表中列出，这就需要用户根据对题目的分

析，以数字、表达式、单元格引用或文本的形式输入到单元格中，再利用函数进行求解。

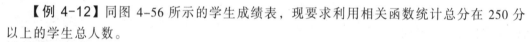

图 4-66　利用 SUMIFS 函数计算多条件销售总量

4.5.3　条件统计函数 COUNTIF

语法：COUNTIF(range, criteria)

功能：对区域 range 中满足单个指定条件 criteria 的单元格进行计数。

说明：

① 参数 range 为必需字段，是要对其进行计数的一个或多个单元格，其中包括数字或名称、数组或包含数字的引用。

② 参数 criteria 为必需字段，用于定义进行计数的单元格需要满足的条件，可以是数字、表达式、单元格引用或文本字符串，可以使用通配符，不区分大小写。

【例 4-12】同图 4-56 所示的学生成绩表，现要求利用相关函数统计总分在 250 分以上的学生总人数。

解题思路：由题目分析可知，本题在单纯统计人数的基础上加了条件——总分需要大于 250 分，因此用到的函数是 COUNTIF。

根据 COUNTIF 函数的语法，函数需要有 2 个必需字段，一个是需要统计的区域，在此题中统计的区域是总分区域，即 G2:G10，还有一个是条件区域，条件区域可以是单元格，如图 4-67 所示的表中，B13 单元格即可作为条件区域，也可以是表达式，直接输入 ">250"。因此在统计人数的单元格 C13 中，输入函数 "=COUNTIF(G2:G10,B13)" 或 "=COUNTIF(G2:G10,">250")" 均可得到总分在 250 分以上的学生总人数。

图 4-67　利用 COUNTIF 函数统计总分在 250 分以上的学生总人数

4.5.4　多条件统计函数 COUNTIFS

语法：COUNTIFS(criteria_range1, criteria1, [criteria_range2, criteria2]...)

功能：对区域中满足多个指定条件的单元格进行计数。

说明：

多条件统计函数

COUNTIFS

① 参数 criteria_range1 为必需字段，是在其中查找满足条件 1 的第一个区域。

② 参数 criteria1 为必需字段，是与 criteria_range1 配对的统计条件。

③ 参数 criteria_range2, criteria2, ... 为可选字段，是附加的筛选区域及其筛选条件，最多允许 127 个区域/条件对。每一个附加的区域都必须与参数 criteria_range1 具有相同的行数和列数。

【例 4-13】同图 4-56 所示的学生成绩表，现要求利用相关函数统计 K101 班级语文成绩在 80 分以上的学生人数。

解题思路：由题目分析可知，此题是多条件统计。条件一是班级限定为 K101，条件二是要求语文成绩大于 80，因此需要使用的是函数 COUNTIFS。

根据 COUNTIFS 函数的语法，第一个查找区域为 A2:A10，条件可以选择如图 4-68 所示的表中 B13 单元格，其内容是 K101，也可以直接输入表达式 ""K101""；第二个查找区域为 D2:D10，即语文成绩所在单元格区域，条件可以选择 C13 单元格，也可以直接输入表达式 "">80""。因此，在 D13 单元格中输入函数 "=COUNTIFS(A2:A10,B13,D2:D10,C13)" 或 "=COUNTIFS(A2:A10,"K101",D2:D10,">80")" 可得结果。

	A	B	C	D	E	F	G
	班级	学号	姓名	语文	数学	英语	总分
2	K101	K10101	夏欢欢	88	78	86	252
3	K101	K10102	金奕廷	94	89	96	279
4	K101	K10103	吴雯	79	96	77	252
5	K102	K10201	谭晨洁	94	85	74	253
6	K102	K10202	蔡宇栋	81	78	86	245
7	K102	K10203	郑辉辉	缓考	92	96	188
8	K103	K10301	陈梦婷	93	74		167
9	K103	K10302	唐荣辉	90	82	87	259
10	K103	K10303	周馨怡	85	93	94	272
11							
12		班级	语文	人数			
13		K101	>80	2			

D13 = COUNTIFS(A2:A10,B13,D2:D10,C13)

图 4-68 利用 COUNTIFS 函数统计 K101 班语文成绩 80 分以上的学生人数

4.5.5 搜索元素函数 VLOOKUP

语法：VLOOKUP(lookup_value, table_array, col_index_num, [range_lookup])

功能：搜索某个单元格区域的第一列，然后返回该区域相同行上任何单元格中的值

说明：

① 参数 lookup_value 为必需字段，是要在表格或区域的第一列中搜索的值，可以是值或引用。

② 参数 table_array 为必需字段，是包含数据的单元格区域。可以使用区域或区域名称的引用，其第一列中必须含有参数 lookup_value 搜索的值。

③ 参数 col_index_num 为必需字段，是需要返回 table_array 中匹配值所在的列号。参数为 1 时，返回参数 table_array 第一列中的值，依此类推。

④ 参数 range_lookup 为可选字段，是一个逻辑值，确定精确匹配值查找还是近似匹配值查找：如果参数为 TRUE，则返回近似匹配值；如果参数为 FALSE 或被省略，则返

回精确匹配值，如果找不到，则返回小于该参数的最大值。

【**例 4-14**】精确匹配。有一出版社信息表，现要求利用相关函数，根据 ISBN 前缀，返回出版社、联系电话、邮编和地址的相关信息。

解题思路：VLOOKUP 函数的精确匹配查询类似于查字典，提供一个查询的"字"，从"字典"中进行查询并返回对应的结果。在如图 4-69 所示的表中，查询的"字"为 ISBN 前缀，处于 A14 单元格中。查询的"字典"需要在第一列就包含查询的"字"，是 A2:E10 单元格区域。根据题目要求，现在需要返回的第一个字段是出版社名称，在"字典"中处于第 2 列，因此参数为 2。题目又要求是精确查找，因此最后一个参数的逻辑值需要为 FALSE 或省略，输入数字 0 即代表逻辑值 FALSE。因此，在 B14 单元格中输入函数 "=VLOOKUP(A14,A2:E10,2,0)" 即可得到 ISBN 前缀对应的出版社名称。

VLOOKUP 函数
精确匹配

图 4-69 利用 VLOOKUP 和 COLUMN 函数查找信息

如果本题只需要求一个出版社名称，那么解题到这里就可以结束了。但是现在题目要求还要返回 ISBN 前缀对应的联系电话、邮编和地址，等于是说，查找的"字"不变，"字典"不变，只变返回的列。观察到返回的列名和所处的单元格在同一列，因此在 VLOOKUP 函数的参数返回列中嵌套一个 COLUMN 函数即可对返回列作动态调整。即将 B14 单元格中的公式修改为 "=VLOOKUP($A14,$A2:$E10,COLUMN(),0)"，并将公式填充至该行剩余单元格即可得到相关信息。

【**例 4-15**】模糊匹配。有一学生成绩表如图 4-70 所示，已知评定规则：60 分（不含 60）以下为不及格，60 分~70 分（不含 70 分）为及格，70 分~80 分（不含 80 分）为中等，80 分~90 分（不含 90 分）为良好，90 分以上为优秀。现要求利用相关函数对成绩进行等级评定。

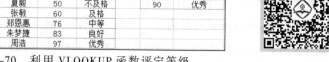

VLOOKUP 函数
模糊匹配

图 4-70 利用 VLOOKUP 函数评定等级

解题思路：根据题目含义，可以在 F1:G6 单元格区域创建被查询的单元格区域，即

"字典"，创建各分数段对应的等级。由于模糊查询返回的是小于该参数的最大值，因此在创建成绩段的时候只需输入下限而无须输入上限。在本题中，需要在一个单元格中求出结果后填充到剩余的单元格，所以被查询的单元格区域需要作混合引用，即在 D2 单元格中输入函数"=VLOOKUP(C2,F$2:G$6,2,1)"，并填充至剩余单元格即可。

在本题中，利用 LOOKUP 函数也可以评定等级，将函数改为"=LOOKUP(C2,F$2:F$6, G$2:G$6)"即可。

此外，利用 IF 函数的嵌套，即 D2 中的函数改为"=IF(C2<60,"不及格",IF(C2<70,"及格",IF(C2<80,"中等",IF(C2<90,"良好","优秀"))))"或"=IF(C2>=90,"优秀",IF(C2>=80,"良好",IF(C2>=70,"中等",IF(C2>=60,"及格","不及格"))))"也可以得到等级。

4.6　Excel 图表应用

Excel 图表是对 Excel 工作表统计分析结果的进一步形象化说明。创建图表的目的是希望借助图表分析数据，直观地展示数据间的对比关系、趋势，增强 Excel 工作表信息的直观阅读力度，加深对工作表的统计分析结果的理解和掌握。同一工作表，用不同的图表类型，可以有不同的分析结果。事实上，在图表中创建的信息基本上都是基于"比较"类型的数据。这些比较项目有项目之间数据的比较、按时间比较数据、两列数据之间的比较、比较数据的关系、范围与频率的比较、识别额外的数据等。

4.6.1　图表概述

创建一个 Excel 图表，首先要对需要创建图表的工作表进行分析，确定用什么类型的图表和图表的内在设计，才能使图表创建后达到"直观""形象"的目的。

创建图表一般有以下步骤：

① 阅读、分析要创建图表的工作表数据，找出"比较"项。

② 通过"插入"选项卡中的"图表"功能区命令按钮创建图表。

③ 选择合适的图表类型。

④ 对创建的图表通过"图表工具"进行编辑和格式化。

Excel 中提供了 11 种基本图表类型，如图 4-71 所示。每种图表类型中又有几种到十几种不等的子图表类型。在创建图表时需要针对不同的应用场景，选择不同的图表类型。

图 4-71　图表类型

各种不同图表类型的用途如表 4-5 所示。

表 4-5　图表的类型和用途

图　表　类　型	用　　途　　说　　明
柱形图	用于比较一段时间内两个或多个项目的相对大小
条形图	在水平方向上比较不同类别的数据
折线图	按类别显示一段时间内数据的变化趋势
饼图	在单组中描述部分与整体的关系
XY 散点图	描述两种相关数据的关系
面积图	强调一段时间内数值的相对重要性
圆环图	以一个或多个数据类别来对比部分与整体的关系，在中间有一个更灵活的饼状图
雷达图	表明数据或数据频率相对于中心点的变化
曲面图	当第三个变量变化时，跟踪另外 2 个变量的变化，是一个三维图
气泡图	突出显示值的聚合，类似于散点图
股价图	综合了柱形图的折线图，专门设计用来跟踪股票价格

4.6.2　创建图表

下面以一个简单的学生成绩表（见图 4-72 所示）为例，以一到三班的成绩创建一个柱形图。创建图表结果及图表各部分的说明如图 4-73 所示。

创建图表

	A	B	C	D
1	班级名称	数学	语文	英语
2	一班	80	67	67
3	二班	65	72	78
4	三班	88	76	89
5	四班	90	87	76
6	五班	75	66	80

图 4-72　学生成绩表

创建图表操作步骤：

① 选取工作表中需要创建图表的区域，如本案例选取 A1:D4。

② 单击"插入"选项卡

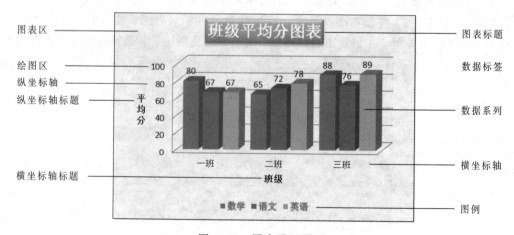

图 4-73　图表设置说明

③ 在"图表"功能区选择所需要的图表类型，如图 4-74 所示；本案例单击"柱形图"下的三角按钮，选择其下的子类型"三维簇状柱形图"。生成的图表如图 4-75 所示。

注意：如果要选图 4-73 所示以外的图表类型可单击"其他图表"或图 4-73 右下角的 按钮。

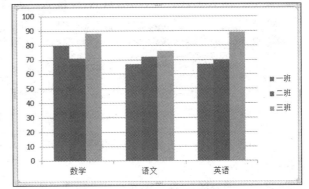

图 4-74　图表创建　　　　图 4-75　简单三维簇状柱形图

4.6.3　图表编辑和格式化

图表创建以后，如果对图表的显示效果不满意，可以利用"图表工具"功能区按钮或在图表任何位置右击出现的快捷菜单，对图表进行编辑或对图表进行格式化设置。

选中图表的任一位置即可弹出"图表工具"功能区。单击"设计"选项卡可弹出如图 4-76 所示的功能区。

图 4-76　图表"设计"工具栏

① 单击"数据"功能区中的"切换行/列"按钮将"班级"转化为横坐标轴，"课程"转化为图例。

② 单击"图表布局"功能区中的按钮，选择"布局 3"。

③ 单击"图表样式"功能区中的"样式 2"。

④ 单击"图表工具–布局"选项卡，"布局"工具栏如图 4-77 所示。

图 4-77　图表"布局"工具栏

⑤ 单击"标签"功能能区中的"坐标轴标题"按钮，选择"主要横坐标轴标题"→"坐标轴下方标题"，为图表添加横轴坐标标题。

⑥ 再次单击"标签"功能区中的"坐标轴标题"按钮，选择"主要纵坐标轴标题"→"竖排标题"，为图表添加纵轴坐标轴标题。

⑦ 分别将"图表标题"改为"各班平均分图表"；横"坐标轴标题"改为"班级"；纵"坐标轴标题"改为"平均分"。

⑧ 选择"图表工具–格式"选项卡，"格式"工具栏如图 4-78 所示。

图 4-78　图表"格式"工具栏

⑨ 选中图表标题"班级平均分图表"，在"形状样式"功能区选择"强烈效果–橙色，强调颜色 6"。

⑩ 选中"图表区"，在"形状样式"功能区选择"形状填充"→"纹理"→"羊皮纸"。

⑪ 选中"图例"，在"艺术字样式"功能区选择"填充–白色，轮廓–强调文字颜色 1"。

⑫ 再次选中"图表区"，在"大小"功能区将图表的大小修改为：形状高度为 8 厘米，形状宽度为 12 厘米。

4.6.4　迷你图

迷你图是 Excel 2010 中新增的功能，用于直观显示数据的变化，可以标示出一组数据中的最大值、最小值以及正负点。与标准图表不同的是，迷你图不是一个对象，而是一个嵌入在单元格中的微型图表，可以作为一个单元格的背景存在。

迷你图的类型只有 3 种：折线图、柱形图和盈亏图。其数据源只能是一行或者一列，并且不允许数据源为空。

迷你图

1. 创建迷你图

创建迷你图的方法如下：

① 选中需要创建迷你图的单元格或者单元格区域。

② 在"插入"→"迷你图"功能区中选择需要插入的迷你图类型，如图 4-79 所示。

③ 在弹出的"创建迷你图"对话框中选择所需的数据，完成后单击"确定"按钮，如图 4-80 所示。

图 4-79　"迷你图"功能区

图 4-80　"创建迷你图"对话框

④ 返回到工作表中，迷你图即被插入到相应的位置中。

2．编辑迷你图

对于已经创建好的迷你图，可以对其进行编辑，使其能够更好地显示出数据的变化，帮助用户对数据进行分析。在"迷你图工具-设计"选项卡中，可以对迷你图的显示（如高点、低点等）进行设置，也可以对迷你图的样式，或者迷你图的颜色、标记颜色进行更改，如图 4-81 所示。

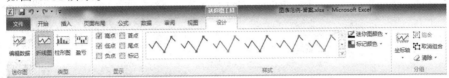

图 4-81　迷你图设计

3．删除迷你图

由于迷你图不是一个对象，不能像图表那样选中后按【Delete】键进行删除。迷你图的删除方法为：选择需要删除迷你图的区域，在"迷你图工具-设计"→"分组"功能区中单击"清除"按钮，即可删除迷你图，如图 4-82 所示。

图 4-82　清除迷你图

4.7　Excel 数据应用与分析

在 Excel 中，可以通过数据导入、合并、排序、筛选等方法对数据进行处理，还可通过对数据进行模拟分析提取深层信息。

4.7.1　数据排序

在数据分析与处理过程中，对区域或表中的数据进行排序操作是不可缺少的。有时数据排序是为下一步的数据处理作准备，如分类汇总。通过数据排序，可以快速而有效地组织数据，并对数据进行定位。

数据排序依据有多种，除了可以对一列或多列中的数据按文本、数字以及日期和时间进行排序外，还可以按自定义序列或格式进行排序。大多数排序操作都是列排序，当然，也可以按行进行排序。

单击"数据"选项卡"排序和筛选"功能区中的"升序"按钮，或者"降序"按钮可以快速地对数据进行排序。可以单击"数据"选项卡"排序和筛选"选项卡中的"排序"按钮，在弹出的"排序"对话框中设置排序关键字，对数据进行排序，如图 4-83、图 4-84 所示。

图 4-83　"排序和筛选"功能区　　　　图 4-84　"排序"对话框

【例 4-16】数据排序。有某报刊的订阅表如图 4-85 所示，按照“单位”为主关键字进行升序排序，“份数”为次要关键字进行降序排序。

数据排序

	A	B	C	D	E	F	G
1	报刊订阅表						
2	代号	名称	单价	季/月	份数	总价	单位
3	RMRB	人民日报	15	12月	2	360	团委
4	DZZZ	读者杂志	4	12月	1	48	公会
5	JSJSJ	计算机世界	8	4月	1	32	团委
6	BDWB	半岛晚报	20	12月	2	480	党政办
7	DZZZ	读者杂志	4	12月	2	96	资料室
8	RMRB	人民日报	15	12月	3	540	党政办
9	SCYX	市场营销	5	12月	2	120	党政办
10	BDWB	半岛晚报	20	12月	10	2400	生产车间
11	QNWZ	青年文摘	4	12月	6	288	工会
12	BDWB	半岛晚报	20	12月	5	1200	工会

图 4-85　某报刊订阅表

解题思路：选择 A2:G12 的数据区域，依次单击“开始”选项卡下“编辑”功能区中的“排序和筛选”下的“自定义排序”命令。在打开的“排序”对话框中，选择“主要关键字”为“单位”，“次序”为“升序”。单击“添加条件”按钮，再选择“次要关键字”为“份数”，“次序”为“降序”，最后单击“确定”按钮完成自定义排序，效果如图 4-86 所示。

	A	B	C	D	E	F	G
1	报刊订阅表						
2	代号	名称	单价	季/月	份数	总价	单位
3	RMRB	人民日报	15	12月	3	540	党政办
4	BDWB	半岛晚报	20	12月	2	480	党政办
5	SCYX	市场营销	5	12月	2	120	党政办
6	QNWZ	青年文摘	4	12月	6	288	工会
7	BDWB	半岛晚报	20	12月	5	1200	工会
8	DZZZ	读者杂志	4	12月	1	48	公会
9	BDWB	半岛晚报	20	12月	10	2400	生产车间
10	RMRB	人民日报	15	12月	2	360	团委
11	JSJSJ	计算机世界	8	4月	1	32	团委
12	DZZZ	读者杂志	4	12月	2	96	资料室

图 4-86　排序后的报刊订阅表

4.7.2　数据筛选

通过对数据进行筛选，可以快速地查找并显示出满足条件的记录，并将不满足条件的记录进行隐藏。

1. 自动筛选

单击“数据”选项卡“排序和筛选”功能区中的“筛选”按钮，可以对单元格区域或列表应用自动筛选。自动筛选可以创建 3 种筛选类型：按值列表、按格式或按条件。值得注意的是，这 3 种筛选类型是互斥的。在对单元格区域或列表应用自动筛选时，只能选择 3 种类型中的一种。

通过观察列标题中的图标可以判断是否应用了筛选。例如，显示下拉按钮表示该列已启用但未应用筛选；出现“筛选”按钮则表示该列已应用筛选。当对多列进行筛选时，其筛选器是累积的，即筛选条件之间是并列的关系。一般情况下，每添加一个筛选器，都会减少所显示的记录。

单击“数据”选项卡“排序和筛选”功能区中的“清除”按钮，将清除工作表中的所有筛选器并重新显示所有行。

【例 4-17】自动筛选。有某单位的职工信息表如图 4-87 所示,利用自动筛选功能完成以下操作:

	A	B	C	D	E	F
1	序号	职工号	部门	组别	年龄	学历
2	1	W001	工程部	E1	28	博士
3	2	W002	工程部	E2	26	硕士
4	3	W003	工程部	E3	23	硕士
5	4	W004	开发部	D1	36	本科
6	5	W005	开发部	D2	31	博士
7	6	W006	开发部	D3	26	硕士
8	7	W007	培训部	T1	35	硕士
9	8	W008	培训部	T2	33	博士
10	9	W009	销售部	S1	37	本科
11	10	W010	销售部	S2	32	硕士

自动筛选

图 4-87 某单位的职工信息表

（1）筛选出"学历为本科或硕士"的记录。

（2）筛选出"年龄大于等于 30 并且小于等于 40"的记录。

（3）筛选出开发部和销售部中"年龄大于等于 30 并且小于等于 40"的记录。

解题思路:复制原职工信息表后得到共 3 份表格 Sheet1、Sheet2、Sheet3,分别进行上述 3 项操作。单击每个工作表中列标题行中的任意一个单元格,在"开始"选项卡的"编辑"功能区中,单击"排序和筛选"中的"筛选"命令。

（1）在工作表 Sheet1 中,单击"学历"旁的筛选按钮,只选中"本科"和"硕士",筛选结果如图 4-88 所示。

	A	B	C	D	E	F
1	序号	职工号	部门	组别	年龄	学历
3	2	W002	工程部	E2	26	硕士
4	3	W003	工程部	E3	23	硕士
5	4	W004	开发部	D1	36	本科
7	6	W006	开发部	D3	26	硕士
8	7	W007	培训部	T1	35	硕士
10	9	W009	销售部	S1	37	本科
11	10	W010	销售部	S2	32	硕士

图 4-88 筛选后的某单位的职工信息表 1

（2）在工作表 Sheet2 中,单击"年龄"旁的筛选按钮,选择"数字筛选"中的"介于"命令,在弹出的"自定义自动筛选方式"对话框中的"大于或等于"后输入 30,"小于或等于"后输入 40,筛选结果如图 4-89 所示。

	A	B	C	D	E	F
1	序号	职工号	部门	组别	年龄	学历
5	4	W004	开发部	D1	36	本科
6	5	W005	开发部	D2	31	博士
8	7	W007	培训部	T1	35	硕士
9	8	W008	培训部	T2	33	博士
10	9	W009	销售部	S1	37	本科
11	10	W010	销售部	S2	32	硕士

图 4-89 筛选后的某单位的职工信息表 2

（3）在工作表 Sheet3 中单击"部门"旁的筛选按钮,只选中"开发部"和"销售部",再单击"年龄"旁的筛选按钮,执行第（2）步相同的操作,筛选结果如图 4-90 所示。

	A	B	C	D	E	F
1	序号	职工号	部门	组别	年龄	学历
5	4	W004	开发部	D1	36	本科
6	5	W005	开发部	D2	31	博士
10	9	W009	销售部	S1	37	本科
11	10	W010	销售部	S2	32	硕士

图 4-90 筛选后的某单位的职工信息表 3

2. 高级筛选

如果要筛选的数据条件复杂，则可以单击"数据"选项卡"排序和筛选"功能区中的"高级"按钮，弹出"高级筛选"对话框，对数据进行筛选。

在设置高级筛选条件时，需要注意以下几点：

① 条件区域必须含有列标题，且名称必须包含在被筛选的数据列表的列标题中，不允许有错字、多余的空格等。

② 逻辑"与"的条件写在同一行，即这些条件必须同时满足方可被筛选出来。

③ 逻辑"或"的条件写在不同行，表示只要满足其中一个条件即可被筛选出来。

④ 列标题与条件行之间不允许有多余的空行。

【例 4-18】高级筛选。有某单位的职工信息表如图 4-89 所示，利用高级筛选功能完成以下操作：

（1）筛选出工程部和销售部的记录。

（2）筛选出"年龄大于等于 30 并且小于等于 40"的记录。

（3）筛选出"年龄大于等于 30 并且小于等于 40"且"学历为硕士或博士"的记录。

解题思路：选定条件区域后输入筛选条件，单击"数据"选项卡下的"排序和筛选"功能区中的"高级"按钮，在弹出的"高级筛选"对话框中的"列表区域"中选择要筛选的数据区域内容，"条件区域"中选择自定义的条件区域内容，最后单击"确定"按钮完成筛选。各小题条件区域的设置及筛选结果如图 4-91 所示。

第（1）题　　　　　　　第（2）题

第（3）题

图 4-91　高级筛选条件区域设置及筛选结果

4.7.3　数据分类汇总

分类汇总是对数据进行分析与处理的一种方法。通过对数据区域中的数据进行分组，然后对同组数据进行相关统计，如求平均值、计数等，得到的结果可以分级显示，按需求显示或隐藏分类汇总的明细。

　　分类汇总只能应用于带标题行的数据区域，即数据清单。如果需要在表格中添加分类汇总，则必须要先将该表格转换为常规数据区域，然后再做分类汇总的操作。

1．分类汇总方法

　　在数据区域已经按照分类字段进行排序操作后，单击"数据"选项卡"分级显示"功能区中的"分类汇总"按钮，可以创建分类汇总。在"分类汇总"对话框中，按照需求设置"分类字段""汇总方式"和"选定汇总项"后，即可创建分类汇总。如果需要在当前分类汇总的基础之上再创建一个分类汇总，则需要在创建时不勾选"替换当前分类汇总"项，如图 4-92 所示。

2．删除分类汇总

　　删除分类汇总的方式很简单，光标停留在创建了分类汇总的任意单元格位置，单击"数据"选项卡"分级显示"功能区中的"分类汇总"按钮，打开"分类汇总"对话框，单击"全部删除"按钮即可。

3．分级显示

　　对于分类汇总的数据，可以通过单击数据区域左侧的分级显示符号来进行显示和隐藏。上方的数字 1 2 3 表示分级的级数和级别，数字越大，级别越小。单击 ➕ 符号，用以显示该组中的明细，➖ 符号则用于隐藏该组中的明细。

　　在进行分类汇总后，用户可以根据需要自行决定显示和隐藏的数据。如果需要只复制显示的数据，则可用在选择好需要复制的数据区域后，单击"开始"选项卡"编辑"功能区中"定位条件"按钮，在"定位条件"对话框中选中"可见单元格"复选框，如图 4-93 所示。或者通过按【Alt+;】组合键实现可见单元格的选取，再通过"复制"和"粘贴"命令将数据复制到其他位置中。

图 4-92 "分类汇总"对话框

图 4-93 在"定位条件"对话框

　　【例 4-19】分类汇总。有某排序后的报刊订阅表如图 4-86 所示，使用分类汇总求每个单位的订阅份数和单月里最大的订阅份数，分类汇总结果如图 4-94 所示。

	A	B	C	D	E	F	G
1				报刊订阅表			
2	代号	名称	单价	季/月	份数	总价	单位
3	RMRB	人民日报	15	12月	3	540	党政办
4	BDWB	半岛晚报	20	12月	2	480	党政办
5	SCYX	市场营销	5	12月	2	120	党政办
6				12月 最大值	3		
7					7		党政办 汇总
8	QNWZ	青年文摘	4	12月	6	288	工会
9	BDWB	半岛晚报	20	12月	5	1200	工会
10				12月 最大值	6		
11					11		工会 汇总
12	DZZZ	读者杂志	4	12月	1	48	公会
13				12月 最大值	1		
14					1		公会 汇总
15	BDWB	半岛晚报	20	12月	10	2400	生产车间
16				12月 最大值	10		
17					10		生产车间 汇总
18	RMRB	人民日报	15	12月	2	360	团委
19				12月 最大值	2		
20	JSJSJ	计算机世界	8	4月	1	32	团委
21				4月 最大值	1		
22					3		团委 汇总
23	DZZZ	读者杂志	4	12月	2	96	资料室
24				12月 最大值	2		
25					2		资料室 汇总
26				总计 最大值	10		
27					34		总计

图 4-94 "分类汇总"结果

解题思路：选择 A2:G12 的数据区域，单击"数据"选项卡下的"分级显示"功能区中的"分类汇总"按钮，在打开的"分类汇总"对话框中，选择"分类字段"为"单位"，"汇总方式"选择"求和"，"选定汇总项"选中"份数"，单击"确定"按钮。再次单击"分类汇总"按钮，在打开的"分类汇总"对话框中，选择"分类字段"为"季/月"，"汇总方式"选择"最大值"，"选定汇总项"选中"份数"，取消选中"替换当前分类汇总"选项，单击"确定"按钮，分类汇总结果如图 4-94 所示。

4.7.4 数据透视表/图

数据透视表是一种可以快速汇总大量数据的交互式表格，对于汇总、分析、浏览和呈现汇总数据非常有用。通过创建数据透视表，可以对数据清单进行重新布局和分类汇总，以达到深入分析数据的目的。

数据透视图是以图形方式呈现数据透视表中的汇总数据，其作用类似于标准图表，只是数据透视图提供了交互功能，可以更加形象和方便地对数据进行比较。与标准图表一样，数据透视图报表默认显示数据系列、类别、数据标记和坐标轴。通过更改图表类型及其他选项，如标题、图例位置、数据标签和图表位置，使数据透视图表现形式更加丰富。

1. 创建数据透视表及数据透视图

创建数据透视表及数据透视图的方法如下：

① 选择数据源区域。该区域需带有标题行，即列标题，且标题行与数据之间没有空行；

② 在"插入"选项卡的"表格"功能区中，单击"数据透视表"或"数据透视图"，打开相应的对话框,选择要分析的数据区域和放置的位置，如图 4-95 所示。

数据分类汇总

图 4-95 "创建数据透视表"对话框

③ 将需要分析的字段拖动到相应的区域。以数据透视表为例，在数据透视表字段列表上半部分的字段列表区，将需要的报表筛选、列标签、行标签和数值字段拖动到下半部分的布局区域，如图4-96所示。其中，"报表筛选"是可选项。在数值区域中，可以通过单击下拉按钮，选择"值字段设置"，在"值字段设置"对话框中，设置值汇总方式，如图4-97所示。

图 4-96 数据透视表字段列表窗口

图 4-97 "值字段设置"对话框

2. 数据透视表及数据透视图设置

在数据透视表的任意单元格上单击，即会出现"数据透视表工具"的"选项"和"设计"文选项卡，如图4-98、图4-99所示。在"选项"选项卡中，可以设置数据透视表的数据、操作、计算等，而在"设计"选项卡中，则可以设置数据透视表的布局、样式选项和样式。

图 4-98 "数据透视表工具-选项"选项卡

图 4-99 "数据透视表工具-设计"选项卡

在数据透视图中，通过在图上任意位置单击，会出现"数据透视图工具"的"设计""布局""格式"和"分析"选项卡，可以进行相关设置，如图4-100所示。

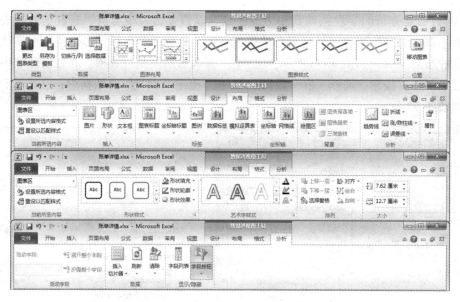

图 4-100 "数据透视图工具"的"设计""布局""格式"和"分析"选项卡

3. 删除数据透视表及数据透视图

如果需要删除已创建的数据透视表，只需要在该数据透视表的任意单元格位置单击，在"数据透视表工具–选项"选项卡的"操作"功能区中，单击"选择"按钮，选择"整个数据透视表"命令，选中整个数据透视表，按【Delete】键进行删除。

而对于数据透视图的删除则更为简单，单击需要被删除的数据透视图的任意空白位置，按【Delete】键即可。

【例 4-20】数据透视表。有某图书销售情况表，如图 4-101 所示，对数据清单的内容建立数据透视表，按行为"经销部门"，列为"图书类别"，数据为"数量（册）"求和布局，并置于现工作表的 H2:L7 单元格区域。

	A	B	C	D	E	F
1		某图书销售公司销售情况表				
2	经销部门	图书类别	季度	数量(册)	销售额(元)	销售量排名
3	第3分部	计算机类	3	124	8680	42
4	第3分部	少儿类	2	321	9630	20
5	第1分部	社科类	2	435	21750	5
6	第2分部	计算机类	2	256	17920	26
7	第2分部	社科类	1	167	8350	40
8	第3分部	计算机类	4	157	10990	41
9	第1分部	计算机类	4	187	13090	38
10	第3分部	社科类	4	213	10650	32
11	第2分部	计算机类	4	196	13720	36
12	第2分部	社科类	4	219	10950	30
13	第2分部	计算机类	3	234	16380	28
14	第2分部	计算机类	1	206	14420	35
15	第2分部	社科类	2	211	10550	34
16	第3分部	社科类	3	189	9450	37
17	第2分部	少儿类	1	221	6630	29

数据透视表

图 4-101 某图书销售情况表

解题思路：选择 A2:F44 的数据区域，单击"插入"选项卡下的"表格"功能区中的"数据透视表"，在"选择放置数据透视表的位置"下选择"现有工作表"，"位置"处输

入"H2:L7"。将"经销部门"拖动到"行
标签"区域,将"图书类别"拖动到"列
标签"区域,将"数量(册)"拖动到"Σ
数值"区域,效果如图4-102所示。

求和项:数量(册)	列标签			
行标签	计算机类	少儿类	社科类	总计
第1分部	1596	2126	1615	5337
第2分部	1290	1497	993	3780
第3分部	1540	1492	1232	4264
总计	4426	5115	3840	13381

图 4-102 数据透视表

4.7.5 数据有效性

在 Excel 2010 中具有增加提示信息与数据有效检验的功能。该功能使用户可以指定在单元格中允许输入的数据类型,如文本、数字或日期等,以及有效数据的范围,如小于指定数值的数字或特定数据序列的数值。

数据有效性

1.数据有效性的设置

数据有效性的设置包括设置输入提示信息和出错提示信息。用户可以选定单元格区域,当该区域单元格中输入了无效数据时,显示自定义的输入提示信息或出错提示信息。

例如,在工作表中为 D2:E6 单元格区域进行数据有效性设置,步骤如下:

① 选择单元格区域 D2:E6。

② 单击"数据"选项卡"数据工具"功能区中的"数据有效性"按钮,如图4-103所示。在弹出的对话框中选择"设置"选项卡,在"有效性条件"选项区域的"允许"下拉列表框中选择"整数"选项,然后完成设置,如图4-104所示。

图 4-103 数据有效性设置

③单击"输入信息"选项卡,在"标题"文本框中输入"成绩",在"输入信息"文本框中输入"请输入成绩"。

④单击"出错警告"选项卡,在"标题"文本框中输入"错误",在"出错信息"文本框输入"必须介于 0~100 之间",单击"确定"按钮。

设置完成后,当指针指向该单元格时,就会出现如图4-105所示的提示信息。如果在其中输入了非法数据,系统还会给出警告信息。

图 4-104 "数据有效性"对话框

	A	B	C	D	E
1	学号	姓名	性别	数学	语文
2	20101001	关俊秀	男	78	91
3	20101002	张勇	男	成绩	
4	20101003	汪小仪	女	请输入成	
5	20101004	李加明	男	绩	
6	20101005	罗文化	女	77	70

图 4-105 输入数据时的提示信息

2.特定数据序列

利用数据有效性功能可以设置特定的数据系列。例如,在"加班情况登记"工作表

中，当鼠标指针指向 C2:C19 单元格区域任意一个单元格时，显示下拉列表框，提供"技术部""销售部""办公室"3 个数据供选择，如图 4-106 所示。

设置特定数据序列的操作步骤如下：

① 选择单元格区域 C2:C19。

② 选择"数据"选项卡，单击"数据工具"功能区中的"数据有效性"按钮，在弹出的对话框中选择"设置"选项卡，在"有效性条件"选项区域的"允许"下拉列表框中，选择"序列"选项，在"来源"文本框中输入"技术部,销售部,办公室"，需要注意的是各选项之间要用英文的逗号相隔。

③ 单击"确定"按钮，如图 4-107 所示。

图 4-106　输入有效序列数据框提示

图 4-107　设置有效序列数据

习　题

一、单项选择题

1. 在新创建的 Excel 工作簿中，默认包含了（　　）个工作表。

　　A. 1　　　　　　B. 2　　　　　　C. 3　　　　　　D. 4

2. 表示以单元格 C5、F5、C8、F8 为 4 个顶点的单元格区域，正确的是（　　）。

　　A. C5:C8:F5:N8　　　　　　　　B. C5:F8

　　C. C5:C8　　　　　　　　　　　D. F5:F8

3. 要在公式中引用某个单元格的数据，应在公式中输入该单元格的（　　）。

　　A. 格式　　　　　B. 附注　　　　　C. 数据　　　　　D. 名称（地址）

4. 在单元格中输入字符串 0771 的方法之一是：先输入一个（　　）再输入 0771。

　　A. 英文的逗号","　　　　　　　　B. 中文的单引号"'"

　　C. 英文的单引号"'"　　　　　　　D. 加号"+"

5. 当单元格太窄而导致单元格内数值数据无法完全显示时，Excel 系统将以一串（　　）显示。

　　A. #　　　　　　B. *　　　　　　C. ?　　　　　　D. $

6. 在 Excel 中通过对（　　）进行设置，可以避免输入有逻辑错误的数据。

　　A. 条件格式　　　B. 无效范围　　　C. 数据有效性　　D. 出错警告

7. 若单元格 A1=2，A2=4，连续选中 A1:A2，拖动填充柄至 A10，则 A1:A10 区域内个单元格填充的数据为（　　）。

A. 2，4，6，…，20   B. 全部为 0

C. 全部为 2   D. 全部为 4

8. 在 Excel 的单元格中，输入计算公式时（   ）是不正确的。

     A. =SUM(B2,C3)   B. SUM(B2:B3)

     C. =B2+B3+C2+C3   D. =B2+B3+C2+C3+5

9. Excel 公式：=SUM(B2:D3,A1)代表的含义是（   ）。

     A. =B2+B3+D2+D3+A1   B. =B2+D3+A1

     C. =B2+B3+C2+C3+D2+D3+A1   D. =B2+B3+C2+C3+A1

10. 在 Excel 中，将 D4 内的公式：=SUM(D1:D3)复制到 E4 单元格，则 E4 内的公式为（   ）。

     A. =SUM(D1:D3)   B. SUM(E1:E3)

     C. =SUM(E1:E3)   D. SUM(D1:D3)

11. 在 Excel 中，公式：=SUM(8,MIN(55,4,18,24))的值为（   ）。

     A. 55   B. 16   C. 12   D. 22

12. 某单元格中的公式为：=IF("学生"<>"老师",TRUE,FALSE)，其运算结果为（   ）。

     A. TRUE   B. FALSE   C. 学生   D. 老师

13. 用筛选条件"数学>65 与总分>250"对成绩数据表进行筛选后，筛选结果中都是（   ）。

     A. 数学高于 65 分的记录

     B. 数学高于 65 分且总分高于 250 分的记录

     C. 总分高于 250 分的记录

     D. 数学高于 65 分或总分高于 250 分的记录

14. 高级筛选的条件区域（   ）。

     A. 一定要放在数据表的前几行   B. 一定要放在数据表的后几行

     C. 一定要放在数据表中间某单元格   D. 可以放在数据表的前几行或后几行

15. 在 Excel 中，选定第 2、3 两行，选择"开始"→"单元格"→"插入"→"插入工作表行"命令后，插入了（   ）。

     A. 1 行   B. 2 行   C. 3 行   D. 错误

16. 在工作表中已输入的数据如图 4-108 所示，如果将 D1 单元格中的公式复制到 D2 单元格，那么 D2 单元格的值为（   ）。

▲	A	B	C	D
1	20	12	2	=$A$1*C1
2	30	16	3	

图 4-108　输入的数据

     A. ####   B. 60   C. 40   D. 90

17. 在 Excel 工作表中，有姓名、性别、专业、助学金等列，现要计算机专业助学金的总和，应该先按（   ）进行排序，然后再进行分类汇总。

     A. 姓名   B. 专业   C. 性别   D. 助学金

18. 关于被筛选掉的记录的叙述，下面说法错误的是（   ）。

     A. 不打印被筛选掉的记录   B. 不显示被筛选掉的记录

     C. 被筛选掉的记录将被删除   D. 被筛选掉的记录是可以恢复的

二、操作题

1. 小蒋在某中学教务处负责初一年级学生的成绩管理，请根据下列要求帮助小蒋对"学生成绩单.xlsx"进行整理，效果如图4-109所示。

	A	B	C	D	E	F	G	H	I	J	K
1						初一年级一班期末考试成绩单					
2	学号	姓名	班级编号	语文	数学	英语	生物	地理	历史	政治	总分
3	160201	包宏伟	011	91.50	89.00	94.00	92.00	91.00	86.00	86.00	629.50
4	160202	陈万地	011	93.00	99.00	92.00	86.00	86.00	73.00	92.00	621.00
5	160203	杜学江	011	102.00	116.00	113.00	78.00	88.00	86.00	73.00	656.00
6	160204	符合	011	99.00	98.00	101.00	95.00	91.00	95.00	78.00	657.00
7	160205	吉祥	011	101.00	94.00	99.00	90.00	87.00	95.00	93.00	659.00
8	160206	李北大	011	100.50	103.00	104.00	88.00	89.00	78.00	90.00	652.50
9	160207	李娜娜	011	78.00	95.00	94.00	82.00	90.00	93.00	84.00	616.00
10	160208	刘康锋	011	95.50	92.00	96.00	84.00	95.00	91.00	92.00	645.50
11	160209	刘鹏举	011	93.50	107.00	96.00	100.00	93.00	92.00	93.00	674.50
12	160210	倪冬声	011	95.00	97.00	102.00	93.00	95.00	92.00	88.00	662.00
13	160211	齐飞扬	011	95.00	85.00	99.00	98.00	92.00	92.00	88.00	649.00
14	160212	苏解放	011	88.00	98.00	101.00	89.00	73.00	95.00	91.00	635.00
15	160213	孙玉敏	011	86.00	107.00	89.00	88.00	92.00	89.00	88.00	639.00
16	160214	王清华	011	103.50	105.00	105.00	93.00	93.00	90.00	86.00	675.50
17	160215	谢如康	011	110.00	95.00	98.00	99.00	93.00	93.00	92.00	680.00
18	160216	闫朝霞	011	84.00	100.00	97.00	87.00	78.00	94.00	88.00	628.00
19	160217	曾令煊	011	97.50	106.00	108.00	98.00	99.00	99.00	96.00	703.50
20	160218	张桂花	011	90.00	111.00	116.00	72.00	95.00	93.00	95.00	672.00

图4-109 抽样运算结果

（1）打开"学生成绩单.xlsx"，在"姓名"列上方添加一行单元格，再合并 A1:K1 的区域后居中填写"初一年级一班期末考试成绩单"作为标题。

（2）在"姓名"列左边添加一列"学号"，在"姓名"列右边添加一列"班级编号"。

（3）使用自动填充功能，在"学号"列中，按照160201、160202、160203……的序列进行填充；"班级编号"全部填充为相同内容011。

（4）选择总分最高的K19单元格，右键选择"添加批注"，输入"最高分"。

（5）对工作表中的数据列表进行格式化操作：

① 将所有成绩列设为保留两位小数的数值。

② 适当加大行高和列宽，改变字体、字号，设置居中对齐方式。

③ 使用套用表格格式为数据列表添加样式，使工作表更加美观。

（6）利用"条件格式"功能进行下列设置：将语文、数学、英语三科中不低于110分的成绩改为红色字体，其他四科中高于95分的单元格以绿色填充。

（7）保存并关闭工作簿。

2. 小赵习惯使用 Excel 表格来记录每个月的个人开支情况，请帮助他对"开支明细表.xlsx"进行整理和分析，效果如图4-110所示。

	A	B	C	D	E	F	G	H	I	J	K
1					小赵2015年开支明细表						
2	年月	服装服饰	饮食	水电气房租	交通	社交应酬	休闲旅游	个人兴趣	总支出	平均月支出	排名
3	2015年1月	¥300	¥800	¥1,100	¥260	¥300	¥180	¥350	¥3,290	¥470	8
4	2015年2月	¥1,200	¥600	¥900	¥1,000	¥2,000	¥500	¥400	¥6,600	¥943	1
5	2015年3月	¥50	¥750	¥1,000	¥300	¥200	¥300	¥350	¥2,950	¥421	10
6	2015年4月	¥100	¥900	¥1,000	¥300	¥300	¥100	¥450	¥3,150	¥450	8
7	2015年5月	¥150	¥800	¥1,000	¥150	¥300	¥400	¥350	¥3,230	¥461	7
8	2015年6月	¥200	¥850	¥1,050	¥200	¥200	¥0	¥500	¥3,000	¥429	9
9	2015年7月	¥100	¥750	¥1,100	¥250	¥200	¥0	¥350	¥2,750	¥393	11
10	2015年8月	¥300	¥900	¥1,100	¥180	¥300	¥100	¥1,200	¥4,080	¥583	4
11	2015年9月	¥1,100	¥850	¥1,000	¥220	¥300	¥80	¥300	¥3,750	¥536	5
12	2015年10月	¥100	¥900	¥1,000	¥280	¥300	¥400	¥350	¥3,530	¥504	6
13	2015年11月	¥200	¥900	¥1,000	¥120	¥100	¥0	¥420	¥2,740	¥391	12
14	2015年12月	¥300	¥1,050	¥1,000	¥350	¥300	¥500	¥400	¥3,900	¥557	3
15	最大开销	¥1,200	¥1,050	¥1,100	¥1,000	¥2,000	¥500	¥1,200			
16	最小开销	¥50	¥600	¥900	¥120	¥100	¥0	¥300			
17	月均开销	¥382.14	¥835.71	¥1,025.00	¥337.86	¥535.71	¥185.00	¥490.71			
18	备注	消费合理	消费偏高	消费偏高	消费合理	消费合理	消费合理	消费合理			

图4-110 开支明细表

（1）打开"开支明细表.xlsx"，在工作表上方添加一个新行，输入表标题"小赵2015年开支明细表"，再合并A1:K1单元格，设置行高为22、居中对齐。设置标题文字的字体为黑体，字号为18，字体颜色为红色。

（2）对工作表中的数据列表进行格式化操作：

① 设置B3:J16的单元格区域的数据为"货币"类型，无小数、有人民币符号。

② 选中B17:H17的单元格区域的数据为"货币"类型，两位小数、有人民币符号。

（3）使用MAX函数求最大开销，使用MIN函数求最小开销，使用SUM函数求总支出，使用AVERAGE函数求月均开销和平均月支出。

（4）使用RANK函数求各月总支出排名。

（5）使用IF函数为各类消费的月均开销添加备注，月均开销大于800的备注为"消费偏高"，否则备注为"消费合理"。

（6）利用"条件格式"功能为排名列添加浅蓝色渐变填充数据条，将备注为"消费偏高"的字体颜色更改为红色。

（7）保存并关闭工作簿。

3. 小军在学院社团内负责考评工作，请帮助他对"社团招新成绩考评表.xlsx"进行整理和分析，以决定新成员的录用，最终效果图如图4-111所示。

（1）打开"社团招新成绩考评表.xlsx"，使用SUM函数和RANK函数计算"总分"（总分=笔试+实践+面试）和"排名"（按总分降序排名）列的内容。

（2）选择数据区域A2:F10，按主要关键字"总分"降序、次要关键字"编号"降序，第三关键字"笔试"降序自定义排序，将工作表命名为"招新考评表"。

（3）选择数据区域A2:D10，创建一个"簇状柱形图"。

（4）为簇状柱形图添加图表标题、横坐标标题、纵坐标标题及数据标签。

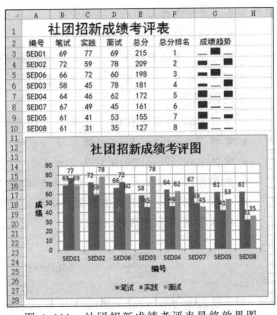

图4-111 社团招新成绩考评表最终效果图

（5）在"总分排名"列右边添加一个新列"成绩趋势"，为各项分数创建"迷你柱形图"。

（6）为纵坐标添加次要网格线。

（7）将图例位置设置为图表的底部。

（8）图表设置"标准色-黄色"背景。

（9）将图表放置到工作表A11:H28的单元格区域内。

（10）保存并退出工作簿。

第 5 章 ▶

>>> 演示文稿制作软件 PowerPoint 2010

演示文稿软件 PowerPoint 2010 是微软公司开发的办公自动化软件 Office 2010 的组件之一，通过 Microsoft PowerPoint 2010，可以使用文本、图形、照片、视频、动画和更多手段来设计具有视觉震撼力的演示文稿。PowerPoint 2010 增加了视频和图片的编辑功能，以"功能区"的形式增强了 PowerPoint 2010 的可操作性。此外，切换效果和动画运行起来比以往更加平滑和丰富，新增的 SmartArt 图形版式（包括一些基于照片的版式）能给用户带来意外惊喜。创建 PowerPoint 2010 演示文稿后，就可以放映演示文稿，通过 Web 进行远程发布，或与其他用户共享文件。PowerPoint 2010 功能非常丰富，广泛应用于会议报告、教师授课、产品演示、广告宣传和学术交流等方面。

本章详细介绍了 PowerPoint 2010 演示文稿的常用术语、基本操作方法、演示文稿的格式化、动画设计、超链接技术、应用设计模板和演示文稿的放映等内容，并通过详细分析和讲解，把知识电融入生动的案例中，使读者达到熟练操作演示文稿的目的。

学习目标：

- 理解 PowerPoint 2010 中的常用术语；
- 掌握 PowerPoint 2010 的基本操作方法；
- 掌握 PowerPoint 2010 电子演讲文稿的制作和编辑；
- 熟练掌握演示文稿主题的选用和幻灯片背景设置；
- 熟练掌握演示文稿的格式化、动画设计、超链接技术和应用设计模板；
- 熟练掌握演示文稿的放映。

5.1 PowerPoint 2010 概述

本节通过对 PowerPoint 2010 常用术语、窗口的介绍，要求理解常用术语的含义，了解和掌握 PowerPoint 2010 的窗口界面、视图方式，尤其是要熟练掌握 PowerPoint 2010 新设置的"功能区"及"命令组"内容，以达到熟练操作的目的。最后通过一个案例，说明幻灯片的制作过程和操作方法。

在学习 PowerPoint 2010 时，首先要熟悉 PowerPoint 2010 的常用术语，熟悉 PowerPoint 2010 的窗口界面和视图方式，其次要掌握 PowerPoint 2010 的基本操作方法，包括演示文稿的创建、保存、关闭和打开等操作。

5.1.1 PowerPoint 2010 常用术语

1. 演示文稿

演示文稿是由 PowerPoint 2010 创建的文档，一般包括为某一演示目的而制作的所有幻灯片、演讲者备注和旁白等内容。存盘时 PowerPoint 2003 或更早版本文件扩展名为.ppt，而 PowerPoint 2010 文件扩展名为.pptx。

2. 幻灯片

演示文稿中的每一单页称为一张幻灯片，每张幻灯片都是演示文稿中既相互独立又相互联系的内容。制作一个演示文稿的过程就是依次制作一张张幻灯片的过程，每张幻灯片中既可以包含常用的文字和图表，又可以包含声音、图像和视频等。

3. 演讲者备注

演讲者备注指在演示时演示者所需要的讲解内容、提示注解和备用信息等。演示文稿中每一张幻灯片都有一张备注区，它包含该幻灯片提供的演讲者备注的空间，用户可在此空间输入备注内容供演讲时参考。PowerPoint 2010 新增的演示者视图，借助两台监视器，在幻灯片放映期间演讲者可以看到演示者备注，提醒讲演的内容，而这些是观众无法看到的。

4. 讲义

讲义指发给听众的幻灯片复制材料。可把一张幻灯片打印在一张纸上，也可把多张幻灯片压缩打印到一张纸上。

5. 母版

PowerPoint 2010 为每个演示文稿创建一个母版集合（幻灯片母版、演讲者备注母版和讲义母版等）。母版中的信息一般是共有的信息，改变母版中的信息可统一改变演示文稿的外观。例如，把公司标记、产品名称及演示者的名字等信息放到幻灯片母版中，使这些信息在每张幻灯片中以背景图案的形式出现。

6. 模板

PowerPoint 2010 提供了多种多样的模板。模板是指预先定义好格式、版式和配色方案的演示文稿。PowerPoint 2010 模板是扩展名为.potx 的一张幻灯片或一组幻灯片的图案或蓝图。模板可以包含版式、主题颜色、主题字体、主题效果和背景样式，甚至还可以包含内容等。用户也可以创建自己的自定义模板，然后存储、重用以及与他人共享。此外，还可以从互联网上获取多种不同类型的 PowerPoint 2010 内置免费模板，也可以在Office.com 和其他合作伙伴网站上获取可以应用于演示文稿的数百种免费模板。应用模板可快速生成统一风格的演示文稿。

7. 版式

幻灯片版式包含要在幻灯片上显示的全部内容的格式设置、位置和占位符。即版式包含幻灯片上标题和副标题文本、列表、图片、表格、图表、形状和视频等元素的编排和布局方式。版式也包含幻灯片的主题颜色、字体、效果和背景。演示文稿中的每张幻灯片都是基于某种自动版式创建的。在新建幻灯片时，可以从 PowerPoint 2010 提供的自动版式中选择一种。

8．占位符

占位符是指应用版式创建新幻灯片时出现的虚线方框。占位符是版式中的容器，可容纳如文本（包括正文文本、项目符号列表和标题）、表格、图表、SmartArt 图形、影片、声音、图片及剪贴画等内容。

5.1.2　PowerPoint 2010 窗口界面

图 5-1 所示为一个标准的 PowerPoint 2010 工作窗口。

PowerPoint 窗口简介

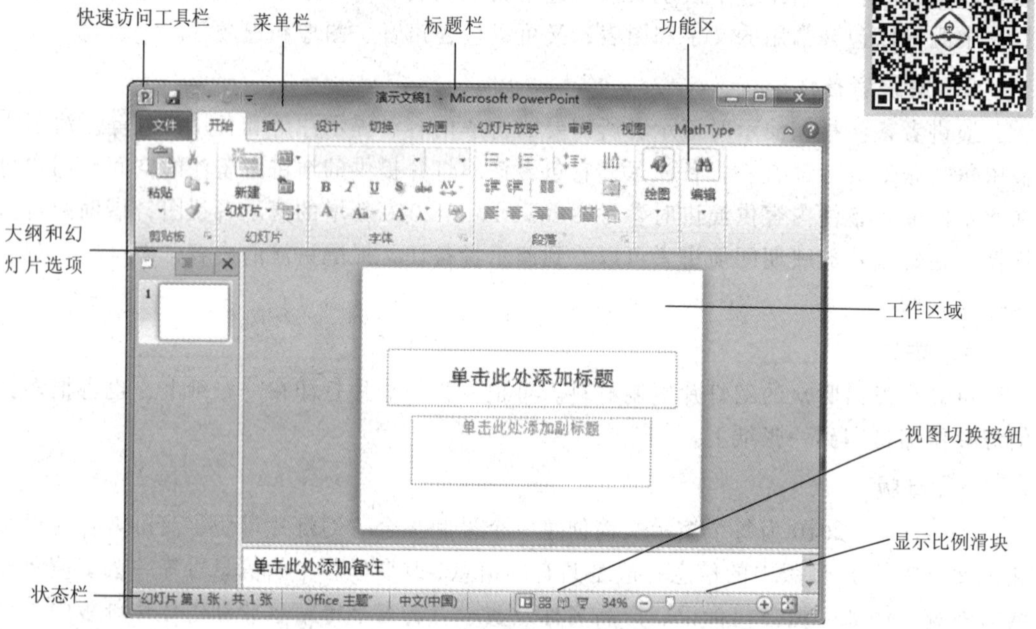

图 5-1　PowerPoint 2010 工作窗口

1．标题栏

显示程序名及当前操作的文件名。

2．快速访问工具栏

默认情况下有保存、撤销和恢复 3 个按钮。

3．菜单栏和功能区

PowerPoint 2010 的菜单栏和功能区是融为一体的，菜单栏下面就是功能区。功能区包含以前在 PowerPoint 2003 及更早版本中的菜单和工具栏上的命令以及其他菜单项。功能区旨在帮助用户快速找到某任务所需的命令。

菜单栏和功能区上常用命令的功能介绍如下：

（1）"文件"选项卡

使用"文件"选项卡可创建新文件、打开或保存现有文件和打印演示文稿。

（2）"开始"选项卡

使用"开始"选项卡可插入新幻灯片、将对象组合在一起并设置幻灯片上文本的格式。如果单击"新建幻灯片"旁边的下拉按钮，可从多个幻灯片布局进行选择；"字体"功能区包括"字体""加粗"、"斜体"和"字号"按钮；"段落"功能区包括"文本右对齐""文本左对齐""两端对齐"和"居中"；若要查找"组合"命令，请单击绘图功能区中的"排列"按钮，然后在"组合对象"中选择"组合"。

（3）"插入"选项卡

使用"插入"选项卡可将表格、图形、图表、页眉或页脚插入到演示文稿中。

（4）"设计"选项卡

使用"设计"选项卡可自定义演示文稿的背景、主题设计和颜色或页面设置。

（5）"切换"选项卡

使用"切换"选项卡可对当前幻灯片应用、更改或删除切换效果。在"切换到此幻灯片"功能区，单击某个切换效果，可将其应用于当前幻灯片，在"声音"列表中，可从多种声音中进行选择以在切换过程中播放，在"换片方式"下，可选中"单击鼠标时"复选框，以在单击时进行切换。

（6）"动画"选项卡

使用"动画"选项卡可对幻灯片上的对象应用、更改或删除动画，单击"添加动画"，然后选择应用于选定对象的动画，单击"动画窗格"可启动"动画窗格"任务窗格，"计时"功能区包括用于设置"开始"和"持续时间"的区域。

（7）"幻灯片放映"选项卡

使用"幻灯片放映"选项卡可开始幻灯片放映、自定义幻灯片放映的设置和隐藏某个幻灯片等。"开始幻灯片放映"功能区，包括"从头开始"放映和"从当前幻灯片开始"放映，单击"设置幻灯片放映"可弹出"设置放映方式"对话框，也可以隐藏一些不需要放映的幻灯片。

（8）"审阅"选项卡

使用"审阅"选项卡可检查拼写、更改演示文稿中的语言或比较当前演示文稿与其他演示文稿的差异，添加批注等。

（9）"视图"选项卡

使用"视图"选项卡可以查看幻灯片母版、备注母版、幻灯片浏览，还可以打开或关闭标尺、网格线和绘图指导。

4．工作区域

工作区即"普通"视图，旨在使用 Microsoft PowerPoint 2010 中的功能，可在此区域制作、编辑演示文稿。

5．显示比例

显示工作区域的大小比例，以适合预览和编辑工作。

6．状态栏

位于窗口底端，显示与当前演示文稿有关的操作信息，如总的幻灯片数、当前正在编辑的幻灯片是第几张等。

5.1.3　PowerPoint 2010 的视图

PowerPoint 2010
的视图

所谓视图是 PowerPoint 提供的查看演示文稿的方式。PowerPoint 2010 提供的 4 种主要视图是普通视图、幻灯片浏览视图、阅读视图和幻灯片放映视图。在 PowerPoint 2010 窗口右下方有这 4 种视图的切换按钮。单击这些按钮，可在 4 种视图之间进行切换，如图 5-2 所示。此外，PowerPoint 2010 中的视图还有备注页视图和母版视图，它们各有不同的用途。

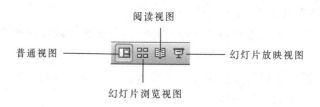

图 5-2　视图方式切换按钮

1．普通视图

普通视图

普通视图是主要的编辑视图，可用于编辑或设计演示文稿。该视图有选项卡和窗格两部分，分别为"大纲"选项卡和"幻灯片"选项卡，幻灯片窗格和备注窗格，如图 5-3、图 5-4 所示。通过拖动边框可调整选项卡和窗格的大小，选项卡也可以关闭。

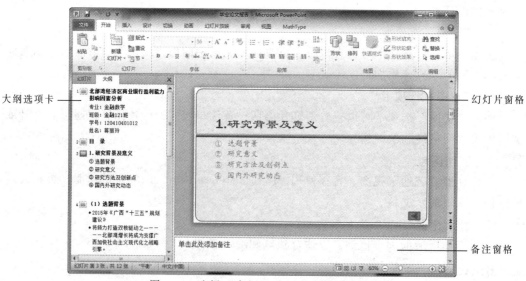

图 5-3　选择"大纲"选项卡的普通视图

①　"大纲"选项卡：在左侧工作区域显示幻灯片的文本大纲，方便组织和开发演示文稿中的文本内容，除了输入文本，还可以重新排列项目符号、段落和幻灯片。若要打印演示文稿大纲的书面副本，使其只包含文本而没有图形或动画，可选择"文件"→

"打印"命令，单击"整页幻灯片"→"大纲"，再单击顶部的"打印"按钮。

② "幻灯片"选项卡：在左侧工作区域显示幻灯片的缩略图。使用缩略图能方便地遍历演示文稿，并观看设计更改的效果。在这里还可以轻松地重新排列、添加或删除幻灯片。

③ 幻灯片窗格：在 PowerPoint 窗口的右方。"幻灯片"窗格显示当前幻灯片的大视图，在此视图中显示当前幻灯片时，可以添加文本，插入图片、表格、SmartArt 图形、图表、图形对象、文本框、电影、声音、超链接和动画等到当前幻灯片中。

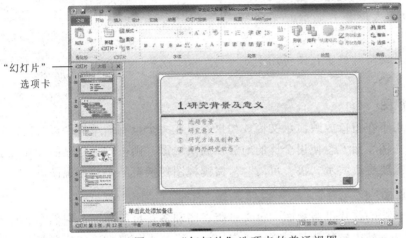

"幻灯片"选项卡

图 5-4 "幻灯片"选项卡的普通视图

④ 备注窗格：可添加与每个幻灯片的内容相关的备注。这些备注可在放映演示文稿时作为参考资料，或者还可以打印出来分发给观众，或发布在网页上。

2. 幻灯片浏览视图

在幻灯片浏览视图中，可快速浏览演示文稿中的所有幻灯片。这些幻灯片以缩略图方式显示，如图 5-5 所示。通过幻灯片浏览视图可以轻松地调整幻灯片的顺序，还可以方便地在幻灯片之间添加、删除和移动幻灯片以及选择切换动画，但不能对幻灯片内容进行修改。如果要对某张幻灯片内容进行修改，可以双击该幻灯片切换到普通视图，再进行修改。另外，还可以在幻灯片浏览视图中添加节，并按不同的类别或节对幻灯片进行排序。

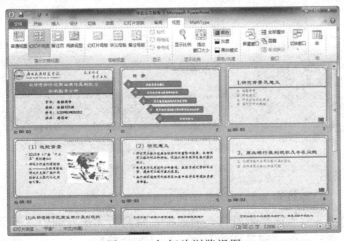

图 5-5 幻灯片浏览视图

3．幻灯片放映视图

在创建演示文稿的任何时候，都可通过单击"幻灯片放映视图"按钮来启动幻灯片放映和浏览演示文稿，如图 5-6 所示。按【Esc】键可退出放映视图。幻灯片放映视图会占据整个计算机屏幕，这与观众观看演示文稿时在大屏幕上显示的完全一样，可以看到图形、计时、电影、动画效果和切换效果。幻灯片放映视图可用于向观众放映演示文稿。

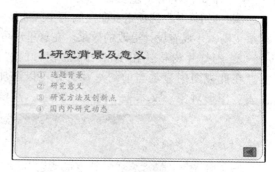

图 5-6　幻灯片放映视图

4．阅读视图

阅读视图用于在窗口放映演示文稿。如果希望在一个设有简单控件以方便审阅的窗口中查看演示文稿，而不想使用全屏的幻灯片放映视图，则可以在自己的计算机上使用阅读视图。如果要更改演示文稿，可随时从阅读视图切换至某个其他视图。

5．母版视图

母版视图包括幻灯片母版视图、讲义母版视图和备注母版视图。它们存储有关演示文稿的设计信息，其中包括背景、颜色、字体、效果、占位符大小和位置等，如图 5-7 所示。使用母版视图的一个主要优点在于，在幻灯片母版、备注母版或讲义母版上，可以对与演示文稿关联的每个幻灯片、备注页或讲义的样式进行全局更改。

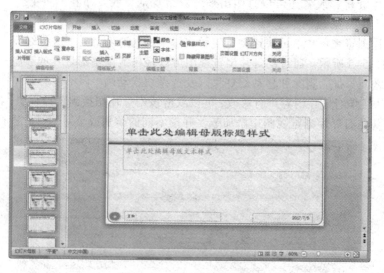

图 5-7　幻灯片母版视图

6．演示者视图

演示者视图是一种可在演示期间使用的基于幻灯片放映的视图。借助两台监视器，可以运行其他程序并查看演示者备注，而这些是观众所无法看到的。若要使用演示者视图，请确保计算机具有多监视器功能，同时也要多监视器支持演示者视图。

5.1.4 演示文稿的基本操作

1. 演示文稿的创建

启动 PowerPoint 2010 后，若要新建演示文稿，有下列 3 种选择：

① 利用"空白演示文稿"创建演示文稿：若希望在幻灯片上创出自己的风格，不受模板风格的限制，获得最大限度的灵活性，可以用该方法创建演示文稿。在 PowerPoint 2010 中，单击"文件"选项卡，然后单击"新建"，展开"新建"选项。在可用的模板和主题上单击"空白演示文稿"图标（见图 5-8），然后单击"创建"按钮，打开新建的第一张幻灯片（见图 5-9），这时文档的默认名为"演示文稿 1"。

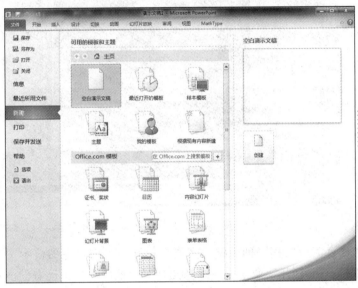

利用空白演示文稿创建演示文稿（1）

图 5-8 新建选项

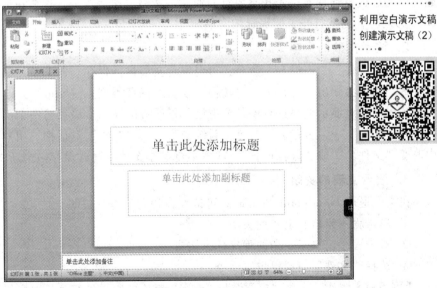

利用空白演示文稿创建演示文稿（2）

图 5-9 新建空白演示文稿 1

② 利用"模板"创建演示文稿：模板提供了预定的颜色搭配、背景图案、文本格式等幻灯片显示方式，但不包含演示文稿的设计内容。在"新建"选项（见图 5-8）中选择"样本模板"，打开"样本模板"库，再选择需要的模板（如"现代型相册"），然后单击"创建"按钮，新建第一张幻灯片，如图 5-10 所示。

利用模板创建演示文稿

图 5-10　新建模板演示文稿 2

③ 根据"现有演示文稿"创建演示文稿：打开一个已存在的演示文稿进行修改。可以选择"文件"→"打开"命令，在"打开"对话框中，选择已有的演示文稿，单击"确定"按钮，就可以在原有演示文稿的模板上修改其内容，创建新的演示文稿。此外，还可以通过资源管理器，先找到要打开的演示文稿，然后双击，这样在启动 PowerPoint 2010 的同时，也就打开了要编辑的文稿。

2．演示文稿的保存

选择"文件"→"保存"命令，可对演示文稿进行保存。若是新建演示文稿的第一次存盘，系统会弹出"另存为"对话框。默认的保存类型是"*.pptx"。

若用户要对演示文稿进行备份或把已经修改过的演示文稿以另一个新文件名保存，可选择"文件"→"另存为"命令，系统会弹出"另存为"对话框。用户只需在对话框中改变"文件名"或"保存位置"，即可不覆盖原文件而同时保存一个新文件。

3．演示文稿的关闭

在决定退出 PowerPoint 2010 时，可以有多种办法将它关闭。

① 单击程序窗口右上角的关闭按钮。

② 双击程序窗口左上角的程序标志按钮。

③ 选择"文件"→"退出"命令。

【例 5-1】制作一个由"标题"和"内容"组成的简单幻灯片，内容如图 5-11 所示。

图 5-11　加上内容的幻灯片

案例要求：利用"模板"快速创建演示文稿，为演示文稿的第一张幻灯片输入文本。在演示文稿的第一张幻灯片（见图 5-9）"单击此处添加标题"的位置单击，输入标题；在"单击此处添加内容"的位置单击，输入内容（内容如图 5-11 所示）。输入完毕后，效果如图 5-11 所示。

案例操作：

（1）选择创建演示文稿的模板

① 启动 PowerPoint 2010，选择"文件"→"新建"命令，展开"新建"选项，单击"样本模板"，再选择"古典型相册"模板，单击"创建"按钮，新建一个幻灯片演示文稿。

② 在"第一张演示文稿"中单击"开始"选项卡"幻灯片"功能区中的"版式"下拉按钮，选择需要的版式以更改幻灯片的布局（见图 5-12）。

③ 在"设计"功能区中，进行页面设置（全屏显示 16:10）选择合适的主题和背景。

（2）输入文稿内容

模板上的格式和颜色都已应用到新建的幻灯片上，用户可在该幻灯片上相应的占位符输入演示文稿内容（见图 5-11）。

另外，可以为内容添加"项目符号和编号"，使用项目符号或编号来演示大量文本或顺序流程，以列出内容提纲。例如，本例中添加项目符号，在图 5-11 中，首先选中内容各段，在"开始"选项卡中单击"项目符号"下拉按钮，选择"项目符号和编号"命令，在弹出对话框的"项目符号"选项卡中，单击"图片"按钮选择图片，结果如图 5-11 所示。

（3）新建第二张幻灯片

在"开始"选项卡的"幻灯片"功能区中，单击"新建幻灯片"下拉按钮，选择需要的版式。"标题和内容"板式，如图 5-12 所示。也可以重新选择更改幻灯片的版式创建一个新幻灯片。最好的方法是，选择"复制所选幻灯片"命令，将原来的幻灯片复制为第二张幻灯片，重复第（2）步，输入新内容，就可以创建演示文稿中的第二张幻灯片。由于采用同一模板和版式，演示文稿中的所有幻灯片都具有相同的外观。

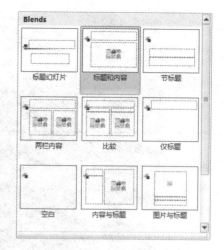

图 5-12　新建的版式

（4）将多个主题应用于演示文稿

如果需要演示文稿包含多个主题（包含背景、颜色、字体和效果的版式），则演示文稿必须包含多个幻灯片母版。 每个主题与一组版式相关联，每组版式与一个幻灯片母版相关联。例如，两个幻灯片母版可以各自有一组不同主题（两种设计），具有可应用于一个演示文稿的唯一版式。

具体操作上，在"设计"选项卡上，打开"主题"下拉菜单，如图 5-13 所示。展开主题选项，右击某一主题（见 5-14），再选择"应用于选定幻灯片"，即将该主题应用于选定的幻灯片上。

多个主题应用于演示文稿

图 5-13　所有主题

图 5-14　主题选项

（5）设计切换方式和动画方案

单击"切换"选项卡，可以设计幻灯片的切换方式；单击"动画"选项卡，选择合适的动画方案。

重复（1）~（5）步骤，可以为演示文稿制作 n 张幻灯片。

总结：

① 通过以上操作，我们学习了将文本内容输入到幻灯片中的方法。但往往一些已输入到幻灯片中的文本不那么令人满意，需要对文本做一些编辑和修改工作，即对文本进行必要的修改和格式化。如本例中图 5-11，可以在标题文本框中输入"艺术字"，其

方法同 Word 文件编辑是一样的，这里不作过多的介绍。

② 单击在"开始"选项卡"幻灯片"功能区中的"版式"按钮，的幻灯片版式窗中，系统会提示该版式包含哪些占位符，可根据需要选择某一个版式。

③ 在设计选项卡的"主题"功能区中，当鼠标悬停在某一个主题上时，则自动显示主题效果，单击某主题则应用此主题。

5.2　PowerPoint 2010 演示文稿的制作

在演示文稿的制作过程中，会遇到标题、副标题、普通文本等三类文本占位符，在制作含有这些内容的文本时同 Word 一样，要进行文本的输入、格式化等修改和编辑工作，所以，要学会灵活运用 Word 的格式化编辑功能。

在演示文稿的制作过程中，还要学会运用插入对象的功能。在演示文稿的合适位置插入剪贴画、SmartArt 图形、图片、屏幕截图、组织结构图、图表、艺术字、表格、批注、音频和视频等对象。这样就制作出一张内容丰富、款式新颖的演示文稿。

PowerPoint 2010 同 Word 是一样的"所见即所得"操作，所以在演示文稿的编辑上，要时刻像 Word 一样思考、操作，就可达到事半功倍的效果。在演示文稿的美化方面，像 Word 一样对字符和段落分别进行格式化即可。另外，演示文稿的排版可以直接应用幻灯片的版式操作，还可以通过快速改变幻灯片的设计模板的方法来美化演示文稿。

5.2.1　演示文稿的输入和插入对象

1．输入文本

创建一个演示文稿，应首先输入文本。输入文本分两种情况：

① 有文本占位符（选择包含标题或文本的自动版式）。单击文本占位符，占位符的虚线框变成粗边线的矩形框，原有文本消失，同时在文本框中出现一个闪烁的"I"形插入光标，表示可以直接输入文本内容。

输入文本时，PowerPoint 2010 会自动将超出占位符位置的文本切换到下一行，用户也可按【Shift+Enter】组合键进行人工换行。按【Enter】键，文本另起一个段落。

输入完毕后，单击文本占位符以外的地方即可结束输入，占位符的虚线框消失。

② 无文本占位符：插入文本框即可输入文本，操作与 Word 类似。

文本输入完毕，可对文本进行格式化，操作与 Word 类似。

2．插入剪贴画

可在演示文稿中加入一些与文稿主题有关的剪贴画，使演示文稿生动有趣，更富吸引力。

插入剪贴画

① 有内容占位符（选择包含内容的自动版式）。单击内容占位符的"插入剪贴画"图标，弹出"剪贴画"任务窗格，如图 5-15 所示。工作区内显示的为管理器中已有的图片，双击所需图片即可插入。如果图片太多难以找到，可以利用对话框上的搜索功能。如果所需图片

不在管理器内，可单击"导入"按钮，选择所需图片。在"剪贴画"任务窗格中，设置好"搜索文字""搜索范围"和"结果类型"后，单击"搜索"按钮，出现符合条件的剪贴画，选择所需的插入即可。

② 有剪贴画占位符（选择包含剪贴画的自动版式）。双击剪贴画占位符，打开"选择图片"对话框，其他操作同步骤①。插入了剪贴画后可对剪贴画进行编辑（改变大小、位置、复制等），操作与 Word 类似。

3．插入图形

在普通视图的幻灯片窗格中可以绘制图形，方法与 Word 中的操作相同。在"插入"选项卡"插图"功能区中，单击"形状"按钮，展开"形状"选项框，如图 5-16 所示。在其中选择某种形状样式后单击，此时鼠标变成十字星形状，拖动鼠标可以确定形状的大小。

图 5-15 "剪贴画"任务窗格

图 5-16 形状选项区

4．插入 SmartArt 图形

SmartArt 图形是信息和观点的视觉表示形式。可以通过从多种不同布局中进行选择来创建 SmartArt 图形，幻灯片中加入 SmartArt 图形（包括以前版本的组织结构图），可使版面整洁，便于表现系统的组织结构。

创建 SmartArt 图形时，系统会提选择一种类型，如"流程""层次结构"或"关系"，类型类似于 SmartArt 图形的类别，并且每种类型包含几种不同布局，如图 5-17 所示。

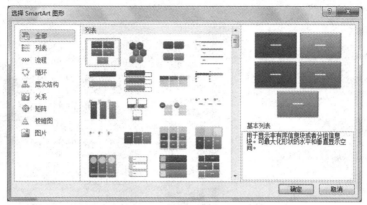

图 5-17 "SmartArt 图形"对话框

5．插入艺术字

单击"插入"选项卡"文本"功能区中的"艺术字"按钮，展开"艺术字"选项区。在其中选择某种样式后单击。此时，在幻灯片编辑区里出现"请在此放置您的文字"艺术字编辑框，如图 5-18 所示。更改输入要编辑的艺术字文本内容，可以在幻灯片上看到文本的艺术效果。选中艺术字后，在"绘图工具–格式"选项卡中，可以进一步编辑"艺术字"。右击艺术字，选择"设置艺术字格式"命令，可以选择设置艺术字的形状格式，如图 5-19 所示。

插入艺术字

图 5-18 艺术字编辑框

6．插入图表

PowerPoint 2010 可直接利用"图表生成器"提供的各种图表类型和图表向导，创建具有复杂功能和丰富界面的各种图表，增强演示文稿的演示效果。

有图表占位符的双击图表占位符，或单击"插入"选项卡"插图"功能区中的"图表"按钮，均可启动 Microsoft Graph 应用程序插入图表对象，如图 5-20 所示。

图 5-19 "设置形状格式"对话框

图 5-20 插入图表对象

7．插入表格

单击"插入"选项卡"表格"功能区中的"表格"按钮，选择要插入的表格行数和列数，或在弹出的"插入表格"对话框中输入行数和列数，单击"确定"按钮。

8．插入多媒体信息

（1）插入图片

单击"插入"选项卡"图像"功能区中的"图片"按钮。在弹出的"插入图片"对话框选择某一幅或多幅图片，单击"插入"按钮即可将图片插入到幻灯片中。另外，PowerPoint 2010 新增了制作电子相册功能，选择"插入"选项卡"图像"功能区中的"相册"按钮，弹出"相册"对话框，单击"文件/磁盘"按钮，弹出"插入新图片"对话框，选择要插入的图片后，单击"确定"按钮即可，将来自文件的一组图片制作成多张幻灯片的相册，结果如图 5-21 所示。

图 5-21 电子相册

（2）插入声音

在幻灯片上插入音频剪辑时，将显示一个表示音频文件的图标 。在播放时，可以选择设置为在显示幻灯片时自动开始播放、在单击时开始播放或跨幻灯片播放，甚至可以循环连续播放直至停止。默认插入的音频只在当前幻灯片播放。

插入的音频剪辑可以来自计算机的文件、网络或"剪贴画"任务窗格，也可以自己录制音频，或者使用 CD 中的音乐。

单击"插入"选项卡"媒体"功能区中的"音频"按钮，执行以下任一个操作：

① 选择"文件中的音频"，找到包含该音频的文件夹，然后双击要添加的音频文件。

② 选择"剪贴画音频"，查找所需的音频剪辑。在剪贴画任务窗格单击该音频文件旁边的箭头，然后单击插入。

或在"剪贴画"任务窗格中，设置好"搜索文字"和"结果类型"（注意结果类型为声音）后，单击"搜索"按钮，出现符合条件的声音，选择所需的声音，即可在幻灯片中插入剪辑管理器中的声音。

插入音频之后，在幻灯片会出现一个小喇叭，单击选定此小喇叭，再单击出现的"音频工具"下的"播放"选项卡，即可设置音频播放选项。

【例 5-2】在幻灯片放映时能自动循环播放声音。

要求：在幻灯片中插入某一个声音文件，放映时声音自动循环播放，直到所有幻灯片播放完毕，而且幻灯片放映时隐藏声音图标。

操作步骤如下：

① 打开演示文稿，在普通视图方式下，选择幻灯片。

② 打开"插入"选项卡"媒体"功能区中的"音频"按钮，选择"文件中的音频"，在插入音频对话框中选择某一个音频文件，插入后在幻灯片里出现一个"喇叭"图标和相应的播放控制按钮。

③ 在幻灯片上选择喇叭图标，单击"音频工具–格式"选项卡，可以修改喇叭的图片边框和效果。

④ 在"音频工具–播放"选项卡，自定义此声音的多种动画效果，如图 5-22 所示。

图 5-22 音频设置

设置音频选项如下：

① 若要在放映该幻灯片时自动开始播放音频剪辑，可在"开始"列表中单击"自动"。

② 若要通过在幻灯片上单击音频剪辑来手动播放，可在"开始"列表中选择"单击时"。

③ 若要在演示文稿中单击切换到下一张幻灯片时播放音频剪辑，可在"开始"列表中单击"跨幻灯片播放"。

④ 要连续播放音频剪辑直至停止播放，可选中"循环播放，直到停止"复选框。注

意，循环播放时，声音将连续播放，直到转到下一张幻灯片为止。

⑤ 在"音频工具–播放"选项卡的"音频选项"功能区中，选中"放映时隐藏"复选框，则幻灯片放映时隐藏声音图标

总结：

① 在"音频选项"功能区中，选中"放映时隐藏"复选框，则幻灯片放映时声音图标不出现。

② 修剪音频剪辑，可以在每个音频剪辑的开头和末尾处对音频进行修剪。若要修剪剪辑的开头，可单击起点，如图5-23，最左侧的绿色标记所示，看到双向箭头时，将箭头拖动到所需的音频剪辑起始位置。若要修剪剪辑的末尾，请单击终点右侧的红色标记，看到双向箭头时，将箭头拖动到所需的音频剪辑结束位置，如图5-23所示。

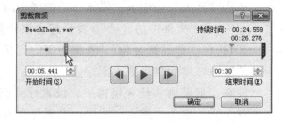

图5-23 "裁剪音频"对话框

（3）插入影片

单击"插入"选项卡"媒体"功能区中的"视频"按钮，选择"文件中的视频"或"剪贴画视频"，或"来自网站的视频"命令，如图5-24所示。选择要插入的视频，也可以进一步对视频进行编辑。选定插入的视频剪辑后单击出现的"视频工具"下的"播放"选项卡，即可设置视频播放选项。

图5-24 视频效果

9. 插入其他演示文稿中的幻灯片

选择某张幻灯片为当前幻灯片，选择"开始"选项卡"幻灯片"功能区中"新建幻灯片"→"重用幻灯片"命令，弹出"重用幻灯片"窗格，如图5-25所示。单击"浏览"按钮找到包含所需幻灯片的演示文稿的文件名并将其打开，或直接在文本框中输入路径和文件名。在选择幻灯片选项区域中，右击要选择的一张幻灯片，再选择插入幻灯片，将其插入到当前幻灯片的后面，若选择插入所有幻灯片，则可将选择的演示文稿中

全部幻灯片插入到当前幻灯片后面。

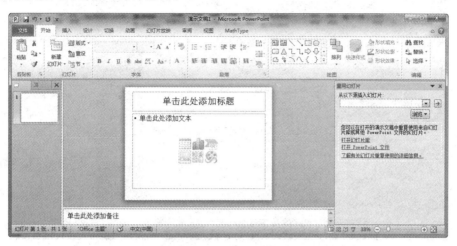

图 5-25　重用幻灯片

10．插入页眉与页脚

单击"插入"选项卡"文本"功能区的"页眉和页脚"按钮，弹出"页眉和页脚"对话框，选择"幻灯片"选项卡，如图 5-26 所示。通过选择适当的复选框，可以确定是否在幻灯片的下方添加日期和时间、幻灯片编号、页脚等，并可设置选择项目的格式和内容。设置结束后，若单击"全部应用"按钮，则所做设置将应用于所有幻灯片；若单击"应用"按钮，则所做设置仅应用于当前幻灯片。此外，若选择"标题幻灯片中不显示"，则所做设置将不应用于第一张幻灯片。

图 5-26　"页眉和页脚"对话框

插入页眉与页脚

11．插入公式

单击"插入"选项卡"符号"功能区的"公式"按钮，展开"公式选项区"，选择其中的某一公式项，在幻灯片中即插入已有的公式。再单击此公式，则功能区出现"公式工具–设计"选项卡（见图 5-27），在此区可以编辑公式。

12．插入批注

利用批注的形式可以对演示文稿提出修改意见。批注就是审阅文稿时在幻灯片上插入的附注，批注会出现在黄色的批注框内，不会影响原演示文稿。

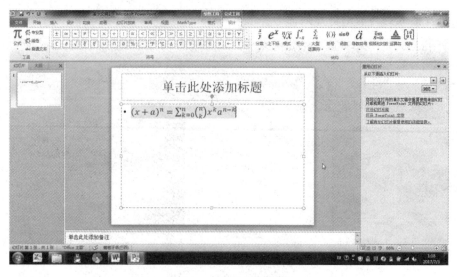

图 5-27　编辑公式

选择需要插入批注幻灯片中的内容，单击"审阅"选项卡"批注"功能区中的"新建批注"按钮，在当前幻灯片上出现批注框，在框内输入批注内容，单击批注框以外的区域即可完成输入。

5.2.2　演示文稿的编辑

1．幻灯片的选择

①　选择单张幻灯片。在幻灯片浏览视图或普通视图的选项卡区域，单击所需的幻灯片。

②　选择连续的多张幻灯片。在幻灯片浏览视图或普通视图的选项卡区域，单击所需的第一张幻灯片，按住【Shift】键单击最后一张幻灯片。

③　选择不连续的多张幻灯片。在幻灯片浏览视图或普通视图的选项卡区域单击所需的第一张幻灯片，按住【Ctrl】键单击所需的其他幻灯片，直到所需幻灯片全部选完。

演示文稿的编辑

2．幻灯片的插入与删除

①　插入幻灯片。在幻灯片浏览视图或普通视图方式下，首先选择某一张或多张幻灯片，再选择"开始"→"新建幻灯片"→"复制所选幻灯片"命令，则将所选幻灯片复制到插入点位置。

②　删除幻灯片。在幻灯片浏览视图或普通视图的选项卡区域，选择某张或多张幻灯片，按【Delete】键即可。

3．幻灯片的复制和移动

①　复制幻灯片。在幻灯片浏览视图或普通视图的选项卡区域，选择某张幻灯片，按住【Ctrl】键同时拖动鼠标到目标位置即可。

②　移动幻灯片。在幻灯片浏览视图或普通视图的选项卡区域，选择某张幻灯片，拖动鼠标将它移到新的位置即可。

4．改变幻灯片的版式

在普通视图方式下，选择需要改变的幻灯片，选择"开始"→"幻灯片"→"版式"按钮，打开幻灯片版式区（见图 5-12），选择需要的版式。

5．修改幻灯片主题样式格式

如果对内置的主题样式不满意，可以通过主题组右侧的"颜色""字体""效果"按钮重新进行调整，如图 5-28 所示的新建主题颜色。

6．更改背景

在演示文稿中更改背景颜色或图案，步骤如下：

单击"设计""背景"→"背景样式"按钮，选择"设置背景格式"命令，弹出"设置背景格式"对话框，如图 5-29 所示。

图 5-28　"新建主题颜色"对话框

图 5-29　"设置背景格式"对话框

单击"纹理"下拉按钮，选择要填充的纹理作为背景填充。或者单击"插入自"下的"文件"按钮，在本机中选择某一张图片作为背景填充。

在图 5-29 中，单击"关闭"按钮，则背景设置只应用在当前幻灯片上，若单击"全部应用"按钮，则背景设置应用到整个演示文稿。

5.3　PowerPoint 2010 演示文稿的放映

5.3.1　演示文稿放映概述

所谓演示文稿的放映是指连续播放多张幻灯片的过程，播放时按照预先设计好的顺序进行。如果对演示文稿要求不高，可以直接进行放映，即从演示文稿中某张幻灯片起，顺序放映到最后一张幻灯片为止。

为了突出重点，吸引观众的注意力，在放映幻灯片时，通常要在幻灯片中使用动画效果，使放映过程更加形象生动，实现动态演示。在演示文稿的放映过程中添加动画效果，其中包括两种方式：一是为幻灯片切换时添加动态切换效果；二是为每一张幻灯片中的对象添加动态演示效果。在幻灯片中的对象可以包含文字（在不同的文本框内的文字）、图表、图像，以及视频、音频等对象。

这里需要注意的是演示文稿的放映过程中，内容是展示的主要部分，是主线。添加动画、超链接和设置切换方式的目的是突出重点，达到活跃气氛的目的。所以，不要用太多的动画效果和切换效果，太多的闪烁和运动会分散观众的注意力，甚至使观众感到厌烦。另外，在演示文稿的放映过程中还可以增加超链接功能，以增加放映的灵活性和内容的丰富性。

5.3.2 设置幻灯片放映的切换方式

幻灯片的切换方式是指某张幻灯片进入或退出屏幕时的过渡方式，比如百叶窗方式、淡出淡入方式等，目的是为了使前后两张幻灯片之间的过渡自然。幻灯片切换效果是指切换方式如何实现，比如切换的速度、运动的方向、添加声音，甚至还可以对切换效果的属性进行自定义。既可以为选择的某张幻灯片设置切换方式，也可为一组幻灯片设置相同的切换方式。

在幻灯片之间添加切换效果，通过"切换"选项卡，即可设置幻灯片切换方式，如图 5-30 所示。

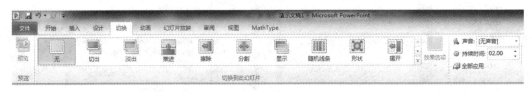

图 5-30　切换功能区

【**例 5-3**】设置幻灯片放映的切换方式。

要求：把幻灯片设置为"垂直百叶窗"切换方式。

操作步骤如下：

① 打开演示文稿，在浏览视图方式下，选择幻灯片。

② 在菜单栏单击"切换"选项卡，如图 5-30 所示。

③ 在"切换"选项卡的"切换到此幻灯片"功能区中选择"百叶窗"按钮。

设置幻灯片放映的切换方式

④ 在百叶窗换的"效果选项"里设置"垂直"效果。

⑤ 另外，还可以为切换效果添加属性，如"声音"为"鼓声"，"持续时间"为"2秒"等。

总结：

① 在"切换"选项卡"计时"功能区中一般选中"单击鼠标时"复选框。若同时选中"单击鼠标时"和"设置自动换片时间"复选框，可使幻灯片按指定的间隔进行切换，在此间隔内单击则可直接进行切换，从而达到手工切换和自动切换相结合的目的。

② 所设置的切换方式应用到当前的第二张幻灯片上，若在"计时"功能区中单击"全部应用"按钮，则应用到整个演示文稿的全部幻灯片上。

③ 幻灯片的切换方式除了上面介绍的进入动画之外，还有强调动画和退出动画方式，可根据实际情况设置。

5.3.3　设置幻灯片的动画效果

幻灯片的动画效果是指在放映过程中，幻灯片上的各种对象以一定的次序及方式进入到画面中所产生的动态效果。

可以将 PowerPoint 2010 演示文稿中的文本、图片、形状、表格、SmartArt 图形和其他对象制作成动画，赋予它们进入、退出、大小或颜色变化甚至移动等视觉效果。

> 设置幻灯片的动画效果

PowerPoint 2010 中有以下 4 种不同类型的动画效果：

① 进入效果：例如，可以使对象逐渐淡入焦点、从边缘飞入幻灯片或者跳入视图中。

② 退出效果：这些效果包括使对象飞出幻灯片、从视图中消失或者从幻灯片旋出。

③ 强调效果：这些效果包括使对象缩小或放大、更改颜色或沿其中心旋转。

④ 动作路径：指定对象或文本沿行的路径，它是幻灯片动画序列的一部分。使用这些效果可以使对象上下移动、左右移动或者沿着星形或圆形图案移动。

可以单独使用任何一种动画，也可以将多种效果组合在一起。例如，可以对一行文本应用"飞入"进入效果及"放大/缩小"强调效果，使它在从左侧飞入的同时逐渐放大。

指示动画效果开始计时的图标有多种类型，包括下列选项：

①"单击开始"：动画效果在单击鼠标时开始。

②"从上一项开始"：动画效果开始播放的时间与列表中上一个效果的时间相同。

③"从上一项之后开始"：动画效果在列表中上一个效果完成播放后立即开始。

在"动画"功能区中可以进一步选择"更多进入效果""更多强调效果""更多退出效果"或"其他动作路径"等按钮来设置丰富的动画及其效果，如图 5-31 所示。

图 5-31　动画及其效果

【例 5-4】设置图 5-32 所示幻灯片对象的动画效果。

操作步骤如下：

（1）设置幻灯片的动画

① 打开演示文稿，在普通视图方式下，选择如图 5-32 所示的幻灯片。

图 5-32　需要做动画效果的幻灯片

② 单击"动画"选项卡，打开"动画"功能区，如图 5-33 所示，并单击"动画窗格"按钮。

图 5-33　动画功能区

③ 在幻灯片上选择要制作动画的对象，在"动画"功能区选择所需的动画效果，则该预设的动画就应用到所选对象上。本例中，选择所有幻灯片对象标题，再在动画功能区中选择"淡出"动画，选择"与上一动画同时"。

④ 为文本"美好的大学记忆"制作动画，依次选择"动画"→"添加动画"→"更多强调动果"→"波浪形"，单击"确定"按钮，并设置开始方式为"上一动画之后"，并设置持续时间为 1 分钟，可设置波浪形的波动方向为从左到右。类似的，为风车图案添加"陀螺旋"动画，如图 5-34 所示。

⑤ 在动画窗格中，同时选中上一步的两个动画，单击右侧三角形按钮，在下拉选项选择"效果选项"，切换到"计时"选项卡，设置重复方式为"直到幻灯片末尾"，如图 5-35 所示。

（2）关于动画任务窗格的说明

① 在将动画应用于对象或文本后，幻灯片上已制作成动画的项目会标上编号标记，该标记显示在文本或对象旁边（见图 5-34）。仅当选择"动画"选项卡或"动画"任务窗格可见时，才会在"普通"视图中显示该标记。

② 可以在"动画"任务窗格中查看幻灯片上所有动画的列表（见图 5-34）。"动画"

任务窗格显示有关动画效果的重要信息，如效果的类型、多个动画效果之间的相对顺序、受影响对象的名称以及效果的持续时间。

图 5-34 动画任务窗格

图 5-35 "效果选项"对话框

③ 在"动画"选项卡的"高级动画"功能区中，单击"动画窗格"，打开动画任务窗格。在该任务窗格中的编号表示动画效果的播放顺序。时间线代表效果的持续时间，图标代表动画效果的类型。选择列表中的项目后会看到相应菜单图标（向下箭头），单击该图标即可显示相应菜单。

④ 为动画设置效果选项、计时或顺序。若要为动画设置效果选项，可在"动画"选项卡的"动画"功能区中，单击"效果选项"按钮，然后单击所需的选项。可以在"动画"选项卡上为动画指定开始、持续时间或者延迟计时。若要为动画设置开始计时，可在"计时"功能区中单击"开始"菜单右侧的下拉按钮，然后选择所需的计时。若要设置动画将要运行的持续时间，可在"计时"功能区的"持续时间"框中输入所需的秒数。若要设置动画开始前的延时，可在"计时"功能区的"延迟"框中输入所需的秒数。若要对列表中的动画重新排序，可在"动画任务窗格"中选择要重新排序的动画，然后在

"动画"选项卡的"计时"功能区中，选择"对动画重新排序"下的"向前移动"使动画在列表中另一动画之前发生，或者选择"向后移动"使动画在列表中另一动画之后发生。

案例总结：

① 一个对象可以有多个动画效果。按动画效果设置的先后来安排次序，"动画任务窗格"列表中的排列就是它们的次序。

② 为一个对象设置多个动画，可以制作出意想不到的效果。

5.3.4 设置幻灯片的超链接效果

使用超链接功能不仅可以在不同的幻灯片之间自由切换，还可以在幻灯片与其他 Office 文档或 HTML 文档之间切换，超链接还可以指向 Internet 上的站点。通过使用超链接可以实现同一份演示文稿在不同的情形下显示不同内容的效果。

设置幻灯片的超链接效果

1. 超链接

幻灯片播放时，把鼠标指针移到设有超链接的对象上，鼠标指针会变成"手"形指针，单击或鼠标移过该对象即可启动超链接。

打开"插入"选项卡，在幻灯片里选择需要创建超链接的文字或某个对象，再单击"超链接"按钮，弹出"插入超链接"对话框，在其中选择要链接的文档、Web 页或电子邮件地址，单击"确定"按钮即可。幻灯片放映时单击该文字或对象即可启动超链接。

2. 动作设置

单击"插入"按钮，在幻灯片中选择要设置动作的某个超链接对象，再单击"动作"按钮，进入"动作设置"对话框。幻灯片放映时鼠标移过或单击该对象（根据用户的设置）可启动超链接，同时可播放选择的声音文件和突出显示对象等。

5.3.5 幻灯片的放映控制

创建好的演示文稿必须经过放映才能体现它的演示功能，实现动画和链接效果。

1. 幻灯片的放映

要放映幻灯片，只需单击"幻灯片放映"视图按钮即可。或在"幻灯片放映"选项卡单击"从头开始"按钮。若想终止放映，可以右击，在弹出的快捷菜单中选择"结束放映"命令或按【Esc】键。

2. 在放映幻灯片期间使用笔

放映幻灯片时，可在幻灯片的任何地方添加手写笔功能。在幻灯片放映视图中右击，在弹出的快捷菜单（见图 5-36）中选择"指针选项"→"笔"或"荧光笔"命令，就可在幻灯片上移动鼠标进行书写。选择"箭头"命令即可使鼠标指针恢复正常，选择"擦除幻灯片上的所有墨迹"可删除刚才手写的墨迹。

图 5-36　添加手写笔功能

3．设置放映方式

在"幻灯片放映"选项卡中"设置放映方式"按钮，弹出"设置放映方式"对话框（见图 5-37），然后根据需要进行设置。可以设置"演讲者放映""观众自行浏览"和"在展台浏览"3 种放映方式，也可以设置从第几张幻灯片开始放映，直到第几张幻灯片结束。最后，单击"确定"按钮即可。

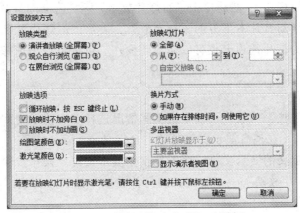

图 5-37　"设置放映方式"对话框

4．另存为.ppsx 文件

对经常使用的演示文稿，可选择"文件"→"另存为"命令，将其另存为"PowerPoint 2010 放映"类型的文件。操作上可以在"另存为"对话框的"保存类型"下拉列表框中，选择"PowerPoint 2010 放映"。之后，在双击该放映文件时，就会自动激活演示文稿的放映方式。

5．排练计时

单击"幻灯片放映"选项卡"设置"功能区中的"排练计时"按钮，按自己需要的速度把幻灯片放映一遍。到达幻灯片末尾时，单击"是"按钮，接受排练时间，或单击"否"按钮，重新开始排练。设置了排练时间后，幻灯片在放映时若没有单击，即按排练时间放映。设置排练计时适合在严格控制发言时间的场合使用。

6．录制旁白

要录制语音旁白，需要声卡、传声器和扬声器。单击"幻灯片放映"→"录制幻灯片演示"按钮，弹出"录制幻灯片演示"对话框，选中"旁白和激光笔"复选框。在保证传声器正常工作的状态下，单击"开始录制"按钮，进入幻灯片放映视图。此时一边控制幻灯片的放映，一边通过传声器语音输入旁白，直到浏览完所有幻灯片。旁白是自动保存的。注意：在演示文稿中每次只能播放一种声音。因此，如果已经插入了自动播放的声音，语音旁白会将其覆盖。录制旁白后的演示文稿适合在站台浏览和观众自行浏览这两种放映方式。

7．隐藏幻灯片

制作好的演示文稿应当包括主题所涉及的各方面的内容，但是对于不同类型的观众来说，演示文稿中的某张或几张幻灯片可能不需要放映。这时，在播放演示文稿时可以将不需要放映的幻灯片隐藏起来。

要隐藏不需要放映的幻灯片，首先在幻灯片浏览视图方式下单击需要隐藏的幻灯片（如第二张幻灯片），然后单击"幻灯片放映"→"隐藏幻灯片"按钮。这时，在幻灯片浏览视图中隐藏的幻灯片的右下方出现图标 ，表示该幻灯片已经隐藏，不会放映。

若需要重新放映已经隐藏的幻灯片，首先在幻灯片浏览视图方式下单击需要恢复的幻灯片（如第二张幻灯片），然后单击"幻灯片放映"→"隐藏幻灯片"按钮。这时，在幻灯片浏览视图中该幻灯片右下方的图标 消失，表示该幻灯片可以放映。

在普通视图的幻灯片选项卡也可以完成此操作。也可以一次选择多张幻灯片进行隐藏或取消隐藏。

8．自定义放映

利用"自定义放映"功能，可以根据实际情况选择现有演示文稿中相关的幻灯片组成一个新的演示文稿（在现有演示文稿基础上自定义一个演示文稿），并让该演示文稿以后默认的放映是自定义的演示文稿，而不是整个演示文稿。操作步骤如下：

① 单击"幻灯片放映"→"自定义幻灯片放映"按钮，弹出"自定义放映"对话框，如图 5-38 所示。

自定义幻灯片放映

图 5-38 "自定义放映"对话框

② 单击"新建"按钮，弹出"定义自定义放映"对话框，如图 5-39 所示。

③ 在"幻灯片放映名称"文本框中，系统自动将自定义放映的名称设置为"自定义放映 1"，若想重新命名，可在该文本框中输入一个新的名称。

④ 在"在演示文稿中的幻灯片"列表框中，单击某一张所需的幻灯片，再单击"添加"按钮，该幻灯片出现在对话框右侧的"在自定义放映中的幻灯片"列表框中。

图 5-39 "定义自定义放映"对话框

⑤ 重复步骤④，将需要的幻灯片依次加入到"在自定义放映中的幻灯片"列表框中。

⑥ 若将不需要的幻灯片加入了"在自定义放映中的幻灯片"列表框，可在该列表框中选择此幻灯片，然后单击"删除"按钮。

注意：这里的删除只是将幻灯片从自定义放映中取消，而不是从演示文稿中彻底删除。

⑦ 需要的幻灯片选择完毕后，单击"确定"按钮，重新出现"自定义放映"对话框。此时若想重新编辑该自定义放映，可单击对话框中的"编辑"按钮；若想观看该自定义放映，可单击"放映"按钮；若想取消该自定义放映，可单击"删除"按钮。

⑧ 单击"幻灯片放映"→"设置幻灯片放映"按钮，弹出"设置放映方式"对话框，在"放映幻灯片"选项区域中选中"自定义放映"单选按钮，并在其下拉列表中选择刚才设置好的"自定义放映1"。设置完毕单击"确定"按钮。

⑨ 选择"文件"→"保存"命令。

9. 将演示文稿打包成 CD

将演示文稿打包成 CD

若要在没有安装 PowerPoint 2010 的计算机上放映幻灯片，可使用 PowerPoint 2010 提供的打包工具，将演示文稿及相关文件制作成一个可在其他计算机中放映的文件。操作步骤如下：

① 打开要打包的演示文稿。如果正在处理以前未保存的新的演示文稿，建议先进行保存。

② 将空白的可写入 CD 插入到刻录机的 CD 驱动器中。

③ 选择"文件"→"保存并发送"→"将演示文稿打包成 CD"命令（见图 5-40），再单击"打包成 CD"按钮，弹出如图 5-41 所示的"打包成 CD"对话框。

④ 在"将 CD 命名为"文本框中，为 CD 输入名称，如"演示文稿 CD"，然后单击"复制到 CD"按钮。

图 5-40 打包成 CD 控制面板

⑤ 若要添加其他演示文稿或其他不能自动包括的文件，单击"添加"按钮，在弹

出的"添加文件"对话框中选择要添加的文件，然后单击"打开"按钮。默认情况下，演示文稿被设置为按照"要复制的文件"列表中排列的顺序进行自动播放。若要更改播放顺序，可选择一个演示文稿，然后单击向上键或向下键，将其移动到列表中的新位置。若要删除演示文稿，先选择它，然后单击"删除"按钮。

图 5-41 "打包成 CD"对话框

⑥ 若要更改默认设置，可单击"选项"按钮，弹出"选项"对话框，再根据需要进行设置。设置完毕单击"确定"按钮即可关闭"选项"对话框，返回"打包成 CD"对话框。

⑦ 如果计算机上并没有安装刻录机，可使用以上方法将一个或多个演示文稿打包到计算机或某个网络位置上的文件夹中，而不是在 CD 上。方法是不单击"复制到 CD"按钮，而单击"复制到文件夹"按钮（见图 5-41），然后提供文件夹信息。

⑧ 播放：如果是将演示文稿打包成 CD 并设置为自动播放，则插入该 CD 能够自动播放。如果没有设置为自动播放，或者是将演示文稿打包到文件夹中，要播放打包的演示文稿，可以通过"计算机"打开 CD 或文件夹，双击演示文稿名文件进行自动播放。

10．打印演示文稿

选择"文件"→"打印"命令，根据需要进行设置。PowerPoint 2010 的打印设置与 Word 类似，其中：

打印演示文稿

① 打印版式：可设置为整页幻灯片、备注页或大纲幻灯片等。

② 颜色：该项有颜色、灰度或纯黑白方式打印 3 种选择。

③ 打印所选幻灯片：先选中部分幻灯片，再打印。

④ 打印自定义幻灯片：如果在演示文稿中设置了"自定义放映"方式，则可以单独打印自定义的幻灯片。

5.4 幻灯片制作的高级技巧

1．利用幻灯片母版制作公共元素

利用幻灯片母版制作公共元素

幻灯片母版存储有关演示文稿主题和板式等共用的信息，其中包括幻灯片的背景、颜色、字体、效果、占位符大小及位置等。这些信息会出现在用这个母版制作的所有幻灯片中。

在做演示文稿时，常常需要在每一张幻灯片中都显示同一个对象，如公司的 Logo，可以利用幻灯片母版来实现。单击"视图"选项卡"母版视图"中心"幻灯片母版"按钮，打开"幻灯片母版"视图，如图 5-42 所示，将 Logo 放在合适的位置上，则所有的幻灯片都显示同样的 Logo。另外，在幻灯片母版上还可以设置幻灯片编号、页脚内容等。关闭母版视图返回到普通视图后，就可以看到在每一张幻灯片中都加上了 Logo、幻灯片编号和页脚内容，而且在普通视图上也无法改动它。

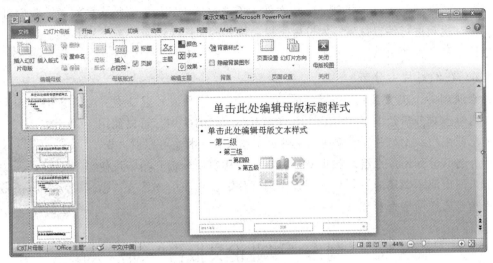

图 5-42　幻灯片母版

2．将多个主题应用于演示文稿

如果演示文稿需要包含多个主题，则演示文稿必须包含多个幻灯片母版。

每个主题与一组版式相关联，每组版式与一个幻灯片母版相关联。例如，应用于同一个演示文稿的两个幻灯片母版，这两个幻灯片母版可以各自有一组不同版式的主题，如图 5-43 所示。

将两个主题应用于一个演示文稿中，可执行下列操作：

首先，将主题应用于第一个幻灯片母版和一组版式，在"视图"选项上单击"幻灯片母版"按钮，在添加的"幻灯片母版"选项卡上单击"主题"下拉按钮，选择某一个要应用的主题。

其次，将主题应用于第二个幻灯片母版（包括第二组版式），在"幻灯片母版"视图中，在幻灯片母版和版式缩略图任务窗格中，向下滚动到版式组中的最后一张版式缩略图，在版式组中最后一个幻灯片版式的正下方单击，之后，在"幻灯片母版"选项卡上的"编辑主题"组中，单击"主题"更换另一个主题。

图 5-43　一个演示文稿的两个幻灯片母版

注意：重复此步骤可将更多主题添加到其他幻灯片母版中。

3．在幻灯片中插入 Flash 文件

① 先准备好 Flash 的 *.swf 文件。

② 单击"插入"选项卡"媒体"功能区中的"视频"按钮，选择"文件中的视频"或"剪贴画视频"命令，找到 Flash 文件，单击"插入"按钮，插入的视频。我们可以进一步对视频进行编辑设置，如设置了视频格式的"标牌框架"为"文件中的图像""视频边框"和"视频效果"。

4．在幻灯片中分节

当遇到一个庞大的演示文稿时，其幻灯片标题和编号混杂在一起，内容也难分清楚上下文关系。在 PowerPoint 2010 中，可以使用节的功能来组织幻灯片，就像使用文件夹组织文件一样。可以对"节"进行命名，分列幻灯片组。如果幻灯片制作是从空白模板开始，可使用节来列出演示文稿的主题。既可以在幻灯片浏览视图中查看节，也可以在普通视图中查看节。

在幻灯片中分节

5.5 制作"毕业论文报告"演示文稿

要求：报告是职场中最常见的一种书面文体，PPT 格式的报告是如今的职场人所必须掌握的。"毕业论文报告"演示文稿是一种报告类文档。在此演示文稿中，包含 6 张幻灯片，包括封面、目录页、过渡页、内容页、封底等功能页的设置，如图 5-44 所示。涉及知识和操作要点有：演示文稿和幻灯片、版式、主题、幻灯片内容、幻灯片母版、幻灯片切换、幻灯片动画、幻灯片放映等。

图 5-44 "毕业论文答辩"演示文稿效果图

具体步骤如下：

1．演示文稿的创建和保存

（1）启动 PowerPoint

选择"开始"→"所有程序"→"Microsoft Office"→"Microsoft PowerPoint 2010"命令或双击桌面的 PowerPoint 快捷方式图标，启动 PowerPoint。

（2）创建空白演示文稿

选择"文件"→"新建"命令，在右侧"可用的模板和主题"列表中，单击 "空白演示文稿",然后单击"创建"按钮,如图 5-45 所示。

图 5-45 创建空白演示文稿

(3)保存演示文稿

单击快速访问工具栏中的"保存"按钮🖫。或选择"文件"→"保存"或"另存为"命令,然后在弹出的"另存为"对话框中,设置保存路径、保存类型及文件名(毕业论文答辩.pptx),单击"保存"按钮即可。

2. 幻灯片的添加与版式的选择

① 新建幻灯片:单击"开始"选项卡中"幻灯片"功能区中的"新建幻灯片"按钮,在下拉列表中选择板式:"仅标题",如图 5-46 所示。

② 别添加四张幻灯片,右击左侧的幻灯片,在弹出的快捷菜单中选择"版式"命令,在子菜单(见图 5-47)中选择相应命令,将板式分别设置为:节标题、两栏内容、标题和内容、图片与标题。

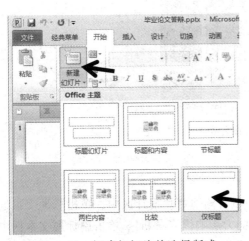

图 5-46 新建幻灯片并选择版式

图 5-47 更改幻灯片的版式的快捷菜单

3．设计幻灯片的主题

按宽屏比例进行页面设置。单击"幻灯片母版"选项卡"页面设置"功能区中的"页面设置"按钮，在弹出的"页面设置"对话框中，将幻灯片大小设置为"全屏显示（16：9）"，如图 5-48 所示，目的是为了适应目前主流的宽屏显示器比例。

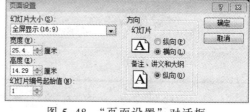

图 5-48 "页面设置"对话框

① 设置主题。单击"编辑主题"功能区中"主题"的下拉按钮，选择展开列表中的"平衡"主题。

② 更改原创主题的颜色。单击"颜色"按钮，在下拉列表中"内置"选项下选择"视点" ■□■■■■■ 视点 。

③ 更改原创主题的字体。单击"字体"按钮，在下拉列表中"内置"选项下选择"跋涉"。

④ 更改原创主题的效果。单击"编辑主题"功能区中的"效果"按钮，在下拉列表的"内置"选项下选择"聚合"。

⑤ 设置背景。单击"背景"功能区中的"背景样式"按钮，在下拉列表中选择"设置背景格式"选项。在弹出的"设置背景格式"对话框中，在左侧列表中选择"填充"，右侧窗口选中"图案或纹理填充"单选按钮，然后在"纹理"下拉列表中选择"羊皮纸"，最后单击"全部应用"按钮，如图 5-49 所示。

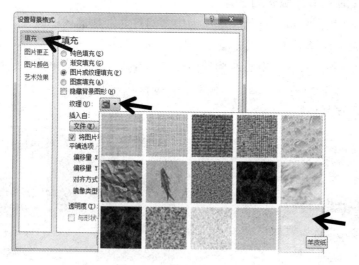

图 5-49 设置图片背景

4．幻灯片对象的添加与设置

（1）插入文字

在左侧幻灯片区单击选中第 1 张幻灯片；在右侧幻灯片设计区中，单击标题文本框中间。输入文字"北部湾经济区商业银行盈利能力影响因素分析"，单击副标题文本框中间，输入"专业：金融数学"等文字。根据案例样张，在其他幻灯片的相应位置输入文字，操作与此步骤类似。还可根据需要，切换到"开始"选项卡，设置文字的字体、段落等格式，此操作与 Word 类似，这里不再赘述。

（2）插入图片

在左侧幻灯片区单击选中第 1 张幻灯片；单击"插入"选项卡"图像"功能区中的"图片"按钮。在弹出的"插入图片"对话框中，选择图片所在的路径和文件（校徽+校名+校训.png），单击"插入"按钮。与此操作类似，在第 4 张和第 6 张幻灯片中的相应位置，插入"东盟十国地理.jpg"和"校园风光.jpg"图片。可根据需要在"图片工具"选项卡中设置更多的图片格式。

（3）插入形状

在左侧幻灯片区单击选中第 2 张幻灯片；单击"插入"选项卡"插图"功能区中的"形状"按钮。在下拉列表中选择"菱形"，鼠标移到幻灯片编辑区，画出合适大小的菱形。右击菱形，在弹出的快捷菜单中选择"编辑文字"，输入文字"1"。与前面的步骤类似，插入"圆角矩形"并为其编辑文字"研究背景及意义"，并调整合适的大小和位置。右击该圆角矩形，在弹出的快捷菜单中选择"置于底层"→"下移一层"。其他目录项请自行添加。

（4）插入超链接

在第 2 张幻灯片中选择文字"研究背景及意义"，在选中的文字上右击，选择"超链接"命令，在弹出的对话框中，按图 5-50 所示进行设置：单击"本文档中的位置"，展开"幻灯片标题"，选中"1.研究背景及意义"，并单击"确定"按钮。更改超链接颜色的操作步骤：依次单击"设计"选项卡→"颜色"→"新建主题颜色"，在弹出的对话框中设置"超链接"和"已访问的超链接"颜色分别为白色和黄色。

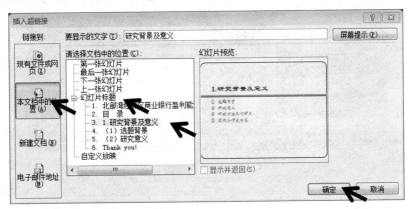

图 5-50 超链接的设置

（5）插入动作按钮

选中第 3 张幻灯片，单击"插入"选项卡"插图"功能区中的"形状"，在下拉列表中单击"动作按钮"组中的"后退或前一项" ◁，在幻灯片的右下角画出按钮，在弹出的"动作设置"对话框中，选中"超链接到："单选按钮，在下拉列表中选中"幻灯片"，如图 5-51 所示；然后在弹出的"超链接到幻灯片"对话框中，选择"目录"，并单击"确定"按钮，如图 5-52 所示。

图 5-51　"动作设置"对话框

图 5-52　"超链接到幻灯片"对话框

5. 设置幻灯片母版

在"视图"选项卡中的"母版视图"功能区单击"幻灯片母版"按钮后，增加"幻灯片母版"选项卡，并切换到幻灯片母版界面，如图 5-53 所示。用户可在其中对各种幻灯片的版式进行设置。

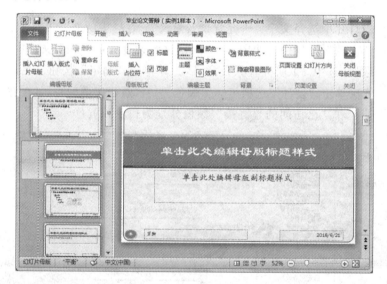

图 5-53　幻灯片母版界面

具体操作步骤如下：

① 在左侧选择第 1 张幻灯片母版。

② 选中标题文本框的所有文本，单击"开始"选项卡的"字体"功能区中的"字体颜色"按钮，在下拉列表中单击主题颜色的"橙色，强调文字颜色 1，深色 50%"。

③ 添加模板内容。在右上方插入横排文本框，并添加文字"北部湾经济区商业银行盈利能力影响因素分析——蒋××"，并设置字体格式为：华文楷体、14 号、灰色。

④ 关闭母版视图。单击"幻灯片母版"选项卡中的"关闭母版视图"按钮，即可看到应用该母版的幻灯片有相应变化。

6．幻灯片的切换

① 选择所有幻灯片，单击"切换"选项卡"切换到此幻灯片"功能区中的"其他"下拉按钮，选中细微型的"揭开"。

② 在"效果选项"的下拉列表中，单击"从右下部"。

③ 持续时间设置为 1 秒："01:00"。

7．幻灯片的动画

① 在第 1 张幻灯片中，按表 5-1 为幻灯片的对象添加进入动画效果。

表 5-1　第 1 张幻灯片的各个对象动画设置

对　象	动画效果	效果选项	开始方式	持续时间
标题文本	缩放	对象中心，作为一个对象	与上一动画同时	01:00
副标题文本	擦除	自顶部，按段落	上一动画之后	00:50

② 在第 2 张幻灯片中，按表 5-2 为幻灯片的对象添加进入动画效果。

表 5-2　第 2 张幻灯片的各个对象动画设置

对　象	动画效果	效果选项	开始方式	持续时间
"目录"文字	飞入	自顶部	与上一动画同时	00:50
所有菱形	飞入	自左部	上一动画之后	00:50
所有圆角矩形	飞入	自右侧	与上一动画同时	00:50

③ 对所有的菱形和圆角矩形的动画重新排序。单击"动画"选项卡"高级动画"功能区中的"动画窗格"按钮，打开动画窗格窗口，选中相应对象后，单击"向前移动"或"向后移动"按钮，调整动画的出现顺序，如图 5-54 所示。

④ 自行设置其他幻灯片的对象的动画。

⑤ 单击窗口右下方的"幻灯片放映"按钮，可从当前幻灯片开始进行放映，方便查看切换和动画效果。

8．PPT 放映

在"幻灯片放映"选项卡中，（见图 5-55）可以设置幻灯片的放映方式、开始位置、录制幻灯片演示和排练计时等。

图 5-54　"动画窗格"对话框

图 5-55　"幻灯片放映"选项卡

排练计时是指演讲者可以自己对幻灯片进行一次预演，以掌握好每页幻灯片大概需要的播放时间。进入排练计时后，进入全屏幻灯片播放模式，并且每页幻灯片时间被自动记录。保存排练计时后再次播放时，幻灯片会按照这个记录的时间来控制播放进度。

具体操作步骤如下：

① 排练计时：单击"幻灯片放映"选项卡"设置"功能区中的"排练计时"按钮；然后按照自己预演排练的步骤来播放幻灯片。此时，"录制"对话框自动记录每页幻灯片的播放时间；当播放完所有的幻灯片后，系统自动弹出对话框，询问是否保存排练计时，单击"是"按钮保存该计时。

② 直接播放幻灯片：可单击"从头开始"按钮从第一张幻灯片开始播放，也可以单击"从当前幻灯片开始"从指定位置开始播放幻灯片。如果没有设置排练计时或录制幻灯片演示，就需要手动控制每页幻灯片的播放进度。

习　题

一、单项选择题

1. （　　　）是制作幻灯片的主要视图。

  A．浏览视图　　　B．备注页视图　　C．普通视图　　　D．大纲视图

2. 幻灯片版式中虚线框是（　　　）。

  A．占位符　　　　B．图文框　　　　C．特殊字符　　　D．显示符

3. 幻灯片中占位符的作用是（　　　）。

  A．表示文本的长度　　　　　　　B．限制插入对象的数量

  C．表示图形的大小　　　　　　　D．为文本、图形预留位置

4. 关于 PowerPoint 幻灯片母版的作用，不正确的说法是（　　　）。

  A．通过对母版的设置，可以控制幻灯片中不同部分的表现形式

  B．通过对母版的设置，可以预定义幻灯片的前景、背景颜色和字体的大小

  C．修改母版不会对演示文稿中任何一张幻灯片带来影响

  D．标题母版为使用标题版式的幻灯片设置了默认格式

5. PowerPoint 的"超连接"命令的作用是（　　　）。

  A．在演示文稿中插入幻灯片　　　B．关闭 PowerPoint

  C．内容跳转　　　　　　　　　　D．删除幻灯片

6. PowerPoint 创建的文件由若干张幻灯片组成，这种文件可以通过计算机屏幕或在投影仪上播放，播放的方式不包括（　　　）。

  A．演讲者放映　　B．观众自行浏览　C．在展台浏览　　D．自动播放

7. 如果要将两个自选图形组成一个图形，应该选择绘图工具栏的（　　　）选项。

  A．连接符　　　　B．标注　　　　　C．基本形状　　　D．组合

8. 为幻灯片中的文本、图片等对象分别设置放映效果，应该使用（　　　）。

  A．自定义放映　　B．自定义动画　　C．动作按钮　　　D．幻灯片切换

9. 设置幻灯片切换的"换片模式"是指（　　　）。

  A．设置幻灯片的放映程序

  B．分别定义幻灯片中各对象的播放顺序和效果

  C. 设置幻灯片的切换方式和幻灯片效果

  D. 设置幻灯片的放映时间

10. 如果要从一张幻灯片以"溶解"方式播放下一张幻灯片，应使用"幻灯片放映"菜单中的（ ）。

  A. 动作设置　　　B. 预设动画　　　C. 幻灯片切换　　　D. 自定义动画

11. 在空白幻灯片中不可以直接插入（ ）。

  A. 文本框　　　　B. 文字　　　　C. 艺术字　　　　D. Word 表格

12. 可以为一种元素设置（ ）动画效果。

  A. 一种　　　B. 不多于两种　　　C. 多种　　　　D. 以上都不对

13. 为了使得在每张幻灯片上有一张相同的图片，最方便的方法是通过（ ）来实现。

  A. 在幻灯片母版中插入图片　　　　B. 在幻灯片中插入图片

  C. 在模板中插入图片　　　　　　　D. 在版式中插入图片

二、操作题

1. 在 5.5 节"毕业论文报告"PPT 的基础上，根据提供的素材和参考样张，添加图 5-56 所示幻灯片及相应内容，并设置各个对象的动画。

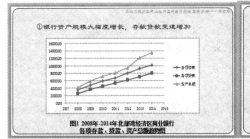

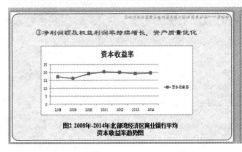

图 5-56　毕业论文报告效果图

2. 制作交互式的测试题，若用户单击某个选项，则提示正确或错误，如图 5-57 所示。提示：幻灯片中各个对象的名字和动画触发设置如图 5-58 所示。

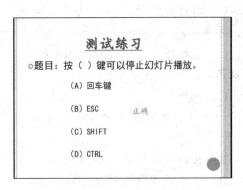

图 5-57　交互式的测试题效果图　　　　图 5-58　"动画窗格"对话框

3. Office 一级考试 PowerPoint 模块模拟题 1。打开"试题"文件夹下的"PPT 试题 1.pptx"文件，完成以下操作，并保存。

（1）为所有幻灯片添加主题，主题为"奥斯丁"。

（2）设置所有幻灯片切换方式为"棋盘"，自顶部，单击鼠标时换页。

（3）在最后一张幻灯片的下方，插入"试题"文件夹下的图片 pptpic.jpg，并设置自定义动画：在幻灯片显示一秒后，以"百叶窗"的样式水平进入，中速。

（4）在最后一张幻灯片的右下方，插入动作按钮，并将其动作设置为单击鼠标时，超链接到第一张幻灯片。

4. Office 一级考试 PowerPoint 模块模拟题 2。打开"试题"文件夹下的"PPT 试题 2.pptx"文件，完成以下操作，并保存。

（1）插入一张新幻灯片，板式为"空白"，并完成后面的设置。

（2）设置幻灯片的页面宽度为"21.6 厘米"，高度为"15.87 厘米"。

（3）插入一个自选图形，样式为基本形状中的"笑脸"，阴影效果为"外部-向右偏移"，自定义动画为"形状"。

（4）插入一个横排文本框，设置文字内容为"送你一个笑脸"，字体为"微软雅黑"字形"加粗、倾斜"，字号为"60"，自定义动画为"飞入"，方向为"向右侧"。

（5）插入任意一副剪贴画，调整适当大小和位置。

第 6 章

>>> 网络基础及 Internet 应用

随着计算机网络应用的不断推广和渗透，人们的工作、学习和生活越来越离不开网络。通过计算机网络，人们只要在屏幕上单击鼠标就能购买千里之外的商品，身上不用带现金，只要手机一扫就能轻松实现支付。学习网络基础知识，掌握网络应用技能既是时代的要求，也是个人融入社会的基本前提。

学习目标：

- 理解计算机网络的定义、发展阶段。
- 领会计算机网络的功能、组成和分类。
- 理解计算机网络协议及体系结构。
- 掌握局域网、Internet 基础知识。
- 掌握 Internet 的基本应用技能。

6.1 计算机网络基础知识

6.1.1 计算机网络概述

计算机网络是计算机技术与通信技术紧密结合的产物，产生历史不长，但发展速度惊人，目前已成为计算机的一个重要应用领域。

计算机网络基础知识

1. 计算机网络的定义

计算机网络是指将地理位置不同的具有独立功能的多台计算机及其外围设备，通过通信线路连接起来，在网络操作系统、网络管理软件及网络通信协议的管理与协调下，实现网络资源共享和信息传递的计算机系统。

计算机网络的要素主要包含连接对象、连接介质、通信设备和控制机制等。连接对象是计算机和数据终端设备等，可能分散在不同的地方；连接介质主要有光纤、双绞线、同轴电缆、微波等；通信设备主要有路由器、交换机、防火墙、服务器、网关等；控制机制是指网络协议和各类网络软件。

2. 计算机网络的产生与发展

计算机网络从 20 世纪 50 年代出现到现在，它的形成和发展大致可以分为 4 个阶段，如表 6-1 所示。

表 6-1　计算机网络的产生与发展

发 展 阶 段	内 容 摘 要
面向终端的计算机通信网络	产生于 20 世纪 50 年代初，计算机处于主控地位，而终端一般只具有输入/输出功能，处于从属地位。它是现代计算机网络的雏形，如图 6-1 所示
分组交换网	产生于 20 世纪 60 年代中期，以交换网(也称通信子网)为中心，主机和终端都处在网络的外围，构成资源子网。它是现代计算机网络发展的基础，如图 6-2 所示
体系结构标准化的计算机网络	20 世纪 70 年代中后期，世界经历了由最初的大型公司各自提出自己的网络体系结构发展到由国际标准化组织（ISO）提出的开放系统互连参考模型（OSI），实现标准统一
Internet 时代	全球互联，高速传输，智能化应用

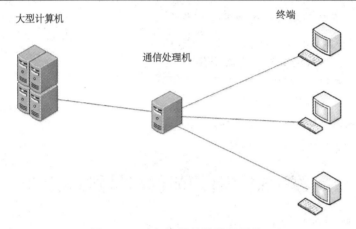

图 6-1　面向终端的计算机网络

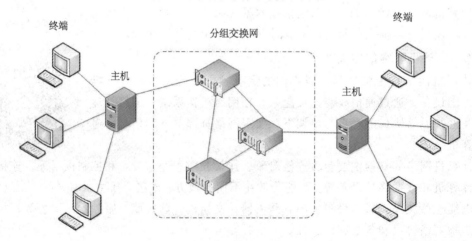

图 6-2　分组交换网（通信子网）

3．计算机网络的功能

计算机网络功能主要体现在以下几方面：

① 资源共享：实现网络上计算机之间软硬件资源及数据资源的共享，这是计算机网络最主要的功能。

② 网络通信：网络可以传输各种类型的信息，包括数据信息和图形、图像、声音、视频等各种多媒体信息，这是计算机网络最基本的功能。

③ 分布式处理：利用网络技术可以将性能一般的许多计算机连接成具有高性能的计算机系统，从而协同、并行解决大型复杂问题。相比于单独购置高性能计算机，分布式处理方式具有低成本、工作效率高的优点。

④ 集中管理：对于地理位置分散的组织部门，可通过计算机网络来实现集中管理，如数据库检索、订票系统和军事指挥系统等。

⑤ 均衡负载：当网络中某台计算机的任务负荷过重时，可通过网络对应用程序的控制和管理，将作业分散到网络中的其他计算机。

4．计算机网络的组成

（1）逻辑功能组成

从逻辑功能上看，计算机网络可以分为通信子网和资源子网，如图 6-3 所示。

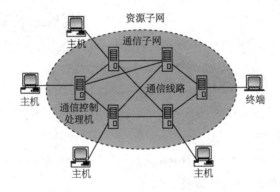

图 6-3　计算机网络的通信子网和资源子网

通信子网完成网络的数据传输功能，由通信控制处理机（又称为网络结点）、通信链路及相关软件组成。资源子网完成网络的数据处理功能，包括主机和终端，各种联网的共享外围设备、软件和数据资源。

（2）系统功能组成

从系统功能上看，由网络硬件和网络软件组成。网络硬件是计算机网络系统的物理实现，网络软件是网络系统中的技术支持，两者相互作用，共同实现网络功能。

6.1.2　计算机网络的分类

计算机网络有按拓扑结构分类的，有按覆盖的地理范围分类的，也有按网络的通信传播方式分类的，等等。

1．按拓扑结构分类

拓扑（Topology）是一种研究与大小和形状均无关的点、线、面的方法。在计算机网络中，若把计算机、网络设备等抽象成"点"，把通信线路抽象成"线"，则任何计算机网络都可以用拓扑结构图抽象表示。

按拓扑结构，计算机网络可以划分为总线结构、星状结构、环状结构、树状结构和网状结构，如图 6-4 所示。

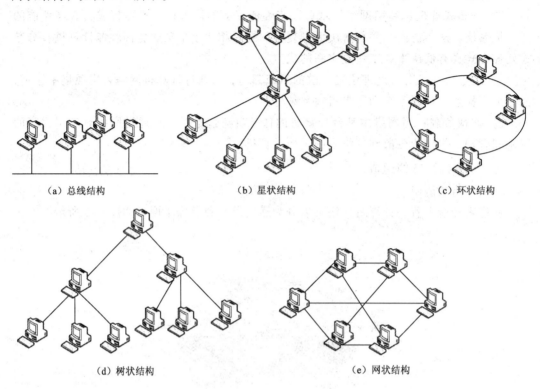

（a）总线结构　　　　（b）星状结构　　　　（c）环状结构

（d）树状结构　　　　　　　　（e）网状结构

图 6-4　计算机网络的拓扑结构分类

2．按网络覆盖的地理范围分类

根据覆盖的地理范围大小，可以将网络划分为以下三类：

① 局域网（Local Area Network，LAN）：此类网络覆盖的地理范围比较小，例如，在一间教室、一栋楼、一个楼群、一个校园或一个企业内组建的计算机网络就是局域网。

② 城域网（Metropolitan Area Network，MAN）：此类网络覆盖范围介于局域网和广域网之间，通常在一个城市内。

③ 广域网（Wide Area Network，WAN）：广域网是在一个广阔的地理区域内进行数据、语音、图像信息传输的通信网。广域网可以覆盖一个城市、一个国家甚至于全球。因特网是一种特殊的广域网。

3．按通信传播方式分类

按网络信号的传输方式，可以将网络分为点对点通信网络和广播通信网络。

6.1.3　计算机网络协议和网络体系结构

1．计算机网络体系结构的基本概念

当一个 QQ 用户向他的好友发出"你好！"的信息后，只要网络正常，他的好友很快就会收到该问候信息。表面看这很简单，但在这背后，计算机网络做了很多的工作，具体是什么工作呢？这就涉及计算机网络体系结构的问题。

① 网络协议。在计算机网络系统中，用于规定信息的格式以及如何发送和接收信息的一套规则、标准或约定称为网络协议，简称协议。组成协议的 3 个要素是语法、语义和时序。

- 语法：规定了进行通信时数据的传输和存储格式，以及通信中需要哪些控制信息，解决"怎么讲"的问题。
- 语义：规定了控制信息的具体内容，以及发送主机或接收主机所要完成的工作，主要解决"讲什么"的问题。
- 时序：规定了计算机操作的执行顺序，以及通信过程中的速度匹配，主要解决"顺序和速度"的问题。

网络协议是计算机网络不可缺少的部分，目前应用最广泛的是 TCP/IP 协议。

② 数据封装：一台计算机要发送数据到另一台计算机，数据必须先打包。打包的过程称为封装，就是在用户数据前面加上网络协议规定的头部和尾部。其中，头部信息包括数据包发送主机的源地址、接收主机的目的地址、采用的协议类型、数据包大小、数据包序号以及数据包的纠错信息等内容。在网络通信中，数据往往是多层次封装的。

③ 网络协议的分层：按照信息的流动过程，将网络的整体功能划分为多个相对独立的功能层，每一层都创建在它的下层之上，为它的上一层提供一定的服务。

④ 网络体系结构。计算机网络协议的分层方法及其协议层与层之间接口的集合，称为网络体系结构。国际上存在着众多的网络体系结构，其中常见的是 OSI 参考模型和 TCP／IP 参考模型。前者得到了理论界的推崇，而后者则得到了广泛应用。

2. OSI 参考模型

开放系统互连参考模型（Open Systems Interconnection Reference Model）简称 OSI 参考模型，由国际标准化组织 ISO 在 20 世纪 80 年代初提出。OSI 参考模型定义了开放系统的层次结构和各层所提供的服务，共分 7 层，自底向上分别是物理层、数据链路层、网络层、传输层、会话层、表示层和应用层，如图 6-5 所示。该模型有以下几个特点：

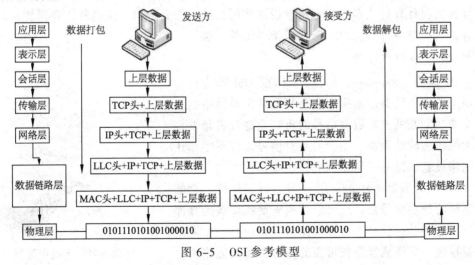

图 6-5 OSI 参考模型

① 每个层次的对应实体之间都通过各自的协议通信。

② 各个计算机系统都有相同的层次结构。

③ 不同系统的相应层次有相同的功能。

④ 同一系统的各层次之间通过接口联系。

⑤ 相邻的两层之间，下层为上层提供服务，同时上层使用下层提供的服务。

3．TCP/IP 参考模型

TCP/IP 最早起源于 1969 年美国国防部赞助研究的网络 ARPANET。后来，ARPANET 发展成 Internet，TCP/IP 也成了 Internet 体系结构的核心。TCP/IP 实际上不只是两个协议，而是一组包括上百个具有不同功能且互为关联的协议，其中 TCP 和 IP 是保证数据完整传输的两个基本的也是最重要的协议。

相比于 OSI 参考模型，TCP/IP 参考模型从更实用的角度出发，形成了效率更高的 4 层体系结构，即主机-网络层（也称网络接口层）、网际层、传输层和应用层。图 6-6 所示为 TCP/IP 和 OSI 参考模型的对应关系。

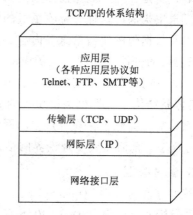

图 6-6　TCP/IP 与 OSI 体系结构的对比

6.1.4　网络互连设备

计算机与计算机或客户机与服务器连接时，除了需要传输介质以外，还需要各种互连设备，这些设备都对应 OSI 参考模型中的某一层。

1．物理层网络设备

① 中继器（Repeater，RP）：工作在 OSI 参考模型物理层上的连接设备。适用于完全相同的两类网络的互连，主要功能是通过对数据信号的重新发送或者转发，来扩大网络传输的距离。中继器是对信号进行再生和还原的网络设备。图 6-7 所示为无线中继器。

② 调制解调器（Modem）：一种计算机硬件，它能把计算机的数字信号翻译成可沿普通电话线传送的脉冲信号，而这些脉冲信号又可被线路另一端的另一个调制解调器接收，并译成计算机可懂的语言，从而完成两台计算机间的通信。

图 6-7　无线中继器

2．数据链路层网络设备

① 网卡：又称为网络适配器，是计算机联网时必需的硬件设备，如图 6-8 所示。网卡工作在 OSI 数据链路层，不仅能实现与局域网传输介质之间的物理连接和电信号匹配，还涉及帧的发送与接收、帧的封装与拆封、介质访问控制、数据的编码与解码以及数据缓存的功能等。

② 交换机（Switch）：属于 OSI 参考模型数据链路层的网络互连设备，用于电信号转发，如图 6-9 所示。它可以为接入交换机的任意两个网络结点提供独享的电信号通路。

图 6-8　网卡 　　　　　　　　　　　　 图 6-9　交换机

3．网络层网络设备

① 网关（Gateway）：又称网间连接器、协议转换器。网关在网络层以上实现网络互连，是最复杂的网络互连设备，仅用于两个高层协议不同的网络互连。网关既可以用于广域网互连，也可以用于局域网互连。网关不能完全归纳为一种硬件，而是软硬件的综合。

② 路由器（Router）：是连接两个以上不同网络的设备，工作在 OSI 模型的网络层，能将数据包通过一个个网络传送至目的地。图 6-10 所示为无线路由器。

图 6-10　无线路由器

4．其他网络设备

①防火墙（Firewall）：也称防护墙，是一种位于内部网络与外部网络之间的网络安全系统，是计算机硬件和软件的组合，可以工作在 OSI 参考模型的各个分层。"墙"是一种形象的说法。

② 网络服务器：是网络环境下能为网络用户提供集中计算、信息发表及数据管理等服务的专用计算机。有多种形式的服务器，如文件服务器、数据库服务器、邮件服务器、网页服务器、FTP 服务器、代理服务器、应用服务器等。

6.1.5　局域网基础

局域网是覆盖范围较小（如企业、机关、学校）的计算机网络，局域网技术是当前计算机网络研究和应用的一个重要分支，也是目前计算机网络技术发展最快的领域之一。

局域网的典型特性如下：

① 高数据传输速率（100 Mbit/s～10 Gbit/s）。

② 短距离（小于 25 km）。

③ 低误码率（10^{-8}～10^{-11}）。

从传输介质角度看，局域网可以分为有线局域网和无线局域网两种。

1. 有线局域网

目前，在实际工作中使用得最多的有线局域网被称为以太网（Ethernet）。有线局域网遵循 IEEE 802.3 网络标准，由计算机设备、网络设备、传输介质、网络操作系统和网络应用软件组成。

2. 无线局域网

在有线局域网中，各类网络设备受网络连线的限制，无法实现可移动网络通信。无线局域网弥补了有线局域网络的不足，实现了可移动数据交换，为局域网开辟了一个新的技术和应用领域。

无线局域网（Wireless Local Area Networks，WLAN）遵循 IEEE 802.11 无线局域网标准，该标准可进一步分为 802.11b、802.11a、802.11g、802.11n 等版本。

在购买的网络产品中，标明 802.3X 字样的指的是有线网络设备所遵循的有线网络标准，而标明 802.11X 字样的指的是无线网络设备所遵循的无线网络标准。

6.2 Internet 基础

Internet 即因特网，它把世界上各个地方的计算机网络连接在一起，进行信息交换和资源共享。但它并非具有独立结构的网络，而是一个无人控制的世界性的规模巨大的逻辑网络。

Internet 是人类文明史上的一个重要里程碑。

Internet 基础

6.2.1 Internet 的起源与发展

Internet 的前身是美国军用网 ARPANET。该网诞生于 20 世纪 60 年代，刚开始只连接了 4 台主机。到了 1972 年，连接了 50 所大学和研究机构的主机。1982 年，ARPANET 实现了与更多网络的互联，使 ARPANET 成为名副其实的主干网。

ARPANET 只对高校中的专家和政府官员开发，真正促使 Internet 服务于百姓的是 NSFnet 网。1983 年，美国国家科学基金会 NSF 创建了为科研教育服务的、连接 5 个超级计算机中心的专用网络 NSFnet。NSFnet 在美国按地区划分计算机广域网，并将它们与计算机中心互连，最后又将各超级计算机中心互连起来，通过连接各广域网的高速数据专线，构成了 NSFnet 的主干网。随着越来越多的高校、科研机构、政府部门、商业集团的使用，NSFnet 逐步取代 ARPANET 成为 Internet 的主干网。

1992 年，美国高级网络服务公司 ANS 组建了 ANSnet，其容量大约是 NSFnet 的 30 倍，逐渐成为当代 Internet 的骨干网。

20 世纪 80 年代末期 Internet 进入我国。1989 年，北京中关村地区科研网 NCFC 开始建设。1991 年，中国科学院高能物理研究所建成了我国首条与 Internet 联网的专线。随后，北京大学、清华大学和中科院网络中心相继接入 Internet。

我国 Internet 虽起步较晚，但发展迅速。目前，我国提供 Internet 入口的网络有中国科技网（CSTNET）、中国公用计算机互联网（CHINANET）、中国教育和科研计算机网（CERNET）、中国联通互联网（UNINET）、中国国际经济贸易互联网（CIETNET）、中国移动互联网（CMNET）等。党的二十大报告指出要坚持把发展经济的着力点放在实体经济上，推进新型工业化，加快建设制造强国、质量强国、航天强国、交通强国、网络强国、数字中国。

6.2.2 Internet 的相关术语

与 Internet 相关的术语很多，表 6-2 是其中常见的几个。

表 6-2 常见的 Internet 相关术语

术 语	说 明
WWW	万维网的缩写，英文全称为 World Wide Web，是一个由许多互相链接的超文本组成的系统
Web 页/Web 网站/Web 服务器	用户在 WWW 浏览中所见到的页面叫作 Web 页，也就是网页。多个相关的 Web 页组合在一起便称为一个 Web 网站。放置 Web 网站的计算机称为 Web 服务器
URL	统一资源定位器的缩写，英文全称 Uniform Resource Locator，俗称网址。是对可以从互联网上得到的资源的位置和访问方法的一种简洁的表示，是互联网上标准资源的地址
超链接	指从一个网页指向一个目标的连接关系，这个目标可以是网页、图片、视频、电子邮件地址、文件或者应用程序等。超链接是用户浏览网页的基础
HTTP	英文全称 HyperText Transfer Protocol，即超文本传输协议，是互联网上应用最为广泛的一种网络协议
HTML	英文全称为 Hyper Text Mark-up Language，即超文本标记语言，是一种制作万维网页面的标准语言

6.2.3 Internet 的 IP 地址和域名

要使用互联网，就必须了解 Internet 的 IP 地址和域名等基础知识。

1. IP 地址及结构

接入同一个网络的每台计算机都必须有个唯一的编号，否则计算机之间将无法通信，这个编号就是 IP 地址。IP 地址有两个版本：一个是目前正在大量采用的 IPv4；另一个是未来要采用的 IPv6。

IPv4 规定 IP 地址由 4 字节共 32 位二进制数组成。格式：字节 1.字节 2.字节 3.字节 4。

在计算机内部，各个字节都分别用二进制数来表示。但由于二进制数不易书写和阅读，人们在表示 IP 地址时都分别将各个字节写成十进制数的形式。例如，广西民族师范学院接入 Internet 的 IP 地址是 116.252.254.221，就是用十进制数来书写的。由于各个字节的最小值是 $(00000000)_2=(0)_{10}$，最大值是 $(11111111)_2=(255)_{10}$，所以 IPv4 版本的 IP 地址 4 个部分都在 0 ~ 255 之间，不在这个范围的或少了某个部分的都是非法的 IP 地址。

2．IP 地址分类

IPv4 版本的 IP 地址从功能角度看是网络号.主机号的结构，其中网络号用于标识网络，主机号用于标识网络中的主机。而网络号、主机号所占的二进制位数与 IP 地址类别有关。图 6-11 所示为 IP 地址的类别及各类别与网络号、主机号的关系。

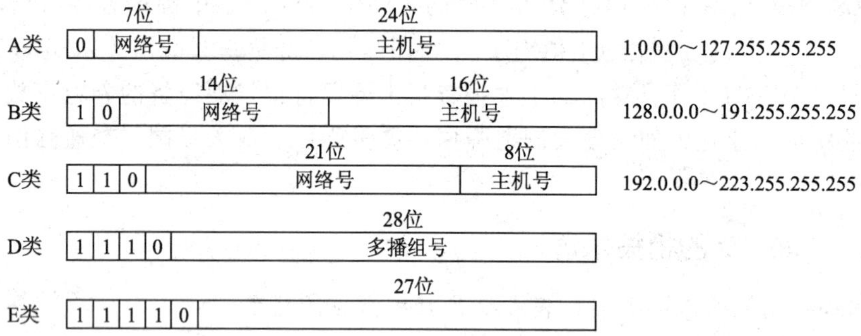

图 6-11　IPv4 版 IP 地址类别与网络号、主机号的关系

3．子网和子网掩码

从图 6-11 看出，C 类 IP 地址的主机号最少，只有 8 位，但占用了 254 个主机号（2^8=256，去掉不能表示主机号的全 0 和全 1 各 1 个号），A 类、B 类 IP 地址的主机号更多。由于 A、B、C 三类网络的 IP 地址资源很有限，而同一个网络中的主机往往不多，为了将闲置的 IP 地址有效分配给其他主机，TCP/IP 协议采用了子网技术。

子网技术主要是通过子网掩码和 IP 地址相结合的方式实现的。子网掩码位数、格式均与 IP 地址相同。取值规律如下：IP 地址中网络和子网部分用 1 表示，主机部分用 0 表示。默认的子网掩码是：255.0.0.0（A 类）、255.255.0.0（B 类）、255.255.255.0（C 类）。

4．域名系统（DNS）

要访问某个网站，输入该网站对应的 IP 地址是可以的，但要让普通用户记住 IP 地址并准确输入显然有难度。怎么解决这个问题？答案是：让用户输入域名。

为方便用户使用 Internet 而给网上计算机取的便于记忆的名字就叫作域名（Domain Name，DN），域名与 IP 地址是一一对应的。DNS 服务器负责将域名转换成 IP 地址。域名格式：

主机名.组织机构名.网络名.最高层域名

域名格式中的最高层域名也叫作顶级域名，主要分为机构的和国家或地区的域名两大类。表 6-3 所示为常见的机构的域名，表 6-4 所示为常见的国家或地区的域名。

表 6-3　常见的机构域名

区　　域	含　　义	区　　域	含　　义
com	商业机构	mil	军事机构
edu	教育机构	net	网络机构
gov	政府部门	org	各类组织机构
int	国际机构		

表 6-4 常见的国家或地区的域名

域　　名	国家或地区	域　　名	国家或地区	域　　名	国家或地区
au	澳大利亚	es	西班牙	kr	韩国
br	巴西	fr	法国	hl	荷兰
ca	加拿大	gb	英国	se	瑞典
cn	中国	in	印度	sg	新加坡
de	德国	jp	日本	us	美国

5．IPv6

IPv4 的最大问题是 IP 地址只有 32 位，只能提供最多 2^{32} 个地址，已经无法满足迅猛发展的 Internet 需求，IPv6 就是在这种情况下发布的。

IPv6 采用 128 位 IP 地址，理论上拥有 2^{128} 个 IP 地址空间。IPv6 的使用，不仅能解决网络地址资源数量的问题，而且也将解决多种接入设备连入互联网的障碍。IPv6 将成为下一代 Internet 主流协议。

6.2.4 Internet 的接入

不同的用户类型（如家庭用户、移动用户、小企业用户等）有不同的需求，因此接入 Internet 的方式不尽相同。目前比较常见的接入方式有虚拟拨号接入、局域网接入、无线接入等。

1．虚拟拨号方式

这是目前个人用户常用的一种 Internet 接入方式。首先，必须向 ISP（Internet Service Provider，即因特网服务提供商，如电信、联通）申请缴费获取账号和密码，等 ISP 派人上门布线并开通网络后就可以凭账号和密码上网。

2．局域网接入方式

局域网接入是指用户接入局域网，局域网通过路由器与 ISP 服务器相连，再通过 ISP 接入 Internet。这种接入方式在学校、企业、政府部门等使用得比较多。

3．无线接入

无线接入技术分为两类：一类是移动通信网的接入，如 WCDMA 接入；另一类是基于无线局域网的接入，如 Wi-Fi 接入。

4．5G

5G（5th-Generation）是第五代移动通信技术的简称。5G 弥补了 4G 技术的不足，在吞吐率、时延、连接数量、能耗等方面进一步提升系统性能。它采取数字全 IP 技术，支持和分组交换，它既不是单一的技术演进，也不是几个全新的无线接入技术，而是整合了新型无线接入技术和现有无线接入技术（WLAN，4G、3G、2G 等），通过集成多种技术来满足不同的需求，是一个真正意义上的融合网络。由于 5G 网络具有数据传输更快且较低的网络延时（更快的响应时间），所以它不仅为手机提供服务，还成为一般性家庭和办公网络提供商，与有线网络提供商竞争。

6.3 Internet 应用

Internet 之所以能得到如此迅猛的发展，主要是因为它提供了许多非常吸引人的服务，下面介绍 Internet 提供的最常用的服务。

Internet 应用

6.3.1 信息的浏览与检索

信息的浏览与检索是 Internet 提供的基本应用。其中信息的浏览主要借助 WWW 服务。

WWW 即万维网之意。WWW 服务使用户能从一个信息主题轻松跳转到另一个信息主题，用户浏览信息更方便。图 6-12 所示为 WWW 服务原理。

浏览器的使用

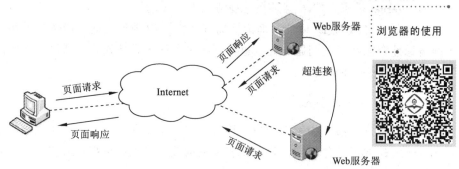

图 6-12 WWW 服务原理

至于信息的检索，关键是学会利用搜索引擎（如百度、360 搜索等），在搜索引擎选择信息类别后，输入关键字，然后单击"百度一下"或"搜一下"等按钮即可。

找到所需要的文字、图片等信息后，可以利用浏览器另存功能保存信息，也可以直接选择所想要的信息，然后通过复制、粘贴保存信息。

6.3.2 文件的上传与下载

文件的上传与下载主要借助 FTP 服务。FTP 是文件传输协议（File Transfer Protocol）的缩写。图 6-13 所示为文件的上传与下载过程。

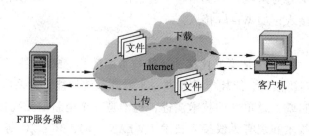

图 6-13 文件的上传与下载过程

所谓文件上传是指将客户机（本地计算机）中的文件发送到网络中的 FTP 服务器，上传的一般步骤是：先把要上传的所有文件压缩成一个或几个文件，然后打开上传工具，单击"上传"按钮，根据提示选择要上传的文件即可。

所谓文件下载是指将 FTP 服务器中的资源保存到客户机（本地计算机）里。一般先利用搜索引擎搜索到所需要的资源（如软件等），然后找到"下载"按钮，单击下载即可。若通过下载工具（如迅雷等）下载，速度会更快些。

常用的学术资源有：

① 中国知识基础设施工程（CNKI，也称中国知网，http://www.cnki.net）：为海内外读者提供中国学术文献、外文文献、学位论文、报纸、会议、年鉴、工具书等各类资源统一检索、统一导航、在线阅读和下载服务。

② 万方数据资源系统（http://www.wanfangdata.com.cn）：万方数据库是由万方数据公司开发的，涵盖期刊、会议纪要、论文、学术成果、学术会议论文的大型网络数据库。

③ 维普中文科技期刊数据库（http://lib.cqvip.com）。

6.3.3 电子邮件的发送与接收

电子邮件（E-mail）是 Internet 上最广泛的应用之一，它实现了邮件收、发、读、写全程电子化，支持文本、声音、图片、动画、影像以及其他任何计算机文件。邮件送达耗时少，费用低，使用方便。图 6-14 所示为电子邮件的工作原理。

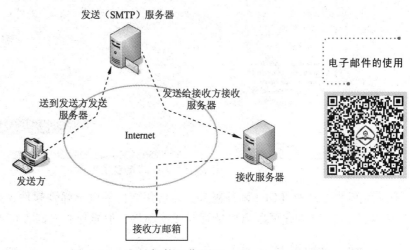

图 6-14　电子邮件工作原理

在发送和接收邮件过程中，常用的通信协议如表 6-5 所示。

表 6-5　常见的邮件通信协议

协议名称	说　明
POP3	负责接收邮件，可以将邮件服务器中对应邮箱的所有邮件下载到本地机中
SMTP	负责发送邮件，将邮件发送到收信人的接收邮件服务器中
IMAP	负责接收邮件，与 POP3 相比，增加了邮件下载选择，远程控制，或直接在 IMAP 主机阅读或编辑邮件等功能
HTTP	可使收件人通过浏览器来收/发和编辑邮件

1．电子邮件地址格式

所谓电子邮件地址是指邮件发送方或邮件接收方的地址。

格式：用户名@电子邮件服务器域名

例如，123@qq.com。其中，用户名由英文或数字组成，不分大小写，中间不能有空格。@读"at"，表示"在""位于"的意思。电子邮件服务器域名是电子邮箱所在电子邮件服务器的域名。例如，腾讯的电子服务器的域名是 qq.com。

2．电子邮件的使用

电子邮件服务方式通常有以下两种：

① 在线方式的 Web 邮件服务。用户使用浏览器进入电子邮件服务网站（例如，https://mail.qq.com），如图 6-15 所示，正确输入用户名与密码后才能读、写、发送和接收邮件。只要网络通畅，这种方式可随时随地通过一个固定的邮箱与他人进行信件交流，但当需要撰写、发送或阅读大量不同的邮件时，略显麻烦。

图 6-15　QQ 邮箱登录界面

② 离线方式的 POP3 邮件服务。需使用专门的电子邮件软件，如 Foxmail、Outlook Express 等。这种方式可以离线撰写和阅读邮件，但异地收发邮件可能会受限。

6.3.4　网络社交

网络社交是指人与人之间的关系网络化。在网上表现为以各种社会化网络软件，如即时通信、BBS、博客等构建的社交网络服务平台。网络社交以虚拟技术为基础，人与人之间的交往以间接交往为主。

1．即时通信

即时通信（Instant Messaging，IM）是目前 Internet 上最为流行的通信方式，它满足了人与人之间跨越时空的即时交流欲望。在我国，常用的即时通信软件有 QQ、微信、飞信、旺旺等。

2．BBS 网上论坛

它是一个跨越时空的网络社群，满足了人们关于某个共同的兴趣点与多数人一起交流的欲望，也可以说是自由形成的小讨论组。目前，国内著名的论坛有网易社区、新浪主题社区、天涯社区、中华网论坛、强国论坛、西祠胡同等。

3．博客

博客（Blog 或 Weblog）一词源于"Web Log（网络日志）"的缩写，指一种特别的网络个人出版形式，内容按照时间顺序排列，并且不断更新。任何人都可以像免费电子邮件的注册、写作和发送一样，完成个人网页的创建、发布和更新。博客是社会媒体网络的一部分。比较著名的有新浪博客、网易博客等。

6.3.5 电子商务

电子商务是以信息网络技术为手段，以商品交换为中心的商务活动。可理解为在因特网（Internet）、企业内部网（Intranet）和增值网（Value Added Network，VAN）上以电子交易方式进行交易活动和相关服务的活动，是传统商业活动各环节的电子化、网络化、信息化。

电子商务可分为 ABC、B2B、B2C、C2C、B2M、M2C、B2A（即 B2G）、C2A（即 C2G）、O2O 等电子商务模式。

就交易平台而言，目前比较著名的如淘宝、天猫、京东、亚马逊等。

6.3.6 物联网

物联网是新一代信息技术的重要组成部分，也是信息化时代的重要发展阶段。其英文名称是 Internet of things（IoT），顾名思义，物联网就是物物相连的互联网。这有两层意思：其一，物联网的核心和基础仍然是互联网，是在互联网基础上的延伸和扩展的网络；其二，其用户端延伸和扩展到了任何物品与物品之间进行信息交换和通信。物联网通过智能感知、识别技术与普适计算等通信感知技术，广泛应用于网络的融合中。因此物联网也被称为继计算机、互联网之后世界信息产业发展的第三次浪潮。党的二十大报告指出要加快发展物联网，建设高效顺畅的流通体系，降低物流成本。

习　题

一、单项选择题

1．计算机网络能够提供共享的资源有（　　　）。

    A．硬件资源和软件资源　　　　　　B．软件资源和信息

    C．信息　　　　　　　　　　　　　D．硬件资源、软件资源和信息

2．校园网属于（　　　）。

    A．LAN　　　　　B．MAN　　　　　C．WAN　　　　　D．WLAN

3．计算机网络拓扑结构中包含中心结点的是（　　　）。

    A．总线拓扑　　　B．星状拓扑　　　C．环状拓扑　　　D．网格拓扑

4．按照网络规模大小定义计算机网络，其中（　　　）的规模最小。

    A．因特网　　　　B．广域网　　　　C．城域网　　　　D．局域网

5. 在 Internet 上使用的基本通信协议是（　　　）。

    A. NOVELL   B. TCP/IP   C. NETBOI   D. IPX/SPX

6. 下列 IP 地址中，正确的 IP 地址是（　　　）。

    A. 202.256.10.21 B. 203.2.11.0   C. 202.10.265.15   D. 202.2.2.263

7. 使用统一资源定位器 URL 可以访问（　　　）服务器。

    A. WWW   B. FTP   C. Telnet   D. Gopher

8. WWW 服务采用客户机/服务器工作模式，客户端通过浏览器软件来访问服务器。目前常用的浏览器软件有（　　　）。

    A. Internet Explorer B. Powerpoint   C. Word   D. Excel

9. IE 收藏夹中保存的内容是（　　　）。

    A. 网页的内容   B. 网页的 URL

    C. 网页的截图   D. 网页的映像

10. 在浏览网页时，可下载自己喜欢的信息是（　　　）。

    A. 文本   B. 图片

    C. 声音和影视文件   D. 以上信息均可

11. 如果电子邮件到达时，你的计算机没有开机，那么电子邮件将（　　　）。

    A. 退回给发件人   B. 保存在服务器的主机上

    C. 过一会对方重新发送   D. 不会发送

12. QQ 是（　　　）。

    A. FTP 软件   B. 邮件管理软件 C. 搜索引擎   D. 即时通信软件

13. 电子信箱地址的格式是（　　　）。

    A. 用户名@主机域名   B. 主机名@用户名

    C. 用户名.主机域名   D. 主机域名.用户名

14. 根据域名代码规定，NET 代表（　　　）。

    A. 教育机构   B. 网络机构   C. 商业机构   D. 政府部门

二、操作题

1. 办公室里有 3 台计算机，一台打印机，一个交换机。3 台计算机是通过交换机连在一起，操作系统是 Win7，其中一台计算机连接打印机。你对 3 台计算机进行怎样的设置，才能实现打印机共享？

先设置连接打印机的那台计算机。

第一步：取消禁用 Guest 用户。

（1）单击"开始"按钮，在"计算机"上右击，在菜单中选择"管理"命令，如图 6-16 所示。

（2）在弹出的"计算机管理"窗口中找到"Guest"用户，如图 6-17 所示。

图 6-16 选择"管理"命令

图 6-17 "计算机管理"窗口

（3）双击"Guest"，弹出"Guest 属性"对话框，确保"账户已禁用"复选框没有被勾选，如图 6-18 所示。

第二步：共享目标打印机。

（1）单击"开始"按钮，选择"设备和打印机"命令，如图 6-19 所示。

图 6-18 "Guest 属性"对话框

图 6-19 选择"设备和打印机"命令

（2）在弹出的窗口中找到想共享的打印机（前提是打印机已正确连接，驱动已正确安装），在该打印机上右击，选择"打印机属性"命令，如图 6-20 所示。

（3）切换到"共享"选项卡，选中"共享这台打印机"，并且设置一个共享名（请记住该共享名，后面的设置可能会用到），如图 6-21 所示。

图 6-20　选择"打印机属性"命令

图 6-21　"共享"选项卡

第三步：进行高级共享设置。

（1）在系统托盘的网络连接图标上右击，选择"打开网络和共享中心"命令，如图 6-22 所示。

图 6-22   选择"打开网络和共享中心"命令

（2）记住所处的网络类型（本例是工作网络），接着在弹出的窗口中单击"选择家庭组和共享选项"，如图 6-23 所示。

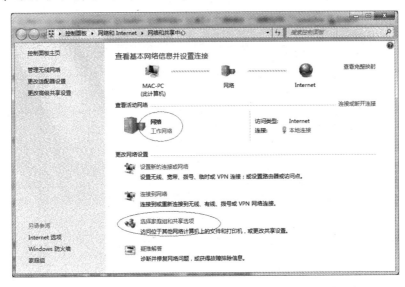

图 6-23   单击"选择家庭组和共享选项"

（3）单击"更改高级共享设置"，如图 6-24 所示。

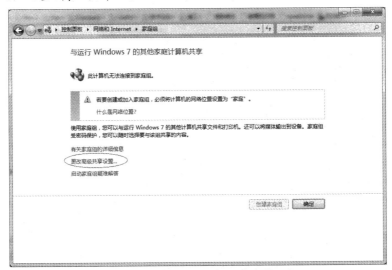

图 6-24   单击"更改高级共享设置"

（4）如果是家庭或工作网络，"更改高级共享设置"的具体操作可参考图 6-25，其中的关键选项已经用圆圈标识，设置完成后不要忘记保存修改。

图 6-25　设置"高级共享设置"窗口

注意： 如果是公共网络，具体设置和上面的情况类似，但相应地应该设置"公用"下面的选项，而不是"家庭或工作"下面的选项，如图 6-26 所示。

图 6-26　设置"公用"选项

第四步：设置工作组。

在添加目标打印机之前，首先要确定局域网内的计算机是否都处于一个工作组，具体过程如下：

（1）单击"开始"按钮，在"计算机"上右击，选择"属性"命令，如图 6-27 所示。

图 6-27 选项"属性"命令

（2） 在弹出的窗口中找到工作组，如果计算机的工作组设置不一致，请单击"更改设置"；如果一致可以直接退出，跳到第五步。

注意：要记住工作组名和"计算机名"，后面的设置会用到，如图 6-28 所示。

（3）如果处于不同的工作组，可以在此窗口中进行设置，如图 6-29 所示。

图 6-28 设置工作组名和计算机名　　　图 6-29 "计算机名/域更改"对话框

注意：此设置要在重启后才能生效，所以在设置完成后不要忘记重启一下计算机，使设置生效。

第五步：在其他计算机上添加目标打印机（在另外 2 台计算机上设置）。

注意：此步操作是在局域网内的其他需要共享打印机的计算机上进行的。

（1）先进入"控制面板"，打开"设备和打印机"窗口，单击"添加打印机"，如图 6-30 所示。

（2）选择"添加网络、无线或 Bluetooth 打印机"，单击"下一步"按钮，如图 6-31 所示。

图 6-30 "设备和打印机"窗口

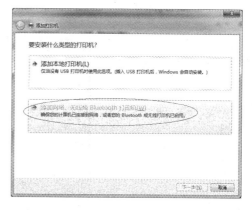

图 6-31 选择安装打印机类型

（3）单击了"下一步"按钮之后，系统会自动搜索可用的打印机。

如果前面的几步设置都正确，只要耐心等待，一般系统都能找到，然后跟着提示一步步操作即可。

如果耐心地等待后系统还是找不到所需要的打印机，也可以单击"我需要的打印机不在列表中"，然后单击"下一步"按钮，如图 6-32 所示。

（4）在搜索过程中，也可以直接单击"停止"按钮，然后选中"我需要的打印机不在列表中"单选按钮，单击"下一步"按钮，如图 6-33 所示。

图 6-32 打印机不在列表中

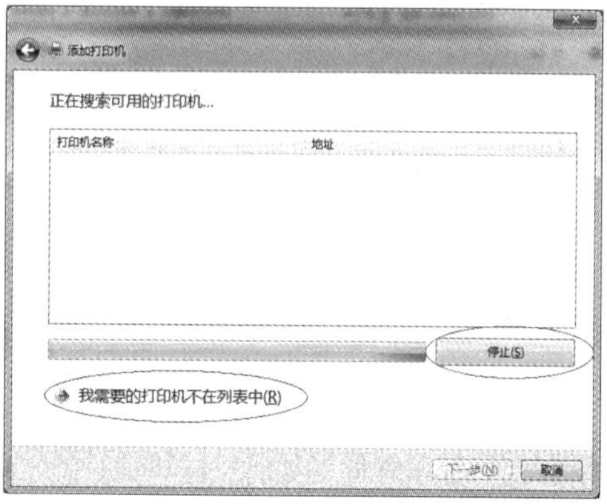

图 6-33 搜索打印机

（5）选中"浏览打印机"单选按钮，单击"下一步"按钮，如图 6-34 所示。

（6）找到连接着打印机的计算机，单击"选择"按钮，如图 6-35 所示。

（7）选择目标打印机（打印机名就是在第二步中设置的名称），单击"选择"按钮，如图 6-36 所示。

接下来的操作比较简单，系统会自动找到并把该打印机的驱动安装好。至此，打印机已成功添加。

（8）成功添加后，在"控制面板"的"设备和打印机"窗口中，可以看到新添加的打印机，如图 6-37 所示。

图 6-34 选中"浏览打印机"单选按钮

图 6-35 单击"选择"按钮

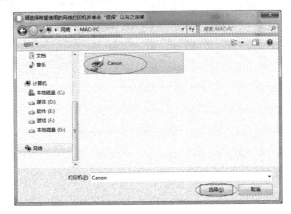

图 6-36 选择目标打印机

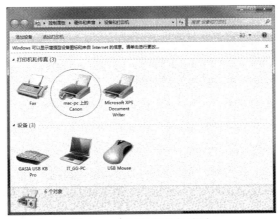

图 6-37 打印机添加成功

2. 假设你的朋友想了解广西民族师范学院网站的一些情况,但他上不了网,你如何将网站的一些内容保存并复制给他,让他浏览这些内容?

(1)保存为:网页,全部。打开浏览器,在地址栏输入 www.gxnun.net 后按【Enter】键,如图 6-38 所示。

图 6-38 广西民族师范学院主页

（2）单击菜单栏上的"页面"，如图 6-39 所示。

（3）单击"另存为"命令，在弹出的"保存网页"对话框中打开"保存类型"下拉列表，选择"网页，全部"，文件名设置为"广西民族师范学院"，如图 6-40 所示。

图 6-39 "页面"下拉菜单

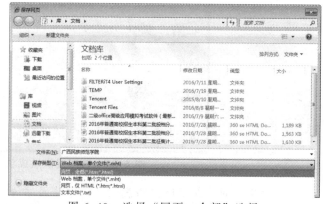

图 6-40 选择"网页，全部"选择

（4）单击"保存"按钮，如图 6-41 所示。

（5）全部网页就保存在"我的文档"文件夹中，如图 6-42 所示。

图 6-41　单击"保存"按钮

图 6-42　保存为"网页，全部"后的文件

（6）保存为：Web 档案，单个文件。打开网页后，在菜单栏"页面"下单击"另存为"命令，出现"保存网页"对话框，在对话框中打开"保存类型"下拉列表，选择"Web 档案，单个文件"，文件名设置为"广西民族师范学院"，如图 6-43 所示。

图 6-43　选择"Web 档案，单个文件"

（7）单击"保存"按钮，网页就保存在"我的文档"文件夹中了，如图 6-44 所示。

图 6-44　保存为"Web 档案，单个文件"后的文件

（8）保存为：网页，仅 HTML。打开网页后，在菜单栏"页面"下单击"另存为"命令，出现"保存网页"对话框，在对话框中打开"保存类型"下拉列表，选择"网页，仅 HTML"，文件名设置为"广西民族师范学院"，如图 6-45 所示。

图 6-45　选择"网页，仅 HTML"选项

（9）单击"保存"按钮，网页就保存在"我的文档"文件夹中，如图 6-46 所示。

图 6-46　保存为"网页，仅 HTML"后的文件

（10）保存：文本文件。打开网页后，在菜单栏"页面"下单击"另存为"命令，出现"保存网页"对话框，在对话框中打开"保存类型"下拉列表，选择"文本文件"，文件名设置为"广西民族师范学院"，如图 6-47 所示。

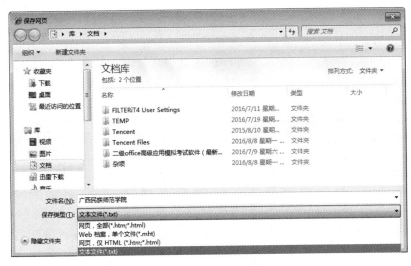

图 6-47　选择"文本文件"选项

（11）单击"保存"按钮，网页就保存在"我的文档"文件夹中，如图 6-48 所示。

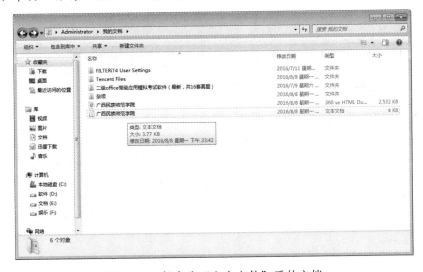

图 6-48　保存为"文本文件"后的文档

3. 小薇是一家公司文员，平时主要负责处理公司的各种邮件发送，小兰是小薇的同事，主要负责公司后勤工作。今天公司王经理正在外地开会，急需公司资料，要求小薇马上发电子邮件给他，刚好小薇请假，只有小兰在，你能教小兰发送带附件的邮件吗？

（1）启动 Outlook 2010，其界面如图 6-49 所示。

图 6-49　Outlook 2010 主界面

（2）单击"新建电子邮件"按钮，弹出写邮件窗口，如图 6-50 所示。

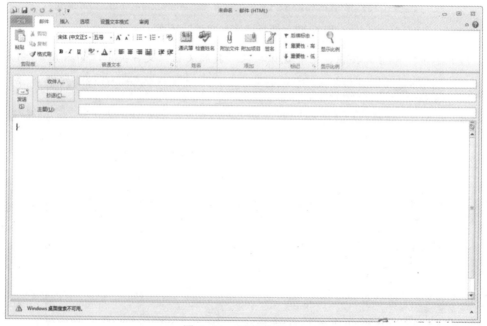

图 6-50　写邮件窗口

（3）在"收件人"文本框中填上对方邮件地址，如 1161194513@qq.com；在"主题"文本框中填上主题，一般是发送邮件的内容标题，如"我的邮件"；在内容区写上所发邮件的内容，如"你好！这是我发给您的邮件，邮件里带有附件，请您查收！"，如图 6-51 所示。

（4）单击"附加文件"按钮，在弹出的"插入文件"对话框中，选择要发的附件，如图 6-52 所示。

（5）单击"插入文件"对话框中的"插入"按钮，就可以插入附件，如图 6-53 所示。

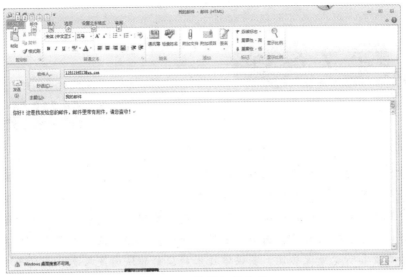

图 6-51　编写邮件内容

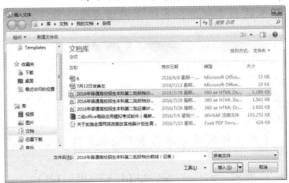

图 6-52　选择添加的附件

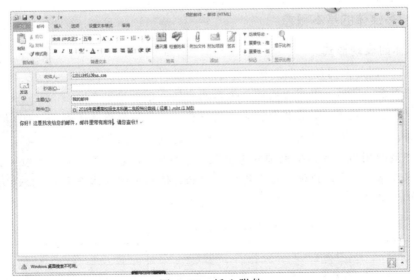

图 6-53　插入附件

（6）单击"发送"按钮，就可以发送带附件的邮件。

第 7 章

>>> 多媒体技术

多媒体技术是 20 世纪 90 年代发展起来的一种新技术，是一种把文本、图形视频图像、动画和声音等运载信息的媒体集成在一起，并通过计算机综合处理和控制的一种信息技术。它实质上是综合了计算机、图形学、图像处理、影视艺术、电子学等众多学科与技术的一门技术。它集文字、图形、图像、声音、二维三维动画等各种信息于一体，能充分调动视觉和听觉处理功能。多媒体技术的应用领域遍及人类社会的各个方面，极大地改变了人们的生活方式、生产方式和交互环境，促进了社会的进步和经济的发展。本章主要介绍多媒体技术的基本概念、多媒体网络及新兴数字技术、多媒体软件的处理技术和制作案例。

学习目标：

- 了解并熟悉多媒体技术的基本概念；
- 了解多媒体技术的应用，初步认识大数据、云计算、物联网、人工智能、虚拟现实等新兴数字技术；
- 掌握图形图像、音频、视频及动画的常用处理软件的处理技术及操作方法。

7.1 多媒体基础知识

7.1.1 多媒体的基本概念

1. 媒体的表现形式

"媒体"一词是人们日常生活和工作中经常用到的词汇。例如，人们经常把报纸、广播、电视等机构称为新闻媒体，报纸通过文字、广播通过声音、电视通过图像和声音来传送信息。信息需要借助于媒体进行传播，所以说媒体是信息的载体。但这只是狭义上的理解，媒体的概念和范围相当广泛，根据国际电信联盟（ITU）的定义，媒体可分为：感觉媒体、表示媒体、显示媒体、存储媒体和传输媒体五大类，如表 7-1 所示。

多媒体技术概述

表 7-1　媒体的表现形式

媒体类型	媒体特点	媒体形式	媒体实现方式
感觉媒体	人类感知环境的信息	视觉、听觉、触觉	文字、图形、声音、图像、视频等
表示媒体	信息的处理方式	计算机数据格式	图像编码、音频编码、视频编码等
显示媒体	信息的表达方式	输入、输出信息	数码照相机、显示器、打印机等

媒体类型	媒体特点	媒体形式	媒体实现方式
存储媒体	信息的存储方式	存取信息	内存、硬盘、光盘、U盘、纸张等
传输媒体	信息的传输方式	网络传输介质	电缆、光缆、电磁波等

人类利用视觉、听觉、触觉、味觉和嗅觉感受各种信息。其中，通过视觉得到的信息最多，其次是听觉和触觉，三者一起得到的信息，达到了人类感受到信息的95%。因此，感觉媒体是人们接收信息的主要来源，而多媒体技术则充分利用了这种优势。

2．多媒体的定义

"多媒体"（Multimedia）是指将信息的多种表现形式有机结合为一体的新型媒体。多媒体技术是指利用计算机把文字、声音、图形、图像等多种媒体信息综合为一体，并进行加工和处理（即录入、压缩、存储、编辑、输出等）的技术。广义上的多媒体概念中，不但包括了多种的信息形式，也包括了处理和应用这些信息的硬件、软件和技术。

3．多媒体技术主要特性

（1）多样性

多样性其一是指内容的多样化，可包括文本、声音、图像、动画、视频等；其二是指媒体输入、传播、再现和展示手段的多样化。

（2）集成性

集成性其一是指信息的集成，即组成多媒体的内容不是简单的叠加而是有机结合成一体；其二是指设备和技术的集成，即多媒体涉及的传输、存储和呈现设备、计算机设备、技术等有效形成合力共同为主题服务。集成的基础是数字化，即所有信息都用二进制形式的编码（0、1代码串）来表示。

（3）交互性

交互性是指用户与多媒体系统之间能够实现双向互动，能允许用户对系统调用、编辑、加工和控制等各种操作。没有交互性的系统不能称得上是多媒体系统。

（4）实时性

实时性是指当用户发出操作请求时，多媒体系统必须及时处理和反馈。例如，视频会议中，声音和视频必须及时传输。

（5）协同性

协同性是指多媒体中的每一种媒体都有其自身的特性，因此各媒体信息之间必须有机配合，并协调一致。

4．多媒体类型

多媒体的类型主要包括文本、声音、图形、图像、音频、动画、视频等。表7-2对这些类型进行了简要的介绍。

表 7-2　各种常见媒体的简要介绍

类　　型	内　容　摘　要
文本	以文字和各种专用符号表达，主要用于对知识的描述性表示。例如，阐述概念、定义、原理和问题，以及显示标题、菜单等内容。一般多媒体制作软件都提供文本设计制作功能
图形/图像	图形或图像是最重要的信息表现形式之一，是决定多媒体系统视觉效果的关键。图形指由数据公式定义的外部轮廓线条所构成的矢量图，用计算机专用软件(如 Flash、AutoCAD)绘制，图形所占空间小，质量高，放大不变形；图像指由数码照相机、摄像机等设备捕捉自然景物所得到的静态画面，可用专用软件(如 Photoshop)进行进一步处理。图像所占空间大，质量不高，放大会变形。常见的图形有.fla、.dwg、cdr 等类型，常见的图像有.bmp、.gif、.png、.jpg 等
音频	音频是用来传递信息、交流感情最直接、最方便的方式之一，是决定多媒体系统听觉效果的关键。在系统中，按其表达形式，可分为语音、乐音、效果三类。常见的音频有.mp3、.wav、.mid 等类型
动画	动画的主要作用是形象化抽象内容和趣味化枯燥内容。动画是利用人的视觉暂留特性，由人工或计算机软件生成的能快速播放的一系列动作连续变化的静态图，包括画面缩放、旋转、变换、淡入淡出等特效。常见的有 Flash 动画、3ds Max 动画等
视频	视频的主要作用是动态展示时序性真实场景。视频是由摄像设备动态捕捉自然景物的结果。与动画类似，其本质上是由一幅幅静态画面组成。常见的视频有.avi、.mov、.flv、.wmv 等

7.1.2　多媒体计算机系统组成

多媒体计算机系统由硬件系统和软件系统组成。其中，硬件系统主要包括计算机和各种外围设备以及与各种外部设围的控制接口卡(其中包括多媒体实时压缩和解压缩电路)，软件系统包括多媒体驱动软件、多媒体操作系统、多媒体数据处理软件、多媒体创作工具软件和多媒体应用软件。

1．多媒体硬件系统的组成

多媒体硬件系统是由计算机存储系统、音频输入/输出和处理设备、视频输入/输出和处理设备等选择性组合而成。其中，外围设备中，输入设备有光驱、麦克风、MIDI合成器、扫描仪、录音机、VCD/DVD、数码照相机、摄像机等。输出设备主要包括音箱、立体声耳机、投影仪、刻录机、声卡、打印机等。而各种外围设备的控制接口卡有声卡、电视卡、视讯会议卡、视频输出卡、VCD 压缩卡、VGA/TV 转换卡等。

2．多媒体软件系统的组成

（1）多媒体驱动软件

多媒体驱动软件是多媒体计算机软件中直接和硬件打交道的软件。它完成设备的初始化，完成各种设备操作以及设备的关闭等。驱动软件一般常驻内存，每种多媒体硬件设备都需要一个相应的驱动软件。

（2）多媒体操作系统

多媒体操作系统必须具备对多媒体数据和多媒体设备的管理和控制功能，具有综合使用各种媒体的能力，能灵活地调度多种媒体数据并能进行相应的传输和处理，且使各种媒体硬件和谐地工作。

（3）多媒体数据处理软件

多媒体数据处理软件是专业人员在多媒体操作系统之上开发的。在多媒体应用软件制作过程中，对多媒体信息进行编辑和处理是十分重要的。多媒体素材制作的好坏，直接影响到整个多媒体应用系统的质量。

（4）多媒体创作软件

多媒体创作软件是帮助开发者制作多媒体应用软件的工具，能够对文本、声音、图像、视频等多种媒体信息进行控制和管理，并按要求连接成完整的多媒体应用软件。

（5）多媒体应用系统

多媒体应用系统又称多媒体应用软件。它是由各种应用领域的专家或开发人员利用多媒体开发工具软件或计算机语言，组织编排大量的多媒体数据而成为最终多媒体产品，是直接面向用户的。多媒体应用系统所涉及的应用领域主要有文化教育教学软件、信息系统、电子出版、音像影视特技、动画等。

7.1.3　多媒体技术的应用

多媒体技术的应用已经遍及人类生活的各个领域、从文化教育、技术培训，电子图书到观光旅游、商业管理及家庭娱乐等，极大地改变了人们的工作、学习和生活方式，并对大众传播媒体产生了巨大影响。

1. 商业领域

一些公司通过应用多媒体技术开拓市场，培训雇员，以降低生产成本，提高产品质量，增强市场竞争能力。

通过对多媒体信息的采集、监视、存储、传输，以及综合分析处理，可以实现生产、交通运输的实时监控调度。进一步可以做到信息处理综合化、智能化，从而提高工业生产和管理的自动化水平，实现管理的无人化。

2. 电子商务

电子商务是以开放的 Internet 为基础，在计算机系统支持下实现的商务活动。由于网络技术与多媒体技术相结合，使企业在虚拟的 Web 空间中展示自己的产品，顾客可以在这个虚拟的店铺中浏览各种商品的性能、品质，从而实现网上广告、网上购物、网上的电子支付等活动。

3. 教育和培训

传统的由教师主讲的教学模式受到多媒体教学模式的极大冲击。因为后者能使教学内容更充实、教学方式更形象、教学效果更具有吸引力，从而提高学生的学习热情和效率。

以计算机、多媒体和计算机网络为基础创建的多媒体远程教育系统，使受教育者不受地理范围的限制，在家中或办公室就可以享受到一流学校优秀教师的现场教学。

4. 远程医疗

在医疗诊断中经常采用的实时动态视频扫描、声影处理等技术都是多媒体技术成功应用的例证。多媒体数据库技术从根本上解决了医疗影像的另一关键问题——影像存储管理问题。多媒体和网络技术的应用，使远程医疗从理想变成现实。利用电视会议与病人"面对面"地交谈，进行远程咨询和检查，从而进行远程会诊，甚至在远程专家指导下进行复杂的手术，并在医院与医院之间，甚至国与国之间创建医疗信息通道，实现信息共享。

5. 视听会议

在网上的每一个会场，都可以通过窗口创建共享的工作空间。通过这个空间，每一个与会者可以实现相互的远程会谈，共享远程的数据、图像、声音等信息，这种形式的会议可以节约大量的财力、物力，提高工作效率。

6. 文化娱乐

游戏、音乐、影视等用光盘存储的作品是多媒体技术中应用较广的领域。

显然，以上所有这些应用，都是多媒体技术与网络技术相互结合的产物。

7.2 多媒体工具软件

7.2.1 图像处理软件介绍

图像处理软件是用于处理图像信息的各种应用软件的总称。专业的图像处理软件有 Adobe 的 Photoshop 系列；基于应用的处理管理、处理软件 Picasa 等，还有国内很实用的大众型软件彩影，非主流软件有美图秀秀，动态图片处理软件有 Ulead GIF Animator、GIF Movie Gear 等。

1. Microsoft 的"画图"

Microsoft 的"画图"程序是 Windows 操作系统自带的一个图像处理软件。该软件操作简单、方便，做一些图形的绘制、擦除、裁剪非常方便。

选择"开始"→"所有程序"→"附件"→"画图"命令可以启动画图程序，启动后的窗口如图 7-1 所示。

画图程序的功能区从左到右有一个"画图"菜单和两个选项卡。"画图"菜单中包括了对文件的操作，例如新建、打开、保存、另存为等。两个选项卡分别是主页和查看，其中主页选项卡中有 5 个分组用来绘制和编辑图形。

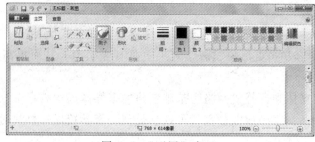

图 7-1 "画图"窗口

① 剪贴板：用于对选择的图形区域进行复制和粘贴。

② 图像：用来选择编辑区域，对选择的区域进行旋转和翻转等。

③ 工具：该选项卡中包括铅笔、填充、橡皮等工具，铅笔工具用来逐点描绘，文字工具可以插入文字，插入文字时可以指定文字的颜色、大小、字体、字形。

④ 形状：可以选择绘制不同的形状，例如矩形、椭圆、多边形等。

⑤ 颜色：该选项卡中可以选择笔画的粗细、前景色（颜色1）和背景色（颜色2）、编辑颜色。单击选项卡中的"编辑颜色"按钮，可以弹出"编辑颜色"对话框，如图7-2所示，在对话框中可以编辑自定义的颜色，同时，也可以看出，"画图"程序中使用了两种颜色模型，分别是 HSB 和 RGB。

（1）图像处理

单击"图像"功能区中的"翻转"按钮，在弹出的下拉菜单（见图 7-3）中，可以对图像选区作简单的处理，例如旋转和翻转。

（2）图像属性

选择"画图"→"属性"命令弹出"映像属性"对话框，在对话框中可以修改图像的基本参数，如尺寸（图像的分辨率）、黑白还是彩色，如图7-4所示。

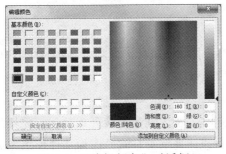

图 7-2 "编辑颜色"对话框

图 7-3 "图像"菜单

（3）以不同的格式保存图像

一个图像处理软件一般可以同时支持几种格式的图像文件，Windows 的"画图"程序也可以将图像文件以不同的格式保存。

在"画图"程序中画好一幅图后，选择"画图"→"另存为"命令，会弹出"另存为"窗口，如图7-5所示，可以分别选择将图形文件保存为 JPEG 格式、BMP 格式、GIF格式等。

图 7-4 "映像属性"对话框

图 7-5 "另存为"窗口

2．Adobe Photoshop

Photoshop 是美国 Adobe 公司的图像处理软件，在图像处理软件中最为常用、流行最广的就是 Photoshop。这是专业级的处理软件，它的操作界面直观，功能强大，可以方便地修改图像。例如，给图像加特技效果、交换照片中间的细节、插入正文、调整色彩等。

该软件的主要功能如下：

① 调整和改变图像的各种属性：这些属性包括图像的分辨率、亮度、对比度、色彩的饱和度、色调、透明度等；还可以方便地转换图像的格式。

② 变形：对图像进行任意角度的旋转、拉伸、倾斜等变形操作。

③ 滤镜：产生特殊效果，如浮雕效果、动感效果、模糊效果、马赛克等。

④ 图层和通道处理：该功能提供丰富的图像合成效果。

⑤ 工具箱提供多种图像处理、加工工具，可以方便地对整个图像或部分区域进行各种处理。

3．PhotoImpact

PhotoImpact 是 Ulead 公司的位图处理软件，其功能包括影像特效制作、3D 字形效果、立体对象制作、GIF 动画制作及多媒体档案管理等。

4．ACDSee

由于在图像处理中用到多种不同格式的图像，而不同的图像处理软件所支持的图像格式也不完全相同，因此，需要有一种软件可以浏览常见格式的图像文件。图像浏览软件 ACDSee 可以做到这一点。它可以浏览多种常见格式的图像文件，主要包含了两个相互独立又相关的软件：ACDSee Browser 和 ACDSee Viewer。

7.2.2　常用音频处理软件

常用的音频播放和编辑软件有 GoldWave、Adobe Audition、Sound Forge、Cool Edit Pro、SoundLab 等，Windows 7 操作系统自带的程序"录音机"则是其中一个比较小巧的工具，可以简单快速地实现录音和保存声音。

1．GoldWave 基本操作

（1）GoldWave 的特性

GoldWave 是一个功能强大的数字音乐编辑软件。它可以对音乐进行播放、录制、编辑、增加特效以及文件格式转换等处理。

（2）GoldWave 的功能

GoldWave 有直观简单的中文用户界面，使用操作非常方便。它可以同时打开多个文件，简化了文件之间的操作。编辑较长的音乐时，GoldWave 会自动使用硬盘；而编辑较短的音乐时，GoldWave 就会在速度较快的内存中编辑。

GoldWave 自带了多种音频处理效果，如倒转（Invert）、回音（Echo）、摇动、边缘（Flange）、动态（Dynamic）、时间限制、增强（Strong）、扭曲（Warp）等。带有精密的过滤器（如降噪器和突变过滤器）可以帮助修复音频文件。GoldWave 的表达式求值程序在理论上可以制造任意声音，支持从简单的声调到复杂的过滤器。内置的表达式有电话拨号音的声调、波形和效果等。GoldWave 的主工作界面如图 7-6 所示。

（3）GoldWave 常用操作

如图 7-7 所示，GoldWave 中的常用操作如下：

图 7-6　GoldWave 5.58 音频处理软件主界面

① 新建：新建一个录音文件。

② 打开：打开一个音频文件。

③ 撤销：当编辑音频文件不小心操作错了，按这个图标可以返回上一步操作。

④ 重复：当撤销操作过了时，可按重复图标恢复上一步操作。

⑤ 删除：删除选中的音频部分（也可以按【Delete】键）。

⑥ 显示：显示音频文件的所有波形。

图 7-7　GoldWave 5.58 常用操作工具和常用音效处理工具

2．GoldWave 处理案例

（1）应用 GoldWave 录制音乐文件

图 7-8　录音参数设置

利用 GoldWave 录制音乐文件时，选择主菜单中的"文件"→"新建"命令，在弹出的对话框（见图 7-8）中设置录音时间长度，单击"确定"按钮就新建了一个录音文件。

如图 7-9 所示，单击 GoldWave 录音控制器中的"录音"（红色圆点）按钮，就可以对着话筒开始录音。在录音过程中，可以在 GoldWave 的音轨中看到录制声音包络线的变化。

音频录制过程中，可以随时按"暂停"按钮停止录音，然后按"播放"按钮回放音频，看是否满意。如果满意则继续录制；如果不满意，可以按住鼠标左键向右拖动，选取不满意的录音部分，然后松开鼠标左键，按【Delete】键删除录音。

音频录制好后，按"停止录音"键，按住鼠标左键向右拖动，选取音轨右边没有录音的部分，然后松开鼠标左键，按【Delete】键删除音轨空白部分。

选择"文件"→"另存为"命令，选择音频文件保存目录，输入文件名。需要注意的是默认文件保存类型为"Wave（*.wav）"，wav音频文件由于没有压缩，文件会非常大，这时应当在文件类型列表中选择"MPEG音频（*.mp3）"文件类型，然后单击"保存"按钮。

在办公室用麦克风录制的声音听起来非常单薄，声调低沉，音色钝而闷，无优美悦耳的感觉。这就需要将录制好的声音文件导入到 GoldWave 软件中，首先编辑音频素材的各个参数，然后对音频素材使用音频滤镜的各种效果。在对声音文件添加效果的同时，对音量的大小、声音的淡入/淡出、混音、特效（如混响、降噪）等进行处理。经过处理后的声音，呈现出良好的声音效果。

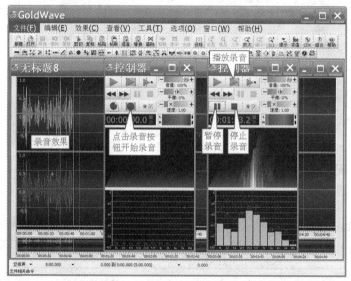

图 7-9　GoldWave 录音状态

（2）应用 GoldWave 进行 MP3 音频编辑

① 调入音频。启动 GoldWave 后，单击工具栏中的"打开"按钮，选择需要编辑的 MP3 音乐文件，然后单击"打开"按钮，这时 MP3 文件就载入到了 GoldWave 的音轨中。在 GoldWave 中，音轨中的绿色和红色波形代表 MP3 音频的包络线。

② 选择音频片段。如图 7-10 所示，在音轨任意位置单击（①），然后在音频片段结束处右击（②），在弹出的快捷菜单中选择"设置结束标记"命令（③），将光标移到音频片段起始或结束处，当光标变为双向移到箭头（④）时，按住鼠标左键不放，左右移动鼠标，就可以调整选择的音频片段区域。

③ 音频片段删除。按以上方法选择好需要删除的音频区域，按【Delete】键，即可将选择的区域删除。

④ 音频片段复制。打开一个 MP3 格式的音乐文件，选择好需要复制的音频区域，按【Ctrl+C】组合键进行复制。选择"文件"→"新建"命令，新建一个空白音频文件。将鼠标指针移到需要新建音频文件插入处单击，确定粘贴位置，按【Ctrl+V】组合键将音频片段粘贴到一个新的音频文件，如图 7-11 所示。

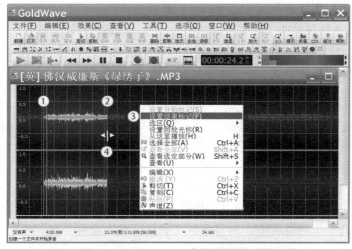

图 7-10　GoldWave 中音频片段选择

音频格式转换

音频片段截取

音频文件合并

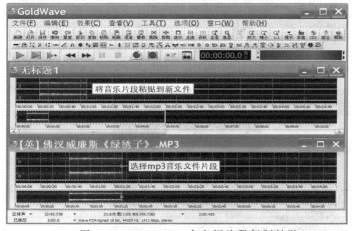

图 7-11　GoldWave 中音频片段复制粘贴

7.2.3　视频处理软件介绍

1. Premiere

Premiere 是 Adobe 公司专业的视频编辑软件。该软件操作简单、功能强大，可以组接多种格式的视频和图像，提供多种镜头切换方式、视频叠加方式，可对图像的色调和亮度等色彩参数进行调整，方便地在视频图像上添加字幕或徽标，也可以进行音频的编辑和合成，很方便地为图像配音或为语音添加音乐配音，支持多种格式的视频输出，如 AVI 格式、JPG 格式、MOV 格式、WMV 格式、RM 格式等。

2. Ulead Video Studio

Ulead Video Studio（会声会影）是完全针对家庭娱乐、个人纪录片制作的视频编辑软件。它采用目前最流行的"在线操作指南"的步骤引导方式来处理各项视频、图像素材，分为开始、捕获、故事版、效果、覆叠、标题、音频、完成等八大步骤，并将操作方法与相关的注意事项配合，以帮助读者快速学习每一个流程的操作方法。

会声会影提供了 12 类 114 个转场效果，可以用拖动的方式进行应用，另外还具有在影片中加入字幕、旁白或动态标题文字功能。用会声会影可以制作新奇有趣的视频影片，从而保留珍贵的回忆，其多样化的输出形式，更可将人们的欢乐时光快速地传播给亲朋好友，是一套普通计算机使用者也能使用的视频软件。

3. VideoPack

VideoPack 是一个数字视频光盘制作软件，使用它可以制作 DVD 视频光盘，也可以制作播放菜单。

4. Camtasia Studio

Camtasia Studio 是一款专门录制屏幕动作的工具，能轻松记录屏幕动作，包括影像、音效、鼠标移动轨迹、解说声音等。另外，它还具有即时播放和编辑压缩的功能，可对视频片段进行剪接、添加转场效果。它输出的文件格式很多，包括 Flash（SWF/FLV）、AVI、WMV、M4V、CAMV、MOV、RM、GIF 动画等多种常见格式，是制作视频演示的绝佳工具，也是微课制作的常用软件之一。下面以 Camtasia Studio 软件的操作方法为例介绍微课录制技术。

（1）启动 Camtasia Studio 进入编辑界面（见图 7-12）。

图 7-12　Camtasia Studio 编辑界面

其中，素材区用于导入媒体文件以及编辑时可能用到的工具；时间轴及视频编辑区是视频编辑工作区；视频预览区用于查看视频编辑后运行的效果。

（2）视频录制

① 单击"菜单功能区"的"录制屏幕"按钮，出现录制功能面板，如图 7-13 所示。

② 录制设置。录制区域选择，选择"全屏幕"或"自定义"；进入录制输入设置，选择"摄像头关"，摄像头关闭，打开"音频开"，录音麦克风打开，调节好录音音量。

图 7-13 录制面板

③ 录制。单击录制按钮，开始屏幕录制。出现倒计时 3-2-1 后，开始进行屏幕和语音教学录制。

④ 停止录制。按【F10】键，停止录制工作，出现录制节目预览窗口。

⑤ 录制保存。单击"保存并编辑"，保存为".camrec"格式文件。若录制成功不需要编辑，可直接单击"生成"，直接进入导出界面生成视频文件，否则单击"删除"，重新录制。

（3）视频编辑

视频录制成功保存后，软件会自动进入编辑界面，此时弹出"视频编辑尺寸设置窗口"，可根据需要进行设置。设置完成单击"确定"按钮进入编辑界面。

视频剪切与合成

① 视频剪辑。进入编辑区可对录制视频进行剪辑操作，如图 7-14 所示。

图 7-14 视频剪辑

其中，删除工具可删除所选择的视频；分割工具能在时间线上将视频切割开来，便于删除加入特效等操作。

② 高级编辑：高级编辑工具栏如图 7-15 所示。各按钮说明如下：

图 7-15 高级编辑工具

- 剪辑箱：存放有待编辑的素材。
- 库：素材资料库，可从软件提供的主题资源库里选取动态主题，制作片头、片尾 等。
- 标注：动态标注符号，提供动态视频标注。可直接拖动到时间线，在视频预览区调试标注符号的大小、位置；在时间线调整出现的时长等；还可以在标注符号上加入文字说明。

- 缩放：画面放大缩小设置。单击此按钮后，直接在素材功能区拖动画面四周 8 个点进行画面缩放，视频预览区能即时看到效果。
- 音频：音频设置，可以设置静音、淡入、淡出。
- 转场：视频转换特效，系统提供 30 种转场过渡特效，需在两段分割的视频间使用，也可以用于视频的开头和结尾。
- 光标效果：鼠标光标效果设置，可以放大鼠标光标，还能设置让鼠标点击效果可视化。
- 视觉属性：视觉属性设置，可对整个画面进行缩放，抠像等操作。
- 语音旁白：录制旁白，可在视频编辑工作界面直接录制语音旁白。
- 录制摄像头：录制视频，可在视频编辑工作界面直接录制视频画面。
- 字幕：字幕工具，支持 src、sim 等格式的字幕直接插入，字幕直接在素材功能区输入，可在时间线上调整字幕出现的时长，与画面对应。
- 测验：检测和调查，此功能可在视频中插入检测题、调查题，制作互动视频。

7.2.4　动画制作软件介绍

动画利用人的视觉暂留特性，快速播放一系列连续运动变化的图形图像，以取得动态演示的效果。其中也包括了画面的缩放、旋转、变换等特殊的效果。

常用的动画文件格式如下：

1．GIF 格式

GIF 格式的图像采用无损数据压缩方法中的 LZW 算法，这种算法压缩率较高。该格式中可以同时存储若干幅静止的图像，并由这些图像形成连续的动画。目前，Internet 中广泛使用的动画就是这种格式。

2．Flash 格式

Flash 格式的文件扩展名为.SWF，它是 Adobe 公司软件 Flash 支持的矢量动画格式。这种格式的动画在缩放时不会失真、文件存储空间较小，还可以带有声音，因此应用较为广泛。

3．FLIC 格式

FLIC 格式是 FLI 和 FLC 格式的统称，它是 Autodesk 公司的动画制作软件产品 Autodesk Animator、AnimatorPro 和 3D Studio 中采用的彩色动画文件格式。FLI 是最初基于 320×200 像素的动画文件格式，FLC 是 FLI 的扩展格式，它采用了更为高效率的数据压缩技术，图像的分辨率也提高了。

FLIC 采用无损数据压缩方法，首先压缩并保存整个动画序列中的第一幅图像，然后逐帧计算前后两幅相邻图像的差异或改变部分，并对这部分进行压缩。由于动画序列中前后相邻的图像差别一般不是很大，这样就可以得到较高的压缩率。

动画处理软件可以分为二维和三维两类。常用的二维动画处理软件有 Flash、Animator Pro、GIF Animator 等，常用的三维动画处理软件有 3ds Max、Maya、COOL 3D 等。下面对 Flash 动画制作软件进行简要介绍。

Flash 是美国 Adobe 公司开发的矢量图编辑和动画创作软件，它创作的动画体积小，可同步下载和播放。在 Flash 中，用帧表示动画中的一幅图像，它主要有以下几项功能：

① 可以绘制图形、编辑文字、创作动画及应用程序。

② 可以导入位图、视频和声音信息。

③ 支持编辑，可以制作交互性很强的动画和应用程序。

④ 适合 Web 开发。Web 设计人员可以使用 Flash 创建导航控件、动画标志、形象的广告及带有同步声音的长篇动画，甚至可以创建完整的 Web 站点。

7.3 多媒体网络及新兴数字技术

7.3.1 超媒体和流媒体

在网页中，具有超链接功能的多媒体叫作超媒体。超媒体不仅包含文字，而且还可以包含图形、图像、动画、声音和影视图像片段。这些媒体之间也是用超链接组织的，而且它们之间的连接也是错综复杂的。超媒体与超文本之间的不同是：超文本主要是以文字的形式表示超链接，而超媒体除了使用文本外，还使用图形、动画、声音和影视片段等多种媒体之间的链接关系。

网页是 Wed 站点上的文档。在 Wed 网页上，为了区分有链接关系和没有链接关系的文档元素，对有链接关系的文档元素通常用不同的颜色或下画线来表示。

流媒体是指在网络中使用流式传输技术的连续时基媒体。流媒体技术是指把连续的影像和声音信息经过压缩处理之后放到专用的流服务器上，让浏览者一边下载一边观看、收听，而不需要等到多媒体文件下载完成就可以及时观看和收听的技术。流媒体融合了多种网络以及音视频技术，在网络中要实现流媒体技术，必须通过流媒体的制作、发布、传播和播放等环节。

① 流媒体系统通过某种流媒体技术，完成流媒体文件的压缩和生成，经过服务器发布，然后在客户端完成流媒体文件的解压播放的整个过程。因此，一个流媒体系统一般由三部分组成：

- 流媒体开发工具：用来生成流式格式的媒体文件。
- 流媒体服务器组件：用来通过网络服务器发布流媒体文件。
- 流媒体播放器：用于客户端对流媒体文件的解压和播放。

目前应用比较广泛的流媒体系统主要有暴风影音系统、Real System 系统和 Quick Time 系统等。

② 流媒体的传输一般采用创建在用户数据报协议（User Datagram Protocol，UDP）之上的实时传输协议/实时流协议（RTP/RTSP）来传输实时的影音数据。RTP 是针对多媒体数据流的一种传输协议，它被定义为在一对一或一对多的传输情况下工作，提供时间信息和实现流同步。RTSP 协议定义了一对多应用程序如何有效地通过 IP 网络传送多媒体数据。

③ 流式文件格式与多媒体压缩文件有所不同，编码的目的是为了适合在网络环境中边下载边播放。将压缩文件编码成流式文件，还要增加许多附加信息，以便使客户端接收到的数据包可以重新有序地播放。在实际的网络应用环境中，并不包含流媒体数据

文件，而是流媒体发布文件，例如.RAM 和.ASX 等，它们本身不提供压缩格式，也不描述影视数据，其作用是以特定的方式安排影视数据的播放。不同的流媒体系统具有不同的流式文件格式，例如，Real System 系统支持的文件格式有.RM、.RA、和.RT；Windows Media 系统支持的文件格式有.ASF 和.ASX。

④ 流媒体播放器是一个应用软件，主要功能是用于播放多种格式的音频、视频序列，它可以作为单独的应用程序运行，或作为一个复合文档中的嵌入对象。

7.3.2　多媒体网络及其应用

计算机网络将多个计算机连接起来，以实现计算机通信以及多媒体信息共享，就构成了多媒体网络。由于网络具备传播信息的强大功能，在实际生活中扮演了媒体的角色，所以一般的网络都是多媒体网络。

多媒体网络（Multimedia Networking）技术在互联网上有很多应用。大致可分成两类：一类是以文本为主的数据通信，包括文件传输、电子邮件、网络新闻和 Wed 等；另一类是以声音和视频图像为主的通信，通常把声音通信和图像通信的网络应用称为多媒体网络应用。

通常，声音或视频文件放在 Web 服务器上，由 Web 服务器通过 HTTP 协议把文件传送给用户。也可将声音或视频文件放在声音/视频流式播放服务器（Streaming Server）上，由流式播放服务器通过流放协议把文件传送给用户。流式播放服务器简称流放服务器。

目前，声音和视频点播应用还没有完全直接集成到 Web 浏览器中，所以一般采用媒体播放器来播放声音、音乐、动画和影视。典型的媒体播放器具有解压缩、消除抖动、错误纠正、用户播放控制等功能。现在可以将多媒体应用插件（Plug in）嵌入浏览器内部，与浏览器软件协同工作。这种技术把媒体播放器的用户接口软件放在 Web 客户机的用户界面上，浏览器在当前 Web 页面上为其保留屏幕空间，并且由媒体播放器来管理。客户机可使用多种方法来读取声音和影视文件，其中常见的方法有 3 种：

1. 通过 Web 浏览器把声音/影视文件从 Web 服务器传送给媒体服务器

客户机读取声音/影视文件的最简单的方法是将声音/影视文件放到 Web 服务器上，然后通过浏览器把文件传送给客户机中的媒体播放器，其结构如图 7-16 所示。

客户机（浏览器）　　　　Web 服务器
图 7-16　客户机/服务器结构

① Web 浏览器与 Web 服务器创建连接，然后提交请求，请求传送声音/影视文件。

② Web 服务器向 Web 浏览器发送响应请求消息以及请求的声音/影视文件。

③ Web 浏览器检查响应消息中的内容类型，调用相应的媒体播放器，然后把声音/影视文件或者指向文件的指针传递给媒体播放器。

④ 媒体播放器播放声音/影视文件。

采用这种方法时，媒体播放器必须通过 Web 浏览器才能浏览声音/影视文件，需要把整个或部分文件下载到浏览器之后再把它传送到媒体播放器。这样就产生了部分延迟，影响了播放。

2．直接把声音/影视文件从 Web 服务器传送给媒体播放器

采用媒体播放器与 Web 服务器直接创建链接的方法，可以改进通过 Web 浏览器产生的延迟。在 Web 服务器和媒体播放器之间创建直接的连接，可以把声音/影视文件直接传送给媒体播放器。

具体过程如下：

① 通过超链接以请求传输声音/影视文件。

② 这个超链接不是直接指向声音/影视文件，而是指向一个播放说明文件，这个文件包含有实际的声音/影视文件的地址（URL）。播放文件被封装在消息中。

③ Web 浏览器接收响应消息中的内容的类型，调用相应的媒体播放器，然后把相应消息中的播放说明文件传送给媒体播放器。

④ 媒体播放器直接与 Web 服务器创建连接，然后把传送声音/影视文件的请求消息发送到连接上。

⑤ 在响应消息中把声音/影视文件传送给该媒体播放器并开始播放。

3．通过流媒体服务器将声音/影视文件传送给媒体播放器

采用 Web 服务器和流媒体服务器将声音/影视文件直接传送给媒体播放器，Web 服务器用于 Web 页面服务，流媒体服务器用于声音/影视文件服务。采用这种结构，媒体播放器向流媒体服务器请求传送文件，而不是向 Web 服务器请求传送文件。媒体播放器和流媒体服务器之间使用流媒体协议进行通信，声音/影视文件可以使用 UDP（用户数据包协议）直接从流媒体服务器传送给媒体播放器。

7.3.3 新兴数字技术

随着计算机的快速发展以及人们对计算机新功能的要求，新技术、新理论也随之出现，技术的不断创新催生了新的业态，给人们的生活、工作带来了极大的便利。党的二十大报告指出要加快发展数字经济，促进数字经济和实体经济深度融合，打造具有国际竞争力的数字产业集群。下面对以大数据、云计算、物联网、人工智能、虚拟现实等为代表的新兴数字技术进行简单的介绍，有兴趣的读者想进一步了解，可参阅相关书籍。

1．大数据

大数据（Big Data）是指无法在短时间内用传统数据库软件工具对其内容进行抓取、管理、处理的数据集合，是需要新处理模式才能具有更强的决策力、洞察发现力和流程优化能力的海量、高增长率和多样化的信息资产。最早应用于 IT 行业，目前正快速发展为对数量巨大、来源分散、格式多样的数据进行采集、存储和关联分析，从中发现新知识、创造新价值、提升能力的新一代信息技术和服务业态。大数据必须采用分布式架构，对海量数据进行分布式数据挖掘，因此必须依托云计算的分布式处理、分布式数据库和云存储、虚拟化技术。

大数据是"未来的新石油"，为区别于过去的海量数据，大数据的特征可以概括为 5

个 V:Volume、Variety、Velocity、Value、Veracity，即容量大、种类多、速度快、价值高和真实性。

大数据的关键技术一般包括大数据采集技术、大数据预处理技术、大数据存储及管理技术、大数据分析与挖掘技术等四方面。大数据的关键不在于"大"，而在于"有用"，大数据的应用是其价值创造的关键。

大数据时代，数据获取和处理更加容易、更加便捷，人们能在瞬间获得和处理千万的数据，大数据开启了一次重大的时代变革，一场生活、工作与思维的大变革。大数据无处不在，包括金融、电子商务、移动互联网、社交媒体、物联网、计算广告学、医疗、汽车、预防犯罪、票房预测等社会各行各业都已经融入大数据的印迹。

2015 年 8 月，国务院印发《促进大数据发展行动纲要》，提出建设政府数据资源共享开放、国家大数据资源统筹发展、大数据关键技术及产品研发与产业化、大数据产业支撑能力提升、网络和大数据安全保障、政府治理、公共服务、工业和新兴产业、现代农业、万众创新等 10 个大数据工程，加快建设数据强国。

2016 年 3 月，《中华人民共和国国民经济和社会发展第十三个五年规划纲要》提出，实施国家大数据战略，把大数据作为基础性战略资源，全面实施促进大数据发展行动，加快推动数据资源共享开放和开发应用，助力产业转型升级和社会治理创新。

2．云计算

云计算（Cloud Computing）是分布式计算的一种，指的是通过网络"云"将巨大的数据计算处理程序分解成无数个小程序，然后，通过多部服务器组成的系统进行处理和分析这些小程序得到结果并返回给用户。云计算是由 Google、Amazon、IBM、微软等 IT 巨头推动，在多个国家得到迅速发展的技术。它是分布式计算、并行计算和网格计算的发展，或者说是这些科学概念的商业实现。

云计算将大量的实体计算机的计算能力与存储能力重组，通过虚拟化技术统一管理和调度，汇集成"资源池"，用户可以按需获得所需的存储和计算能力。云计算能充分利用闲置的计算力和存储力，为企业节省购置服务器以及管理、维护的费用；同时节约大量电力，减少碳排放，它与绿色计算殊途同归。云计算被认为是未来的计算模型而得到大公司的推动，事实上其在一般性的文件存储上已经得到广泛的应用，例如百度云截止2020 年底用户数已突破 7 亿，总数据量超过 1000 亿 GB，并实现从单纯云存储平台到智能化云平台的转变。

随着云计算技术的产品、解决方案的不断成熟，云计算技术的应用领域也不断扩大，衍生出了云制造、教育云、环保云、物流云、云安全、云游戏等各种服务，对医药医疗、工业制造、金融能源、电子政务、教育科研等领域影响巨大，为电子邮箱、数据存储、虚拟办公等方面也提供了很大便利。

3．物联网

物联网是指通过信息传感设备（如无线传感器网络节点、射频识别装置、红外线感应器、移动手机、全球地位系统、激光扫面器等），按照约定的协议，把任何物品与互联网连接起来，进行信息交换和通信，以实现智能化识别、定位、跟踪、监控和管理的一种网络。物联网是互联网的延伸和扩展，其用户端可延伸到世界上任何的物品、信息的交互不再局限于人与人或者人与机的范畴，真正开创了物与物、人与物这些新兴领域的沟通。

物联网应用涉及国民经济和人类社会生活的方方面面，因此，"物联网"被称为是继计算机和互联网之后的第三次信息技术革命。随着物联网不断发展，其技术体系也逐渐丰富。物联网技术体系一般包括信息感知、传输、处理以及共性支撑技术。物联网产业主要涵盖物联网感知制造业、物联网通信业和物联网服务业。现如今，在农业、物流、交通、安防、能源、医疗、建筑、制造、家居、零售等行业的应用日益具备商用条件，并极大地促进了原来互联网场景的智能化和自动化能力，从而为用户提供新的价值。物联网的应用和发展，有利于促进生产生活和社会管理方式向智能化、精细化、网络化方向转变，极大提高社会管理和公共服务水平，催生大量新技术、新产品、新应用、新模式，推动传统产业升级和经济发展方式转变，并将成为未来经济发展的增长点。

世界各国和地区对物联网给予高度关注，韩国、日本、美国、欧盟等纷纷发布物联网战略，将物联网作为重点发展领域，如日韩基于物联网的"U社会"战略、欧洲"物联网行动计划"及美国"智能电网""智慧地球"等计划相继实施。我国政府也积极谋划布局物联网发展，2013年2月，国务院发布了《关于推进物联网有序健康发展的指导意见》，明确了发展物联网的指导思想、基本原则，提出了发展目标、主要任务和保障措施。2021年3月发布的《中华人民共和国国民经济和社会发展第十四个五年规划和2035年远景目标纲要》中，多次提到对物联网及其相关产业的发展要求和重点，物联网重点发展的领域包括：推动传感器、网络切片、高精度定位等技术创新，协同发展云服务与边缘计算，培育车联网、医疗物联网、家居物联网产业。

4．人工智能

人工智能（Artificial Intelligence，AI）是研究、开发用于模拟、延伸和拓展人的智能的理论、方法、技术及应用系统的一门新的技术科学。

人工智能是计算机科学的一个分支，即"人造的智能"。它企图了解智能的实质，并生产出一种新的能以人类智能相似的方式做出反应的智能机器，领域的研究包括机器人、语言识别、图像识别、自然语言处理和专家系统等。人工智能从诞生以来，理论和技术得到迅猛发展，应用领域也不断扩大，可以设想，未来人工智能带来的科技产品，将会是人类智慧的"容器"。人工智能可以对人的意识、思维的信息过程进行模拟。人工智能不是人的智能，但能像人那样思考，也可能超过人的智能。

人工智能是一门极富挑战性的科学，从事这项工作的人必须懂得计算机知识、心理学和哲学知识。人工智能是包含十分广泛的科学，它由不同的领域组成，如机器学习、计算机视觉、智能搜索、智能控制等，总的来说，人工智能研究的一个主要目标是使机器能够胜任一些通常需要人类智能才能完成的复杂工作。人工智能自诞生以来，其理论及技术日益成熟，应用领域得到不断的扩展，在促进人类社会进步，经济建设和提升人们的生活水平等方面起到越来越重要的作用。我国人工智能经过多年的发展，已在安防、金融、客服、零售、医疗健康、广告营销、教育、城市交通、制造、农业等领域实现了商用及规模效应。

5．虚拟现实

虚拟现实（Virtual Reality，VR）技术是一项综合的技术，涉及计算机科学、电子学、心理学、计算机图形学、人机接口技术、传感技术及人工智能技术等。这种技术的特点在于，运用计算机对现实世界进行全面仿真，创建与现实社会类似的环境通过多种传感设备使用户"投入"到该环境中，与该环境直接进行自然交互。因此，虚拟现实技术表现出以下几个重要特征。

1．多感知

多感知是指除了一般计算机所具有的视觉感知外，还有听觉感知、力觉感知、触觉感知、运动感知，甚至包括味觉感知、嗅觉感知等。理想的虚拟现实应该具有人所具有的感知功能。

2．沉浸

沉浸（临场感）是指用户感到作为主角存在于模拟环境中的真实程度。理想的模拟环境应该达到使用户难以分辨真假的程度。

3．交互

交互是指用户对模拟环境内的物体的可操作程度和从环境得到反馈的自然程度（包括实时性）。例如，可以用手去直接抓取环境中的物体，这时手有握着东西的感觉，并可以感觉物体的重量，视场中的物体也会随着手的移动而移动。

将现实世界的多维信息映射到计算机的数字空间，并生成相应的虚拟世界，主要包括基本模型构建，空间跟踪、声音定位、视觉跟踪、视点感应等关键技术。

在虚拟环境中获取视觉、听觉、力觉和触觉等感官认知，是为了保证虚拟世界中的事物所产生的各种刺激以尽可能自然的方式反馈给用户。

① 项目感知：虚拟环境中大部分具有一定形状的物体或现象，可以通过多种途径使用户产生真实感很强的视觉感知。CRT显示器、大屏幕投影、多方位电子墙、立体眼镜、头盔显示器（HMD）等是VR系统中常见的显示设备。不同头盔显示器具有不同的显示技术，根据光学图像提供的方式，头盔显示设备可分为投影式和直视式。

② 听觉感知：听觉感知是仅次于视觉感知的产生真实感的途径。虚拟环境的声音效果可以弥补视觉效果的不足，增强环境逼真度。用户所感受的三维立体声音有助于用户在操作中对声音定位。

③ 力觉和触觉感知：能否让用户产生"沉浸"感的关键因素之一是用户能否在操纵虚拟物体的同时，感受到虚拟物体的反作用力，从而产生触觉的力觉感知。例如，当用手扳动虚拟驾驶系统的汽车挡位杆时，手能感受到挡位杆的震动和松紧。力觉感知主要由计算机通过力反馈手套、力反馈操纵杆对手指产生运动的阻尼，从而使用户感受到作用力的方向和大小。由于人的力觉感知非常敏感，因此对力反馈装置的精度要很高。如果没有触觉反馈，当用户接触到虚拟世界的某一物体时，容易使手穿过物体。解决这种问题的有效方法是在用户的交互设备中增加触觉反馈。触觉反馈主要是基于视觉、气压感、振动触感、电子触感和神经肌肉模拟等方法来实现的。

普通意义上的虚拟现实，是需要大型计算机、头盔显示器、立体眼镜、数据手套、洞穴时投影、密封舱等一系列传感辅助设施来实现的一种三维现实。人们通过这些设施以自然的方式（如头的转动、手的运动等）向计算机送入各种动作信息，并且通过视觉、听觉以及触觉设施使人们得到三维的视觉、听觉及触觉等感觉世界的信息。根据用户参与 VR 的不同形式以及沉浸程度，可以把各种类型的虚拟现实技术大致划分为以下 4 类。

① 桌面虚拟现实。桌面虚拟现实利用 PC 级或者工作站进行仿真，将计算机的屏幕作为用户观察虚拟世界的一个窗口，通过各种输入设备与虚拟现实世界充分交互。这些外围设备包括鼠标、追踪球、力矩球等。桌面虚拟现实要求用户使用输入设备，通过计算机屏幕观察 360° 范围内的虚拟现实，并操纵其中的物体，但这时用户缺少完全的沉浸，因为他们仍然会受到周围现实环境的干扰。桌面虚拟现实最大的特点是缺乏真实，但是成本也相对较低，因而应用也比较广泛。常见的桌面虚拟现实技术有基于静态图像的虚拟现实 QuickTime VR、虚拟现实造型语言 VRML、桌面三维虚拟现实、MUD 等。

② 完全沉浸的虚拟现实。高级虚拟现实系统提供完全沉浸的体验，使用户有一种置身于虚拟世界之中的感觉。它利用头盔式显示器或其他传感设备，把用户的视觉、听觉和其他感觉封闭起来，提供一个新的、虚拟的感觉空间，并利用位置跟踪器、数据手套、其他手控输入设备、声音等使用户产生一种身临其境、全心投入和沉浸其中的感觉。常见的沉浸式系统有基于头盔式显示系统、投影式虚拟现实系统、远程操作系统等、

③ 增强现实性的虚拟现实。增强现实性的虚拟现实不仅是利用虚拟现实技术来模拟现实世界，仿真现实世界，而且要利用它来增强用户对真实环境的感受，也就是增强现实中无法感知或不方便的感受。

④ 分布式虚拟现实。分布式虚拟现实系统是基于网络的虚拟环境。在这个环境中，位于不同物理位置的多个用户或多个虚拟环境通过网络相连接，或者多个用户同时参加一个虚拟现实环境，通过计算机与其他用户进行交互，并共享信息。在分布式虚拟现实系统中，多个用户可通过网络对同一虚拟时间进行观察和操作，以达到协同工作的目的。

习　题

一、单项选择题

1. 不属于多媒体基本特性的是（　　　）。

　　A. 多样性　　　　　　B. 稳定性　　　　　　C. 交互性　　　　　　D. 集成性

2. 下面属于表现媒体的是（　　　）。

　　A. 打印机　　　　　　B. 硬盘　　　　　　　C. 光缆　　　　　　　D. 图像

3. 以（　　　）为文件扩展名的数字语音文件称为声波文件。

　　A. WAV　　　　　　　B. CMF　　　　　　　C. VOC　　　　　　　D. MID

4. 下列选项中，常用的三维动画制作软件工具是（　　　）。

　　A. Dreamweaver　　　B. Fireworks　　　　　C. Flash　　　　　　　D. 3D MAX

5. 多媒体网络技术在互联网上的应用不是以（　　　）为主的通信。

　　A. 文本　　　　　　　B. 声音　　　　　　　C. 视频图像　　　　　D. 流量

6. Photoshop 可以处理（　　　）。

A．音频　　　　　　B．视频　　　　　　C．平面图像　　　D．三维图像

7．在网上浏览北京故宫博物院，如同身临其境一般感知其内部的方位和物品，这是（　　　）技术在多媒体技术中的应用。

A．视频压缩　　　　B．虚拟现实　　　　C．智能化　　　　D．图像压缩

8．矢量图形是用一组（　　　）集合来描述图形的内容。

A．坐标　　　　　　B．指令　　　　　　C．点阵　　　　　D．曲线

9．当前社会中，最为突出的大数据环境是（　　　）。

A．互联网　　　　　B．物联网　　　　　C．综合国力　　　D．自然资源

10．云计算的特性包括（　　　）。

A．简便的访问　　　　　　　　　　　　　B．高可信度

C．按需计算与服务　　　　　　　　　　　D．以上都是

11．下面不属于人工智能研究基本内容的是（　　　）。

A．机器思维　　　　B．机械感知　　　　C．机器学习　　　D．自动化

12．我国在语音语义识别领域的领军企业是（　　　）。

A．华为　　　　　　B．科大讯飞　　　　C．图普科技　　　D．阿里巴巴

13．被称为是继计算机和互联网之后的第三次信息技术革命的是（　　　）。

A．大数据　　　　　B．云计算　　　　　C．物联网　　　　D．人工智能

二、操作题

使用 Camtasia Studio 软件录制演示 PPT 课件的过程，并对录制得到的视频进行编辑，包括加入片头片尾、转场、字幕、变焦、标注、背景音乐等，最后生成 MP4 格式的视频。

习题参考答案 ▶▶▶

第1章

单项选择题

1. B　　　2. A　　　3. C　　　4. B　　　5. D　　　6. B

7. B　　　8. B　　　9. B　　　10. C　　　11. B　　　12. A

第2章

一、单项选择题

1. D　　　2. A　　　3. B　　　4. C　　　5. A　　　6. B

7. C　　　8. A

二、操作题

略。

第3章

一、单项选择题

1. B　　　2. A　　　3. D　　　4. B　　　5. A　　　6. B

7. A　　　8. D　　　9. D　　　10. C　　　11. C　　　12. B

13. C　　　14. D

二、操作题

略。

第4章

一、单项选择题

1. C　　　2. B　　　3. D　　　4. C　　　5. A　　　6. C

7. A   8. B   9. C   10. C   11. C   12. A

13. B   14. D   15. B   16. B   17. B   18. C

二、操作题

略。

第 5 章

一、单项选择题

1. C   2. A   3. D   4. C   5. C   6. D

7. D   8. B   9. C   10. C   11. B   12. C

13. A

二、操作题

略。

第 6 章

一、单项选择题

1. D   2. A   3. B   4. D   5. B   6. B

7. A   8. A   9. B   10. D   11. B   12. D

13. A   14. B

二、操作题

略。

第 7 章

一、单项选择题

1. B   2. A   3. A   4. D   5. D   6. C

7. B   8. B   9. C   10. D   11. A   12. B

13. C

二、操作题

略

参 考 文 献

[1] 甘勇，尚展垒，贺蕾.大学计算机基础[M].北京：人民邮电出版社，2017.

[2] 张春飞.大学计算机基础[M].上海：上海交通大学出版社，2014.

[3] 邱炳诚.计算机应用基础[M].北京：中国铁道出版社，2016.

[4] 郭经华，于春燕，张志勇等.大学计算机基础[M].2 版.北京：清华大学出版社，2016.

[5] 蔡绍稷，吉根林.大学计算机基础[M].南京：南京师范大学出版社，2016.

[6] 郭松涛.大学计算机基础[M].北京：清华大学出版社，2010.

[7] 刘德山，郭瑾，郑福妍.大学计算机基础[M].北京：科学出版社，2013.

[8] 刘瑞新.大学计算机基础[M].3 版.北京：机械工业出版社，2014.

[9] 丁亚涛，李梅.大学计算机基础[M].北京：清华大学出版社，2014.

[10] 王丽君.大学计算机基础[M].北京：清华大学出版社，2012.

[11] 陈跃新，贾丽丽，等.大学计算机基础[M].北京：科学出版社，2012.

[12] 谢希仁.计算机网络[M].5 版.北京：电子工业出版社，2008.

[13] 步有山，张有东.计算机信息安全技术[M].北京：高等教育出版社，2005.

[14] 蒋加伏，沈岳.大学计算机基础[M].北京：北京邮电大学出版社，2011.

[15] 蔡晓丽，张本文，徐向阳.大学计算机应用基础.成都：电子科技大学出版社，2021.